Der Umgang mit experimentellen Daten, insbesondere Fehleranalyse, im Physikalischen Anfänger-Praktikum

Eine elementare Einführung

Wolfgang Kamke

Physikalisches Institut
der Universität Freiburg

10. erweiterte Auflage

Shaker Verlag
Aachen 2014

SHAKER
VERLAG

Wolfgang Kamke

Der Umgang mit experimentellen Daten, insbesondere Fehleranalyse, im Physikalischen Anfängerpraktikum

Eine elementare Einführung

10. erweiterte Auflage, Juli 2014

Bibliografische Information der Deutschen Nationalbibliothek
Die Deutsche Nationalbibliothek verzeichnet diese Publikation in der Deutschen Nationalbibliografie; detaillierte bibliografische Daten sind im Internet über http://dnb.d-nb.de abrufbar.

ISBN 978-3-8440-2921-5
ISSN 0945-0963

Shaker Verlag GmbH • Postfach 101818 • 52018 Aachen
Telefon: 02407 / 95 96 - 0 • Telefax: 02407 / 95 96 - 9
Internet: www.shaker.de • E-Mail: info@shaker.de

Dr. Wolfgang Kamke
Physikalisches Institut der Albert-Ludwigs-Universität Freiburg
E-Mail: kamke@physik.uni-freiburg.de

Zu diesem Buch

Es gibt eine Menge Bücher über Fehleranalyse, einführende und in die Tiefe gehende, kurze und umfangreiche, enggefasste und weit ausholende. Wie so oft, wenn man eigene Erfahrungen und Literaturstudium mischt, um aus der Vielfalt des Materials eine Zusammenstellung zu verfassen, die für eine bestimmte Zielgruppe gedacht ist, überlegt man lange, ob es Sinn macht, ein weiteres Schriftstück dieser Art zu erstellen. Die vorhandenen Bücher besitzen naturgemäß sehr unterschiedliche Ambitionen für sehr unterschiedliche Lesergruppen. Viele sind sehr empfehlenswert, auch für Neulinge auf dem Gebiet. Ich habe daher lange gezögert, einen weiteren Text dieser Reihe hinzuzufügen.

Aus der Wunsch geboren, unsere Studierenden der Physik und verwandter Naturwissenschaften an der Universität Freiburg zu Beginn des Anfängerpraktikums in diesen Themenbereich behutsam einzuführen, um ihnen sowohl das Handwerkszeug als auch ein zumindest elementares Gefühl für die fundamentale Bedeutung der Frage der Genauigkeit experimenteller Ergebnisse und der Qualität der daraus ableitbaren Aussagen zu geben, entwickelte sich unterdessen eine kurze Einführungsvorlesung. Um den Studierenden zusätzlich ein gut lesbares, die für ein Anfängerpraktikum notwendigen Formalismen enthaltendes, aber auch nicht zu weit gehendes Dokument anbieten zu können, entstand schließlich dieser Text.

Nicht zuletzt fiel auch ins Gewicht, dass ein Teil der durchaus empfehlenswerten Literatur leider nur in englischer Sprache vorliegt oder in der deutschen Fassung kritische Druckfehler enthält. So wichtig die Vertrautheit mit dem Englischen für den Naturwissenschaftler heute auch ist, zum Anfängerpraktikum dies zur Voraussetzung zu machen, dürfte ein klein wenig verfrüht sein.

Vielerlei Anregungen flossen in diesen Text ein. Die wichtigste ist wohl die eigene Erfahrung, die der Autor vor einigen Jahrzehnten im Rahmen einer Einführung in das Physikalische Anfängerpraktikum an der Universität Bochum gemacht hat. Diese Veranstaltung, die dabei entstandenen Aufzeichnungen und teilweise auch die in einigen Büchern als Einleitung oder als Anhang gegebenen Ausführungen zur Fehlerrechnung bildeten das Gerüst, nach dem der hier dargelegte Stoff strukturiert ist. Es wurden jedoch viele ergänzende Informationen und hilfreiche Argumentationen und Beispiele implementiert, angeregt durch verschiedene andere Bücher und Veröffentlichungen über Fehlerrechnung, Datenanalyse und Wahrscheinlichkeitstheorie, sowie durch die vieljährige Erfahrung des Autors bei der Organisation, der Betreuung von und der Arbeit in verschiedenen Physik-Praktika und nicht zuletzt die eigene wissenschaftliche Arbeit.

Der vorliegende Text ist das Resultat dieser Entwicklung. Er wird und soll weder den eingefleischten Wahrscheinlichkeitstheoretiker, noch den Experten auf dem Gebiet experimenteller Datenanalyse zufriedenstellen. Er soll lediglich einem Studierenden, der leider i.d.R. bis zum Beginn des Physikalischen Anfängerpraktikums allenfalls den Begriff des arithmetischen Mittels gehört und als Berechnungsmethode für ein Ergebnis einer Messreihe kennegelernt hat, als Einführungs- und Nachschlagewerk dienen. Dabei wird weniger auf formal konsequente Beweisführung im Sinne mathematischer Formalien Wert gelegt, darauf kommt es auch gar nicht an. Wir wollen ja hier nicht das Rad neu erfinden. Komplexere Herleitungen, insbesondere wenn sie eher wahrscheinlichkeitstheoretischer Argumente bedürfen, sind oft weggelassen oder nur angedeutet. Es geht darum, die auf diesem Niveau benötigten Begriffe und Verfahrensweisen einzuführen und anschaulich zu machen und eine Motivation zu vermitteln, warum es sinnvoll ist, die eine oder andere Methode anzuwenden. Die Erfahrung der letzten Jahre hat gezeigt, dass die hier zusammengefassten Ausführungen für die Bewältigung eines Physikalischen Anfängerpraktikums notwendig aber auch ausreichend sind. Es ist unbestritten, dass bereits zum Physikalischen Fortgeschrittenenpraktikum eine Vertiefung des Verständnisses sinnvoll und eine Ausweitung der Methodik unumgänglich sind.

Kirchzarten, im Juli 2010

Zur neunten Auflage dieses Buchs

Der vorliegende Text hat sich seit vielen Jahren als Begleiter für das Physikalische Anfängerpraktikum der Universität Freiburg bewährt. Er behandelt grundlegende Themen wie Messen, Messfehler, Ziele einer Fehlerrechnung, Elementare Fehlerrechnung bis zur einfachen analytischen Geradenanpassung, die elementarsten Grundlagen der Wahrscheinlichkeitstheorie, einige wenige ausgewählte Wahrscheinlichkeitsverteilungen und ihre Bedeutung. Es werden wesentliche Gesichtspunkte des Umgangs mit experimentellen Daten und der damit verbundenen meist einfachen, aber in ihrer Bedeutung nicht zu unterschätzenden Fehleranalyse in einem physikalischen Anfängerpraktikum ausführlich diskutiert. Ergänzend werden die wichtigsten elementaren Begriffe der Wahrscheinlichkeitstheorie auf einem leicht nachvollziehbaren, meist intuitiven Niveau eingeführt, deren Verständnis die Motivation zur Anwendung statistischer Verfahren bei der Fehleranalyse bildet. Diese Themen sollten im Rahmen einer Einführung zu Fehlerrechnung und Statistik den Studierenden regelmäßg zu Beginn ihres ersten Praktikums vermittelt werden.

Seit Entstehen der ersten Auflage ist der Text mit jeder Auflage gewachsen, teils durch kleine Erweiterungen, teils durch noch detailliertere Darstellung einzelner Aspekte, jedoch ohne den Themenkreis über das für ein Anfängerpraktikum angemessene und notwendige Maß hinaus zu erweitern. Der aktuelle Umfang und das fächerübergreifende Interesse haben dazu geführt, dass die neunte Auflage nun erstmals über den Buchhandel verfügbar sein wird. Druck und Binden wurden von professioneller Seite übernommen.

Freiburg, im Juli 2010

Zur zehnten Auflage dieses Buchs

Entgegen der ursprünglichen Absicht wurde der Inhalt nun doch um einige Aspekte erweitert. In vielen Diskussionen mit Studierenden und Betreuern wird immer wieder deutlich, dass einzelne Erweiterungen zur Motivation und zum Verständnis beitragen können, auch wenn sie für die Berechnungen in einem Physikalischen Anfängerpraktikum nur selten wirklich benötigt werden. So waren einige für die Praxis wichtige Argumente bisher nur angedeutet und letztlich nur unzureichend belegt oder vorgestellt worden. Die quantitative Anwendung dieser Erweiterungen ist nur selten unbedingt für die Auswertung von Messergebnissen in diesem Stadium notwendig, da sie meist den Rahmen des zeitlich Zumutbaren sprengen würden. Für die Begründung der einen oder anderen Vorgehensweise und für die Interpretation der Bedeutung mancher Messergebnisse sind sie jedoch gelegentlich hilfreich. Auch stellen sie diese Vorgehensweisen in einen etwas allgemeineren Rahmen, was für die weitere Ausbildung des Studierenden nützlich ist.

Neu aufgenommen wurde u.a. eine kurze Einführung und Diskussion der Kovarianz, weil es Anwendungen im Praktikum gibt, bei denen der/die Studierende die Chance erhalten sollte zu verstehen, was die Problematik ist, auch wenn er/sie diese Rechnungen meist nicht selbst durchführen wird.

Ergänzt wurde auch ein Abschnitt über die gewichtete Anpassung eines linearen Verlaufs, weil typische Daten auch in diesem Ausbildungsstadium diese Vorgehensweise manchmal nahelegen, auch wenn sie aus Zeitgründen i.d.R. nicht angewandt werden kann. Dem interessierten Leser sollten die Details jedoch vorgestellt werden.

Ebenfalls neu aufgenommen wurde nun auch die Einführung der χ^2-Verteilung und einiger weniger sich daraus ableitender Verteilungen und Tests, die für die Bewertung typischer Messergebnisse im Praktikum von Bedeutung sein können. In den Abschnitten, die das gewichtete Mittel sowie die gewichtete Ausgleichsgeradenanpassung behandeln, wurden Ergänzungen aufgenommen, die die später quantitativ diskutierte Größe χ^2 vorsichtig einführen.

Freiburg, im Juni 2014

Inhaltsverzeichnis

Die mit [★] markierten Abschnitte sind zur quantitativen Auswertung von Daten im Physikalischen Anfängerpraktikum meist nicht unbedingt notwendig. Sie stellen jedoch wichtige und naheliegende Erweiterungen dar, deren Kenntnis und Verständnis auch in diesem Stadium für eine genauere Bewertung von Messergebnissen hilfreich sein können.

Einleitung

Physik — das ist die Wissenschaft, die sich mit der Beobachtung der Erscheinungen und Phänomene der Natur (im weitesten Sinne) befasst, und versuchen will, die dabei zutage tretenden Gesetzmäßigkeiten möglichst präzise (und damit vorhersagbar) zu beschreiben. Am Anfang steht dabei immer die Beobachtung: Wir machen **Experimente**, aus denen wir wesentliche Aspekte eines gesetzmäßigen Zusammenhangs lernen. Aus einer hinreichenden Anzahl von Beobachtungen versuchen wir dann eine Verallgemeinerung zu formulieren, diese führt schließlich zur **Theorie**. Und eine Theorie können wir letztendlich dazu benutzen, Schlussfolgerungen zu ziehen und Vorhersagen zu treffen. Dabei landen wir unweigerlich wieder beim Experiment, denn jede Vorhersage oder Schlussfolgerung muss schließlich wieder im Experiment überprüft werden können. Ist alles in sich konsistent, gibt es keine Widersprüche, dann behaupten wir, wir hätten eine Gesetzmäßigkeit verstanden.

Ein ganz großes Problem stellt sich dem Physiker, will er eine Theorie (oder auch nur einen einfachen gesetzmäßigen Zusammenhang) im Experiment überprüfen. Die Natur ist leider fürchterlich kompliziert und "unordentlich", die Zusammenhänge zwischen den messbaren Größen sind weitläufig und komplex, und so müssen wir versuchen, aus den realen Gegebenheiten die wesentlichen Punkte herauszukristallisieren, nicht interessierende Einflüsse zu verhindern oder zu minimieren, die für uns wichtigen klar zu definieren. Ein Großteil seiner Zeit verbringt der Experimentalphysiker daher damit, Experimente sauber zu planen, zu testen, auf Fehler hin zu untersuchen, störende Einflüsse zu minimieren. Und selbst dann ist es ihm niemals vergönnt, einen Wert wirklich exakt zu messen, er wird immer mit einer endlichen Messgenauigkeit vorlieb nehmen müssen.

Ein grundlegendes Anliegen muss es daher sein, Experimente wohlüberlegt und sorgfältig durchzuführen, damit man sich auf seine Daten verlassen kann, und damit man belegen kann, mit welcher Genauigkeit man letzlich ein Ergebnis erzielt hat und welche Bedeutung ihm beizumessen ist. Alle Experimente durchlaufen daher nacheinander generell vier wesentliche Phasen:

1. **Planung:**
   Was wollen wir herausfinden oder nachweisen?
   Welche Zusammenhänge werden erwartet?
   Was müssen wir dazu messen?
   Welches sind die Wertebereiche unserer Variablen?
   Welche Genauigkeit wird benötigt?
   Welche Instrumente verwenden wir?
   Welche systematischen Fehler können eine Rolle spielen?
   Wie vermeiden wir systematische Fehler?

   (unbeabsichtigte Einflüsse des apparativen Aufbaus, der Messmethode, der Instrumente, der Umgebung u.v.a.m.)

2. **Durchführung und Protokollierung:**
   Alles, was irgendwie von Bedeutung sein könnte, wird vollständig, übersichtlich (Verwendung von Tabellen und Abbildungen) und verständlich aufgeschrieben, damit klare und eindeutige Schlussfolgerungen gezogen werden können.

3. **Auswertung der Daten:**
   Vollständige, übersichtliche, verständliche und nachvollziehbare Berechnungen
   Abschätzung der Genauigkeit der Ergebnisse (Fehleranalyse)
4. **Schlussfolgerungen:**
   Zusammenstellung der aus den zahlenmäßigen Ergebnissen gewonnenen Schlussfolgerungen, insbesondere im Hinblick auf die ursprüngliche Zielvorstellung, Konsequenzen, Vergleich mit Daten anderer Autoren

Natürlich kommt es häufig vor, dass, vor allem bei umfangreicheren Experimenten, diese Phasen überlappen, dass man evtl. wieder einen Schritt zurück geht, wenn man neue Teilerkenntnisse erhalten hat, die ein Überdenken der ursprünglichen Planung erfordern. Aber jeder Teilaspekt läuft im Prinzip immer nach diesem Schema ab.

In der ersten **Vorlesung** über Physik im Rahmen des Studiums wird dem Studierenden ein ausgewählter Teil der gegenwärtigen theoretischen Vorstellungen mehr oder weniger einsichtig und plausibel präsentiert und mit geeigneten Experimenten untermauert. Man gewinnt so den Eindruck, dass alles wunderbar zusammen passt und verstanden ist. Das ist so gewollt, um ein gewisses Minimum an physikalischen Zusammenhängen einprägsam, überzeugend und innerhalb akzeptabler Zeit vermitteln zu können. Was dabei aber völlig auf der Strecke bleibt, ist, ein Gefühl dafür zu entwickeln, welcher Mühe und welchen Einfallreichtums es im Einzelfall bedurft hatte, um die uns heute völlig selbstverständlich erscheinenden Zusammenhänge in der Komplexität der Natur erst einmal zu erkennen.

Im physikalischen **Praktikum** wird der Studierende i.d.R. zum ersten Mal ausgewählte Phänomene der Physik selbst experimentell untersuchen und "erleben". Wesentliche Ziele dieses Praktikums sind

- zu einem tieferen Verständnis verschiedener Sachverhalte zu gelangen als dies in der Vorlesung möglich war,
- ein Verständnis der Aussagekraft und der Grenzen eines Experiments zu erlangen,
- wichtige grundlegende Messverfahren kennzulernen,
- wichtige Messgeräte kennenzulernen und ihre Funktionsweise zu verstehen.

Dabei entwickelt sich mit der Zeit ein Gefühl dafür, welchen Aufwand man zu treiben hat, um bestimmte Erkenntnisse zu gewinnen, und wie man die Bedeutung experimenteller Ergebnisse korrekt einschätzt. Dieser Lerneffekt beginnt spätestens im Anfängerpraktikum, wird im Fortgeschrittenenpraktikum vertieft und erlebt seinen Höhepunkt in den später durchgeführten experimentellen Bachelor-, Master-, Diplom- und Doktorarbeiten. Diese Erfahrungen sind für den Physiker lebenswichtig, um in der Lage zu sein, aus Experimenten die richtigen Schlüsse ziehen zu können.

Im Folgenden wollen wir uns zunächst mit dem Begriff des Messens und — damit eng verbunden — mit Messfehlern auseinandersetzen. Anschließend werden wir das elementare mathematische Handwerkszeug kennenlernen, das es uns gestattet, letztendlich quantitative Aussagen über die Genauigkeit unserer Experimente zu machen. Im Anschluss daran schließlich wollen wir uns kurz mit ein paar wichtigen grundlegenden Begriffen der Wahrscheinlichkeitstheorie befassen, die uns quasi die Motivation für die vorher benutzten Methoden liefern und die statistische Bedeutung der bis dahin benutzten Größen verständlicher machen.

1 Messen und Fehler in der Physik

1.1 Messen

Messen — was heißt das eigentlich? Für den Naturwissenschaftler und speziell für den Physiker bedeutet "messen", in einem "Experiment" ein quantitatives Maß für eine (wohldefinierte) physikalische Größe zu gewinnen. Abgesehen von reinen Zahlen — und damit ist wirklich nur das Ergebnis eines reinen Zählvorgangs gemeint — bedeutet dies nichts anderes, als die gesuchte Größe mit einer *Einheit* derselben Größe zu *vergleichen* (auch beim Zählen hat man im Grunde eine Einheit, nämlich die Zahl 1). Hat man etwa die Länge einer Strecke gemessen, so erhält man z.B das Ergebnis $l = 0,75$ m. Grundsätzlich ist somit der quantitative "Wert" einer physikalischen Größe stets das Produkt aus einer reinen Zahl (hier $0,75$) und einer Einheit (hier m). Formal macht man das auf folgende Weise deutlich:

$$\begin{aligned} l &= \{l\}\,[l] \\ \text{wobei} \quad \{l\} &= \text{Maßzahl} \quad = 0,75 \\ \text{und} \quad [l] &= \text{Maßeinheit} \ = \text{m} \end{aligned}$$

in unserem Beispiel. Das ist ganz formal mathematisch ein Produkt; so muss man es auch behandeln, dann kann nichts schief gehen, wenn es denn irgendwann ans Rechnen geht. Ließe man dagegen die Einheit weg, so wüsste kein Mensch, wie lang denn — in unserem Beispiel — die Strecke ist. Es macht eben einen Unterschied, ob man 0,75 m, 0,75 Fuß, 0,75 Seemeilen oder 0,75 Lichtjahre meint.

Einheiten gibt es in Wissenschaft und Technik unzählige, viele sinnvolle und praktikable, andere eher historische oder wenig verbreitete. Als Norm hat sich das sogenannte "Système International d'Unités", kurz das SI, durchgesetzt. Man verwendet einen Satz von Basiseinheiten, von denen die wichtigsten in der folgenden Tabelle aufgelistet sind.

Basiseinheiten des SI

Dimension	Einheit	
Länge	m	Meter
Zeit	s	Sekunde
Masse	kg	Kilogramm
elektrische Stromstärke	A	Ampère
thermodynamische Temperatur	K	Kelvin
Stoffmenge	mol	Mol
Lichtstärke	cd	Candela

Einheiten der meisten anderen Größen kann man aus diesen Einheiten ableiten, weil diese Größen sich als Produkte oder Quotienten solcher Basisgrößen darstellen lassen.

Wollte man den Durchmesser eines Atoms in m angeben, so müsste man z.B. schreiben $d = 0,0000000001$ m. Die Entfernung der Erde vom Mond wäre mit rund $s = 384400000$ m anzugeben. Im ersten Fall haben die Nullen keine Signifikanz, sie dienen nur als Platzhalter, im zweiten Fall liegt ebenfalls die Vermutung nahe, dass man den vielen Nullen keine allzugroße Bedeutung beimessen darf. Zudem vertut man sich ganz leicht bei so vielen

Platzhaltern. Man schreibt daher sinnvollerweise besser $d = 10^{-10}$ m bzw. $s = 3,844 \cdot 10^8$ m. Damit ist offensichtlich, dass sehr häufig die festgelegten oder abgeleiteten Einheiten zu groß oder zu klein für typische Maße eines bestimmten Umfelds sind und damit unhandliche Vorfaktoren nötig machen. Daher sind bestimmte Modifikationen dieser Einheiten gebräuchlich, die diese Einheiten um eine oder mehrere Zehnerpotenzen vergrößern oder verkleinern. So weiß jeder, dass ein Kilometer (km) = 1000 Meter (m) oder ein Gramm (g) = 1/1000 Kilogramm (kg) sind. Durch derartige Vorsilben können demnach Vielfache oder Bruchteile dieser sog. Basiseinheiten definiert werden. Die derzeit gebräuchlichen Vorsilben und ihre Bedeutungen sind in der folgenden Tabelle dargestellt.

Kohärente Vorsilben für Einheiten des SI

Vorsilbe	Abkürzung	Faktor	Vorsilbe	Abkürzung	Faktor
dezi	d	10^{-1}	deka	D	10
centi	c	10^{-2}	hekto	h	10^{2}
milli	m	10^{-3}	kilo	k	10^{3}
mikro	μ	10^{-6}	mega	M	10^{6}
nano	n	10^{-9}	giga	G	10^{9}
pico	p	10^{-12}	tera	T	10^{12}
femto	f	10^{-15}	peta	P	10^{15}
atto	a	10^{-18}	exa	E	10^{18}
zepto	z	10^{-21}	zetta	Z	10^{21}
yocto	y	10^{-24}	yotta	Y	10^{24}

Alle Einheiten, die sich auf diese Weise aus den Basiseinheiten bilden lassen, bezeichnet man als sog. *kohärente* Einheiten, weil sie sich nur um Faktoren, die eine Zehnerpotenz darstellen, unterscheiden. Mit diesen Einheiten lässt sich demnach auch relativ leicht rechnen. Unsere o.g. Daten würde man nun sehr übersichtlich mit $d = 100$ pm bzw. $s = 384,4$ Mm angeben. (Letzteres ist interessanterweise relativ ungebräuchlich: Bei Längenangaben geht man selten über den km hinaus, erst bei wirklich astronomischen Abständen bemüht man dann wieder eine neue Einheit, das Lichtjahr oder andere astronomische Einheiten.)

Es haben sich an vielen Stellen historische Einheiten bis heute gehalten, die einfach zu handlich sind, als dass man sie leichtfertig aufgibt, oder die so fest verankert sind, dass es unsinnig hoher Geld- und Sachmittel bedarf, alles umzustellen. So haben sich z.B. in der Luft- und Seefahrt oder in einigen Ländern bis heute teilweise oder generell die angelsächsischen Längenmaße gehalten. Auch im wissenschaftlichen Bereich werden heute noch Einheiten wie das Angstrom (Å) = 10^{-8} cm oder das Torr = 133 Pa verwendet. In vielen Fällen macht die Verwendung solcher Einheiten aber zusätzliche Mühe, wenn man sie ineinander umrechnen muss. Einige Einheiten hat man aber auch beibehalten oder gar zusätzlich definiert, weil gerade sie das Leben viel einfacher machen und weil sie sich in einfacher Weise aus der in der Praxis verwendeten Messmethode ergeben. Dazu gehören im astronomischen Bereich das Lichtjahr oder das Parsec, im atomaren Bereich z.B. als Energieeinheit das eV (Elektronen-Volt), welches ganz leicht als die Energie zu verstehen ist, die ein einfach elektrisch geladenes Teilchen (Ladung $1e$) beim Durchfliegen einer elektrischen Potentialdifferenz von 1 V aufnimmt, oder die atomare Masseneinheit 1 u (=1/12 der Masse des Nuklids ^{12}C).

Wichtig ist für uns jedoch zunächst einmal nur die Tatsache, dass die Angabe einer Einheit *unbedingt* notwendig ist, um eine physikalische Größe zu quantifizieren. Daher ist beim Experimentieren unbedingt darauf zu achten, dass wir grundsätzlich bei allen quantitativen Angaben in einem Versuchsprotokoll neben den Zahlen auch die Einheiten spezifizieren. Also immer

- alle Messwerte mit Einheiten angeben,
- in Tabellen die Einheiten eindeutig spezifizieren,
- in allen Rechenschritten die Einheiten mitschreiben,
- in allen grafischen Darstellungen die Einheiten angeben,
- in allen Ergebnissen, Fehlerangaben etc. die Einheiten angeben.

Vor allem bei den verschiedenen Rechenschritten ist es wichtig, die Einheiten mitzuschreiben. Meist benutzt man ja nicht nur die Basis- oder abgeleiteten Grundeinheiten, sondern Bruchteile oder Vielfache davon, sodass beim Kürzen oft Zehnerpotenzen oder gar "krumme" Faktoren übrigbleiben. Z.B. ist

$$\frac{1\ \mathrm{N\,cm}}{1\ \mathrm{kWh}} = \frac{10^{-2}\ \mathrm{Nm}}{10^3 \cdot 3600\ \mathrm{Ws}} = \frac{10^{-8}\ \mathrm{Nm}}{3,6\ \mathrm{Ws}} = 2,778 \cdot 10^{-9}.$$

Ganz offensichtlich kommt Unsinn heraus, wenn man die Einheiten weglässt oder ignoriert.

Da wir es häufig mit Tabellen und grafischen Darstellungen zu tun haben, in denen es vielleicht unpragmatisch wäre, mit jeder einzelnen Zahl auch die Einheit aufzuschreiben, machen wir uns das Leben in solchen Fällen ein wenig leichter. Das kann man ganz formal mathematisch machen, dann läuft man die geringste Gefahr, etwas an Eindeutigkeit zu verlieren: Da jede Messgröße das Produkt aus einer Maßzahl und einer Einheit ist, ist die reine Maßzahl gerade der *Quotient* aus der Größe und ihrer Einheit. Wenn wir also in Tabellen als Spaltenüberschrift oder in Grafiken als Achsentitel jeweils diesen Quotienten angeben (also z.B. U/V, wenn wir Spannungen darstellen, p/hPa, wenn wir Drücke, oder I/mA, wenn wir elektrische Ströme spezifizieren, etc.), wie in den folgenden Beispielen gezeigt, dann ist eine eindeutige Interpretation der Darstellung gewährleistet.

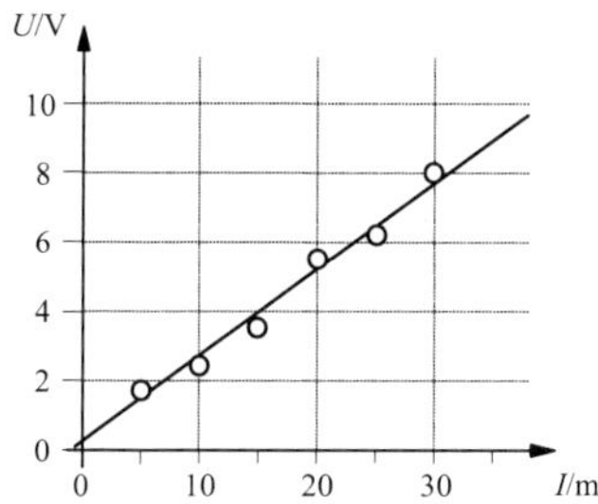

I / mA	U / V
5	1,70
10	2,40
15	3,65
20	5,50
.....	.....

Damit vertreten wir hier die Auffassung verschiedener anderer Autoren (z.B. [Wal, KaK, Har]) und deren Lehrern und Schülern, die formal sauber und konsequent und daher unanfällig für Fehler ist. Zwar hat sich vielerorts die Angewohnheit verbreitet, in Grafiken neben der Größe die Einheit in eckigen oder gar in runden Klammern anzugeben. Für diejenigen, die genau wissen, worum es sich handelt, mag das funktionieren. Aber spätestens, wenn man in der Literatur Daten sucht, über deren Größenordnung man sich nicht sicher ist, oder deren Einheit einem nicht ganz geläufig ist, wird man unsicher, was der Autor wohl gemeint haben mag. Oft genug ist nicht eindeutig herauszufinden, ob man nun mit 10^3 multiplizieren oder dadurch dividieren muss. Und schließlich ist es eine unendlich lange Erfahrung, dass Studierende häufig deswegen falsche Ergebnisse aus ihren Rechnungen herausbekommen, weil sie zunächst die Einheiten unberücksichtigt gelassen haben oder keine Erfahrung im Umgang mit ihnen besitzen.

Selbstverständlich sind physikalische Gesetzmäßigkeiten *unabhängig* von den bei einer Quantifizierung verwendeten Einheiten. Physikalische Gesetze beschreiben die Zusammenhänge zwischen *Größen*, nicht zwischen Zahlen! Man spricht daher von Größengleichungen. Daher sind quantitative Daten in Gleichungen immer *mit* Einheiten einzusetzen. Spezielle Gleichungen, die mit dimensionslosen Zahlen arbeiten und nur bei Verwendung bestimmter Einheiten gelten, sind *nicht* allgemeingültig, sondern gelten eben nur unter im Einzelnen konkret festgelegten Bedingungen für einen Teil der enthaltenen Größen. Sie werden oft als zugeschnittene Gleichungen bezeichnet.

1.2 Messen und Fehler

Eine ganz fundamentale Erfahrung, die jeder macht, der versucht, irgendeine Größe quantitativ durch eine Messung zu bestimmen, ist, dass dies nur mit begrenzter Genauigkeit gelingt. Wiederholt man Messungen, so stellt man fest, dass die Ergebnisse streuen. Manchmal erzeugt man eine zusätzliche Streuung, weil man Daten auf- oder abrundet. Messungen, die man z.B. an verschiedenen Orten oder mit unterschiedlichen Messverfahren wiederholt, zeigen oft unterschiedliche Ergebnisse. Das bedeutet, dass man grundsätzlich beim Messen Fehler macht.

Die ursprüngliche elementare Frage lautet immer, welchen Wert hat diese oder jene Größe? Wir suchen also das, was wir im Folgenden gelegentlich als den "wahren" Wert einer Größe bezeichnen. Dieser Wert lässt sich aber grundsätzlich nicht mit beliebiger Genauigkeit bestimmen. Daher ist zu einem Messergebnis immer auch eine Angabe über seine Genauigkeit notwendig, eine Angabe also, die über die vermutliche Größe der Fehler Auskunft gibt.

Messfehler können verschiedenste Ursachen haben. Oft liegt es daran, dass das verwendete Messgerät eben nur eine bestimmte Ablesegenauigkeit zulässt, oder dass verfahrensbedingte Messfehler auftreten, deren genaue Größe nicht bekannt ist. Häufig muss man sich aber auch fragen, ob denn die gesuchte Größe überhaupt exakt definiert oder definierbar ist, d.h. einen echten wahren Wert besitzt. Was ist z.B. die *wahre* Länge eines abgerissenen Zweiges oder eines Vorhangs, der Durchmesser eines Fahrradreifens, wenn wir nicht näher spezifizieren, unter welchen Bedingungen wir die Messung durchführen. Grundsätzlich findet man, dass sich, je genauer man etwas messen möchte, desto mehr Umfeldbedingungen in ihrem Einfluss auf die zu messende Größe bemerkbar machen. Man muss daher sehr sorgältig definieren, welches die Bedingungen sind, unter denen die Messung gemacht wird. Nur selten gelingt es leider, zu jeder Zeit und an jedem Ort, die gleichen Bedingungen herzustellen. Schließlich sind solche Randbedingungen wiederum selbst Messwerte, die nicht beliebig genau festzulegen sind. Das ist nicht zuletzt der Grund dafür, warum sich häufig Messergebnisse verschiedener Autoren unterscheiden. Schließlich gibt es auch Größen, die prinzipiell, z.B. aufgrund ihrer bereits statistischen Natur nicht beliebig exakt gemessen werden können. Ganz generell ist es im Grunde sogar absolut unmöglich, eine Größe mit beliebiger Genauigkeit zu messen, ohne Eingriffe in das zu untersuchende System selbst zu machen, wenn wir die quantenmechanische Beschreibung der Physik und die daraus zu ziehenden Schlüsse als richtig ansehen. Darüber brauchen wir uns allerdings vorerst keine Sorgen zu machen, denn dieses Niveau von Genauigkeit ist im Rahmen eines Physik-Anfängerpraktikums nicht von Bedeutung.

Bei jeder Art von Messung bleibt also eine gewisse Unsicherheit, sowohl in den Randbedingungen als auch in den Messgrößen. Das ist nicht weiter schlimm, denn für die meisten Fälle genügt uns ja auch eine begrenzte Genauigkeit, um die für uns relevanten Schlüsse aus unseren Messergebnissen zu ziehen. Im Gegenteil, eine sinnvolle Messung treibt den Aufwand nur gerade so weit, dass die wirklich notwendige Genauigkeit erreicht oder nicht allzu weit überschritten wird. Alles andere ist Zeit- und u.U. Geldverschwendung. Ein Beispiel wäre der Bau eines Laserinterferometers, um die Grundfläche einer Wohnung zu vermessen.

Ein wesentliches Anliegen muss daher sein, frühzeitig herauszufinden, worin die Ursachen für Messfehler und Unsicherheiten liegen. Am Anfang steht dabei zunächst wirklich die rein qualitative Frage nach diesen Ursachen; das ist nicht zu unterschätzen. Man muss sich über möglichst *alle* signifikanten Fehlerquellen im Klaren sein, ehe es überhaupt Sinn macht, sich über die Größe der Beiträge Gedanken zu machen, denn allzu leicht übersieht man eine gravierende Fehlerquelle — und vergeudet seine Zeit damit, die übrigen, vielleicht ohnehin unbedeutenden Fehler zu reduzieren. Erst wenn man alle signifikanten Fehlerquellen kennt, ist es sinnvoll, die Größe der Unsicherheiten abzuschätzen. Das ist manchmal sehr einfach, manchmal sind aber auch zusätzliche Messungen notwendig, um eine brauchbare Aussage machen zu können. Hierfür gibt es einfache Verfahren, die in diesem Text beschrieben werden. Und schliesslich muss der Einfluss der Unsicherheiten der einzelnen Messgrößen auf das oder die Endergebnisse berechnet werden.

Die folgenden Kapitel stellen einige der gängigen Verfahren vor, soweit sie für ein Physikalisches Anfängerpraktikum von Bedeutung sind, versuchen jedoch zusätzlich aufzuzeigen oder zumindest plausibel zu machen — ohne auf tiefergehende wahrscheinlichkeitstheoretische Beweise einzugehen — *warum* es Sinn macht, diese Dinge so und nicht anders zu machen. Im Vordergrund steht dabei der Wunsch, von Anfang an nicht nur Rechenrezepte zu dokumentieren (dies wird in der vorhandenen Literatur bereits ausreichend abgehandelt), sondern eine grundsätzliche Einstellung zum Experiment zu wecken, mit der man im Laufe der Zeit ein "Gefühl" dafür entwickelt, wie ein Messergebnis zu bewerten ist, und wie man dafür möglichst objektive Maßstäbe findet. Dies ist für eine ehrliche Einschätzung eigener Experimente wie auch den später immer wieder notwendigen Vergleich mit anderen Experimenten und theoretischen Rechnungen unerlässlich. Nicht selten hat die realistische Einschätzung der Genauigkeit eines experimentellen Ergebnisses dazu geführt, dass eine theoretische Vorstellung revidiert oder verfeinert werden musste. Das erfordert jedoch eine hohe Sicherheit in der richtigen Einschätzung der Aussagekraft eines Experimentes, und die angewandten Methoden müssen für Außenstehende nachvollziehbar sein.

In den Anfängervorlesungen der Physik kommt der Aspekt der Fehleranalyse in der Regel viel zu kurz, wenn er überhaupt angesprochen wird. Die physikalischen Zusammenhänge werden zwar sehr anschaulich dargestellt und experimentell abgeleitet oder verifiziert, die vorgeführten Experimente liefern fast immer "gute" Daten, die die Zusammenhänge untermauern. Dass es eines teilweise akribischen Aufwands im Vorfeld auch solcher "einfacher" Experimente bedarf, um Fehlerquellen soweit zu unterdrücken, dass sie sich — innerhalb der geforderten Messgenauigkeit — nicht bemerkbar machen, wird selten offensichtlich. Das ist natürlich auch richtig so, wenn man sich die Sachverhalte leicht einprägen und Zusammenhänge verstehen will. Erst das Praktikum ermöglicht dem Studenten zum ersten Mal, am eigenen Leib zu erfahren, wie leicht oder wie schwer es ist, physikalische Gesetzmäßigkeiten experimentell zu erkennen oder mit akzeptabler Genauigkeit zu verifizieren. Dabei sollte endlich aufgeräumt werden mit der auf diesem Niveau häufig anzutreffenden Argumentation, dass eine Messung falsch sei, weil das Ergebnis nicht mit dem Literaturwert übereinstimme. In welchem Maß eine solche Übereinstimmung zu erwarten ist, hängt viel dramatischer vom einzelnen Experiment ab als von der Unsicherheit des betreffenden Literaturwerts (die meist wesentlich geringer ist als in typischen Praktikumsexperimenten). Die Qualität eines Experiments kann und darf nicht an einer solchen Übereinstimmung gemessen werden, diese kann (und muss) allenfalls als eine Motivation fungieren, das eigene Experiment noch einmal kritisch nach bislang unerkannten Fehlerquellen zu durchforsten. Eine klare und fundierte Einschätzung der Genauigkeit des eigenen Experiments und von dessen Ergebnissen muss zunächst unabhängig von Literaturdaten gewonnen werden, das sollte dem Studierenden bereits sehr frühzeitig klar werden.

1.3 Allgemeines über Messfehler

Nach den obigen Ausführungen dürfte klar sein, dass ein Ergebnis irgend eines physikalischen Experiments *immer* eine Angabe über dessen Unsicherheit enthalten muss. Ein Ergebnis ohne Fehlerangabe ist wertlos, weil wir wissen, dass der wahre Wert niemals exakt angegeben werden kann, und eine Aussage über die Größe der zu erwartenden Abweichungen gemacht werden muss. Wir unterscheiden dabei grundsätzlich zwei Gruppen von Fehlern: *zufällige* und *systematische*. Zufällige Fehler treten in ihrer Größe und in ihrem Vorzeichen zufällig auf, d.h. wir werden mal ein zu kleines, mal ein zu großes Ergebnis erhalten, mal näher am, mal weiter weg vom "wahren" Wert. Die Ergebnisse verschiedener Einzelmessungen streuen also unregelmäßig und symmetrisch um einen bestimmten Wert herum, von dem wir hoffen, dass er dem wahren Wert nahe kommt. Dagegen führen systematische Fehler dazu, dass ein Messergebnis 'systematisch' verfälscht wird, die Abweichungen vom wahren Wert sind regelmäßig und unsymmetrisch. Diese beiden Sachverhalte sind in Abb. 1.1 dargestellt.

Realisten definieren noch eine weitere Klasse von Fehlern, die sog. *groben* Fehler. Damit sind Fehler gemeint, die z.B. beim Übertragen von Messwerten von einer in eine andere Tabelle entstehen, beim Vertippen am PC oder Taschenrechner und dergleichen. Es dürfte klar sein, dass solche Fehler ganz vermieden werden müssen, wenn man seinen Ergebnissen irgendeinen Glauben schenken will, sie lassen sich durch keine noch so ausgereifte Methode der Messtechnik oder der Statistik reduzieren oder eliminieren. Hier hilft nur extreme Sorgfalt beim Protokollieren. Das ist auch der Grund dafür, weshalb man einerseits grundsätzlich die Urschrift aller während des Messens aufgeschriebenen Daten als das entscheidende Dokument ansehen (und entsprechend behandeln) muss, andererseits in dieser Urschrift nur direkt abgelese Werte einträgt, um die Gefahr von Rechenfehlern bereits zu diesem Zeitpunkt zu eliminieren. Spätere Fehler, vor denen man nie ganz sicher sein kann, können dann durch Vergleich mit der Urschrift stets lokalisiert und behoben

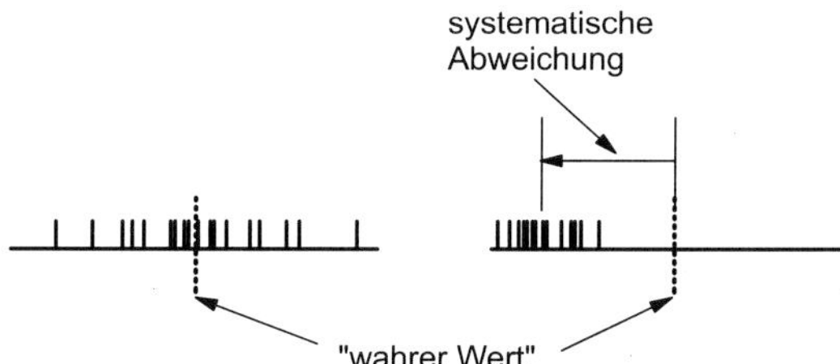

Abbildung 1.1: Auswirkung zufälliger (links) und systematischer (rechts) Fehler auf eine Messung. Die kurzen senkrechten Striche stellen einzelne Messwerte dar, die entlang der Geraden der möglichen Messwerte liegen. Systematischen Fehlern überlagern sich i.d.R. auch noch zufällige Fehler, daher streuen auch im rechten Bild die Meßwerte — allerdings um einen Wert, der 'systematisch' falsch ist.

werden.

Kein Fehler ist nun allerdings a priori systematisch oder zufällig! Die Einteilung muss danach erfolgen, wie sich der Fehler auf das Ergebnis auswirkt. Nehmen wir an, wir benutzen zur Messung einer Schwingungsdauer eine Stoppuhr, die zu langsam läuft. Dann werden offensichtlich alle Zeitdauern, die wir damit bestimmen, zu klein gemessen. Dies ist ein systematischer Fehler. Benutzen wir allerdings für unsere Messungen jedesmal eine andere Uhr, womöglich aus verschiedenen Herstellungsserien oder von unterschiedlichem Typ, so ist es — mangels besseren Wissens — naheliegend zu vermuten, dass die Laufabweichungen der Uhren zufällig streuen, so dass wir dann von einem zufälligen Fehler sprechen.

Ein paar Beispiele sollen typische Messfehler und ihre häufigste Auswirkung erläutern:

- Wir messen die Seitenlänge eines Zimmers mit einem 30 cm Lineal:

Messfehler	Auswirkung	Ursache
Maßstab-Eichfehler	systematisch	Gerät
l (Polygonzug) $\geqq l$ (Zimmer) *)	systematisch	Verfahren
Ablesefehler beim Aneinanderlegen	zufällig	Verfahren

*) Es gelingt uns nie, die Richtung des Lineals beim sukzessiven Aneinanderlegen exakt beizubehalten, somit messen wir immer die Länge eines Polygonzugs anstelle der geraden Linie. Die ist aber immer größer als die geradlinige Verbindung der Endpunkte.

- Wir messen den Durchmesser eines Gummiballs mit einem Messschieber:

Messfehler	Auswirkung	Ursache
Eichfehler des Messschiebers	systematisch	Gerät
Verformung des Balls beim Messen *)	systematisch	Verfahren
Ablesefehler	zufällig	Verfahren
Fehler beim Anlegen (Durchmesser)	systematisch	Verfahren

*) Da die Einstellung des Messschiebers darauf beruht, dass man die Messbacken

soweit zusammendrückt, bis das Objekt "berührt" wird, und diese Berührung durch eine sich dem weiteren Zusammendrücken widersetzende Kraft fühlbar wird, ist bei elastischen Materialien immer eine geringe Verformung notwendig. Damit wird der gemessene Durchmesser aber stets kleiner als der tatsächliche.

- Wir messen einen elektrischen Widerstand:
  - durch Messung von Spannung und Strom:

    einfache Messgeräte: $I = 0,201$ A, $U = 1,99$ V $\rightarrow R = 9,9\ \Omega$
    "bessere" Messgeräte: $I = 0,1995$ A, $U = 1,99$ V $\rightarrow R = 9,975\ \Omega$

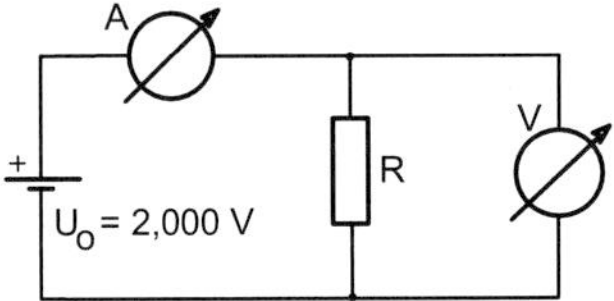

  - Messung mit Wheatstonescher Brücke: $\rightarrow R = 10,000\ \Omega$

  Systematische Fehler treten hier wegen des endlichen Innenwiderstands des Voltmeters auf: Ein Teil des mit dem Amperemeter gemessenen Stroms fließt durch das Voltmeter, somit messen wir *nicht* genau den Strom durch den Widerstand, sondern grundsätzlich einen zu großen Wert. Je nach Größe des Widerstands und des Innenwiderstands des Voltmeters kann dieser Fehler beträchtlich sein. Grundsätzlich vermeidbar ist diese Art Fehler nur durch Anwendung eines anderes Messverfahrens, wie z.B. einer Brückenschaltung.

- Wir messen die Zählrate (Frequenz) einer Pulsfolge:

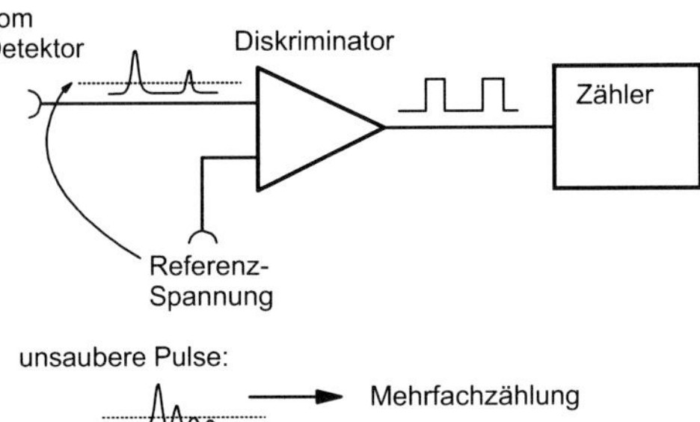

  Durch Fehler in der Schaltung kann es ganz leicht zu Reflexionen der Pulse an den Kabelenden kommen. Dann findet man eine Art Echo nach jedem Puls. Diese Nachschwinger werden, falls sie die Referenzspannung überschreiten, ebenfalls mitgezählt, und man erhält auf diese Weise leicht Zählraten, die leicht um einen Faktor 2 oder mehr zu hoch sind. Das ist natürlich ein massiver systematischer Fehler, man sollte ihn fast schon als groben Fehler deklarieren.

In der folgenden Tabelle sind einige typische Fehlerquellen angegeben, sie sind dabei sortiert nach ihrem häufigsten Einfluss auf Messergebnisse:

Auswirkung meist systematisch	Ursache	Auswirkung meist zufällig	Ursache
Eichfehler	Gerät	Ablesefehler	Beobachter
Nullpunktabweichung	Gerät	Einstellgenauigkeit	Beobachter
Beeinflussung der Messung durch das Messgerät	Verfahren	Reibung, Staub	Gerät
		Rauhigkeit	Gerät
Toter Gang, Hysterese	Gerät	Kriechströme	Gerät
Drift (z.B. Temperatur, Druck, Betriebsspannung)	Umgebung	Mechanische Erschütterungen	Umgebung
		Luftzug	Umgebung
Unsaubere Materialien	Messobjekt	Netzspannungsschwankungen	Umgebung
Wärmeverluste	Verfahren	Mangelnde Reproduzierbarkeit des zu messenden Vorgangs	Messobjekt
Kontakt-Thermospannungen	Verfahren		
Zuleitungswiderstände	Verfahren	Statistische Schwankungen	Messobjekt
Totzeit beim Zählen	Verfahren		

Zufällige Fehler haben die Tendenz, bei wiederholten Messungen (unter sonst gleichen Bedingungen) sich "im Mittel" aufzuheben (was das genau heißt, werden wir im Folgenden noch näher untersuchen), sie lassen sich daher mit Methoden der Statistik einerseits relativ gut bestimmen, andererseits lassen sich ihre Auswirkungen bei geschickter Arbeitsweise im Experiment auch reduzieren. Systematische Fehler zeigen sich dagegen gegenüber allen Rechenverfahren völlig immun, sie lassen sich mit solchen Methoden i.d.R. weder erkennen noch reduzieren.

Grundsätzlich sollte man das Vorhandensein signifikanter systematischer Fehler als Schönfärberei experimenteller Unzulänglichkeiten ansehen (zu ungenaue Instrumente ausgewählt, Abweichung apparativer Parameter von den angenommen Werten nicht berücksichtigt, von falschen theoretischen Voraussetzungen ausgegangen, etc.). Systematische Fehler sind möglichst zu vermeiden, d.h. so klein zu halten, dass sie gegenüber den zufälligen Fehlern vernachlässigbar sind. Es ist demnach extrem wichtig, die angewandten Messverfahren auf systematische Fehler hin zu analysieren, da diese mit Hilfe statistischer Methoden nur selten erkannt werden können.

1.4 Bedeutung von Fehlern für Schlussfolgerungen

Nehmen wir an, wir wollten einen frequenzstabilen Laser aufbauen und dabei den für die Präzision entscheidenden Abstand der beiden Endspiegel mittels eines Quarzstabs möglichst gut fixieren. Wir interessieren uns daher für die Frage, ob dieser Stab seine Länge mit der Temperatur ändert. Dazu machen wir einen (sehr rudimentären) Versuch, indem wir die Länge des Stabes bei 0 °C und bei 100 °C messen. Es ergeben sich folgende Messwerte:

T	l / mm
0 °C	152,025
100 $°C$	152,034

Variiert die Länge nun mit der Temperatur oder nicht? Mit anderen Worten: Ist der Unterschied in den beiden Messwerten signifikant oder nicht? Diese Entscheidung für die eine oder andere Schlussfolgerung hängt einzig und allein von der Genauigkeit ab, mit der wir das Experiment durchgeführt haben. Betrug die statstische Unsicherheit $\delta l = 0{,}001$ mm, dann sind die Werte signifikant verschieden. Betrug die Unsicherheit dagegen $\delta l = 0{,}01$ mm, so sind die beiden Ergebnisse innerhalb dieser Unsicherheit als *gleich* anzusehen, und auf eine Temperaturabhängigkeit der Länge kann daraus *nicht* geschlossen werden. Was natürlich *nicht* heißen muss, dass nicht eine (geringe) Temperaturabhängigkeit vorhanden ist.

Derlei Überlegungen sind auch wichtig für die Planung eines Experiments. Da jede Verbesserung der Messgenauigkeit einen höheren Aufwand, sowohl an Zeit als auch an apparativer Ausstattung und damit Geld erfordert, ist es sinnvoll, Messungen nur so genau zu machen, wie es für die Beantwortung der Fragestellung notwendig ist. Nehmen wir an, für unser Problem sei es wichtig zu wissen, ob die relative Längenänderung unter oder über $0{,}01\ \% = 10^{-4}$ liegt. Eine Messung mit einer Unsicherheit von $\delta l = 0{,}01$ mm ist damit völlig ausreichend, eine Erhöhung der Messgenauigkeit auf $\delta l = 0{,}001$ mm wäre — für den vorgesehenen Zweck — reine Zeitverschwendung; eine gröbere Messung mit etwa $\delta l = 0{,}05$ mm leider auch, denn die ganze Messung wäre in diesem Fall für die Katz', weil wir unser Ziel nicht erreicht haben und mit dem Ergebnis nichts anfangen können. Das Leben des Experimentators ist begrenzt, ebenso seine (finanziellen) Mittel [Squ], das sollte man immer im Auge behalten.

1.5 Allgemeines zur Fehlerfortpflanzung

Obwohl wir zu diesem Zeitpunkt noch nicht einen einzigen Rechenschritt behandelt haben (Fehleranlyse ist eben zunächst einmal eine qualitative Angelegenheit), wollen wir uns jetzt schon mit einem ganz allgemeinen Problem befassen, auch wenn wir diesen Punkt später noch genauer fassen müssen.

Selten werden wir mit dem Fall zu tun haben, dass wir genau *die* Größe messen, die wir am Ende auch benötigen. Beispielsweise könnten wir uns für das Volumen eines Zylinders interessieren. Nach Archimedes könnte man den Zylinder in ein mit Wasser gefülltes Gefäß eintauchen und die verdrängte Wassermenge messen. Einfacher geht aber oft, indem man den Durchmesser d und die Höhe h des Zylinders misst und daraus das Volumen V berechnet:

$$V = \pi r^2 \cdot h = \frac{\pi}{4} d^2 \cdot h \tag{1.1}$$

Nun haben wir verstanden, dass man beim Messen aufgrund aller möglicher Unzulänglichkeiten stets (hoffentlich nur kleine) Fehler macht. Messen wir also z.B. statt d einen (falschen) Durchmesser $d' = d + \delta d$ und statt h die (falsche) Höhe $h' = h + \delta h$, so erhalten wir ein (falsches) Volumen V':

$$V' = \frac{\pi}{4} (d + \delta d)^2 \cdot (h + \delta h) \tag{1.2}$$

$$= \frac{\pi}{4} \left(hd^2 + 2hd\delta d + h\delta d^2 + d^2 \delta h + 2d\delta h \delta d + \delta h \delta d^2 \right) \tag{1.3}$$

$$= \frac{\pi}{4} hd^2 \cdot \left(1 + 2\frac{\delta d}{d} + \frac{\delta h}{h} + \left(\frac{\delta d}{d}\right)^2 + 2\frac{\delta d}{d}\frac{\delta h}{h} + \left(\frac{\delta d}{d}\right)^2 \frac{\delta h}{h} \right) \tag{1.4}$$

Setzen wir einmal voraus, dass unsere Fehler "klein" sind. Dies ist meist eine sinnvolle Annahme in der Physik (die natürlich jeweils ihre Berechtigung haben muss), und wir werden dies im Rahmen der Diskussionen in diesem Buch sehr häufig annehmen. Daher ist an dieser Stelle eine kurze Erläuterung angebracht, was das bedeutet. "Klein" oder "groß" kann etwas immer nur im Vergleich zu einer anderen Größe des gleichen Typs sein. Ob ein Haus z.B. klein oder groß ist, kommt darauf an, ob man seine Abmessungen mit denen einer Hundehütte oder eines Wolkenkratzers vergleicht. (Dagegen wäre es überaus unsinning, wollten wir seine Maße mit einer Zeitspanne, einem Druck oder einer Temperatur vergleichen.) Wir müssen also stets Bezugsgrößen gleicher physikalischer *Dimension* finden, und wir müssen uns über die relevante Bezugsgröße im Klaren sein.

Wir fragen also, ob in einem Ausdruck der Form $a + \delta a$ eine der beiden Größen klein gegenüber der anderen ist, z.B. ob $\delta a \ll a$. Dabei liegt der Sinn dieser Feststellung darin, dass uns die "Kleinheit" einer Größe dazu berechtigen soll, die mathematische Formulierung dahingehend zu vereinfachen, dass wir einen Ausdruck in eine Reihe entwickeln können und dann alle Terme höherer Ordnung als der ersten von Null verschiedenen zu vernachlässigen, ohne einen signifikanten Fehler zu machen. Anders ausgedrückt, wir wollen z.B. schreiben können

$$(1+x)^n = 1 + nx + \frac{n(n-1)}{2}x^2 + ... \approx 1 + nx \tag{1.5}$$

wobei die Näherung eben dann mit ausreichender Genauigkeit gilt, wenn x "klein", d.h. in diesem Fall $x \ll 1$ ist. (Für ganzzahlige positive n ist die Reihe ohnehin endlich.) Diese Forderung nach ausreichender Gültigkeit der Näherung definiert uns erst das, was wir unter dem Ausdruck "klein" verstehen wollen. Im Einzelfall muss das jeweils genau überprüft werden. Den obigen Audruck $a + \delta a$ formen wir daher um in $a(1 + \delta a/a)$ wobei wir sofort den Quotienten $\delta a/a$ als das Analogon zur Größe x ansehen können. (Auch hier kommen oft noch Potenzen n ins Spiel, wie man an unserem Beispiel sehen kann.) Ist also $\delta a \ll a$, so ist $x \ll 1$. Den Quotienten $\delta a/a$, wenn mit δa die Unischerheit der Größe a gemeint ist, bezeichnet man auch als *relativen* Fehler oder, besser, *relative* Unsicherheit.

Im Falle von Gl. 1.5 stellen wir uns beispielsweise vor, x sei gleich 0,01 (mit anderen Worten: δa ist 100 mal kleiner als a), dann wird der quadratische Term von der Größenordnung 10^{-4}, die weiteren Terme werden noch kleiner. Im Rahmen einer Fehlerdiskussion, wo wir mit δa den Fehler oder die Unsicherheit der Größe a assoziieren, unser x demnach als relative Unsicherheit betrachten, hätten wir es in diesem Fall mit einer relativen Unsicherheit von 1% zu tun. Da ist es völlig irrelevant, ob wir weitere Terme der Größenordnung 10^{-4} auch noch berücksichtigen. Es genügt also, nur den in x linearen Term in der Reihe (Gl. 1.5) mitzunehmen. Für unsere Fehler bedeutet das anschaulich, dass wir zwar wissen wollen, ob der Fehler oder die Unsicherheit 1% oder 2% beträgt, wir uns aber nicht im geringsten dafür interessieren, ob es nun 1,01 oder 1,02% sind, eine völlig legitime Einstellung. Dabei sollte man sich auch der Tatsache bewusst sein, dass wir ja die tatsächlichen Fehler in den Messgrößen gar nicht kennen, sondern unsere Fehlerangabe de facto nur einen *typischen Bereich angibt*, um den das Messergebnis vom nominellen Wert abweichen könnte, und das in beiden Richtungen. (Wir werden das genauer verstehen, wenn wir uns mit der statistischen Bedeutung solcher Fehlerangaben auseinandergesetzt haben.) Zudem sind solche Fehlerangaben selbst i.d.R. nur mit einer endlichen Genauigkeit bekannt, da sie ja meist aus experimentellen Ergebnissen berechnet werden.

Genau diese formalen Kriterien erkennen wir sofort wieder, wenn wir uns Gl. 1.4 ansehen. Sind die Fehler δh und δd klein gegenüber h bzw. d, d.h. sind die Ausdrücke

$\frac{\delta h}{h}$ und $\frac{\delta d}{d}$ klein gegenüber 1, dann können wir die Terme höherer Ordnung, also solche, in denen zwei oder drei dieser Faktoren vorkommen, ohne dass wir einen nennenswerten Fehler machen, vernachlässigen. Was bleibt, ist

$$V' = \frac{\pi}{4}hd^2 \cdot \left(1 + 2\frac{\delta d}{d} + \frac{\delta h}{h}\right) \tag{1.6}$$

$$= \frac{\pi}{4} \cdot \left(hd^2 + 2hd \cdot \delta d + d^2 \delta h\right) \tag{1.7}$$

Bei näherem Hinsehen erkennt man vielleicht, dass der zweite und der dritte Term jeweils die Ableitung des Volumens nach dem Durchmesser bzw. nach der Höhe des Zylinders darstellen, jeweils multipliziert mit dem zugehörigen Fehler:

$$V' = V + \frac{\partial V}{\partial d}\delta d + \frac{\partial V}{\partial h}\delta h \tag{1.8}$$

$$\text{oder} \qquad \delta V = V' - V = \frac{\partial V}{\partial d}\delta d + \frac{\partial V}{\partial h}\delta h \tag{1.9}$$

Formal handelt es sich dabei um Ableitungen, die so berechnet werden, als ob die jeweilige andere Variable konstant bleibt, um sog. partielle Ableitungen.

Diese Formel gilt (in der oben gemachten Näherung) stets, vorausgesetzt, die Messgrößen (hier d und h) sind unabhängig voneinander. Daher können wir mit dieser Formel den Fehler δV relativ leicht berechnen, den wir bei der Bestimmung des Volumens in der beschriebenen Weise machen, wenn wir die Fehler in d und h kennen. Ganz generell kann man aus den Fehlern der Messgrößen, die in ein daraus abgeleitetes Ergebnis eingehen, den entsprechenden Fehler dieses Ergebnisses berechnen. Allerdings, kennen wir die Fehler der Messgrößen, dann könnten wir diese ja gleich korrigieren und mit den richtigen Werten rechnen.

Wir werden aber sehen, dass man auch bei unbekannten Fehlern, die man durch die Angabe einer 'Unsicherheit' charakterisiert (es wird allerdings häufig der Begriff 'Fehler' als Synonym für das Wort 'Unsicherheit' benutzt, das ergibt sich aber aus dem Kontext meist eindeutig), sinnvolle Angaben über die Auswirkung solcher Fehler machen kann. Daher ist es so wichtig, die Unsicherheiten *aller* primären Messgrößen im Experiment abzuschätzen. Wir werden auf das Problem der Fehlerfortpflanzung später noch einmal zurückkommen und dann auch den Formalismus erarbeiten, den wir dabei anwenden können.

2 Fehleranalyse in physikalischen Experimenten

2.1 Fehler und Unsicherheiten

Wie im vorigen Kapitel diskutiert, treten beim Messen praktisch immer Fehler auf. Grundsätzlich besteht ein Experiment darin, bestimmte Größen zu messen und aus diesen Messungen bestimmte Ergebnisse abzuleiten. *Andere* Messwerte (die z.B. durch Messfeher entstehen) führen dabei i.d.R. zu *anderen* Ergebnissen und womöglich *anderen* Schlussfolgerungen. Daher ist eine realistische Quantifizierung von Messfehlern erforderlich.

Sind diese Fehler bekannt, dann können wir die Messergbnisse entsprechend korrigieren und diesen Buch jetzt schließen. Dummerweise ist das leider nie der Fall. Es zeigt sich aber, dass man durchaus quantitative Angaben finden kann, die die Größe der potentiellen Fehler in gewisser Weise eingrenzen. So können wir z.B sagen, dass es bei Verwendung eines Lineals mit mm-Teilung zur Messung eines Abstands auf einen Blatt Papier sicher naheliegend ist, mit Fehlern der Größenordnung einiger Zehntel Millimeter zu rechnen, dagegen aber sehr unwahrscheinlich, Fehler der Größenordnung einiger Zentimeter oder mehr zu machen.

Es geht also darum, aus den jeweils gegebenen Umständen ein quantitatives Maß zu finden, das uns etwas über die zu erwartende typische Größe der Messfehler verrät. Daraus schätzen wir dann einen Bereich ab, innerhalb dessen unsere Messergebnisse voraussichtlich liegen. Diesen Bereich definieren wir als Unsicherheitsbereich oder einfach die Unsicherheit des Messergebnisses. Sind die zu erwartenden Messfehler meist groß, dann ist dieser Unsicherheitsbereich groß, sind sie meist klein, dann ist auch die Unsicherheit klein. Wir können also zumindest die Auswirkungen der im Einzelfall unbekannten Fehler auf die Unsicherheit der Ergebnisse oftmals relativ gut quantitativ beschreiben. Die Erfahrung zeigt, dass die Größenverteilung solcher Fehler relativ gut bestimmten Wahrscheinlichkeitsgesetzen folgt, das kommt uns sehr zu Hilfe.

In diesem Kapitel werden wir eine kurze Übersicht über die später zu diskutierenden Verfahren geben. In den beiden nachfolgenden Kapiteln werden wir die einzelnen Verfahren im Detail kennenlernen.

2.2 Was ist zu tun?

Die Qualität der Messungen bestimmt also die Qualität der Schlussfolgerungen. Um letztere quantifizieren zu können, müssen wir daher zwei Dinge im Griff haben:

- wir müssen über die Qualität unserer Messwerte Bescheid wissen, und
- wir müssen verstehen, wie sich deren Unsicherheiten in den Ergebnissen äußern.

Und bei dieser Gelegenheit sollten wir auch gleich diskutieren, in welcher Form wir die Unsicherheit der Ergebnisse angeben, damit eine eindeutige Interpretation durch den Leser gewährleistet ist.

Um es unter Verwendung des aktuellen Sprachgebrauchs etwas salopp zu formulieren, müssen wir also drei Phasen der Fehleranalyse betrachten:

Input — Bestimmung der Unsicherheiten von primären Messwerten und Parametern
Throughput — Berechnung des Einflusses der Messfehler auf die Ergebnisse
Output — Angabe und Verarbeitung der Unsicherheiten der Ergebnisse

Neben vernünftigen Aussagen zu unseren *Fehlern* wollen wir selbstverständlich auch zahlenmäßige *Ergebnisse* selbst erhalten, die möglichst realitätsnah und zuverlässig sind, d.h. die wahren Zusammenhänge am besten beschreiben. Die Rechenverfahren, mit denen wir die statistischen Fehler quantifizieren können, liefern uns freundlicherweise diese "optimalen" Ergebnisse gleich mit: Im ersten Schritt einer solchen Berechnung muss man immer zunächst einmal die optimalen Ergebnisse berechnen, mit Hilfe derer man dann die Fehler ausrechnen kann. Wir werden das im Kapitel *Elementare Fehleranalyse* jedesmal sofort erkennen, daher wird in diesem Kapitel nicht näher darauf eingegangen.

INPUT oder
Was wissen wir über die Messgrößen?

Was auch immer wir in einem Experiment messen, sei es ein ganzer Satz Daten, z.B. für die Schwingungsdauer eines Pendels oder für den Strom durch einen Widerstand als Funktion der angelegten Spannung, oder seien es einzelne Parameter wie z.B. den Luftdruck oder die Raumtemperatur, wir können (und müssen) für all diese Größen Angaben über ihre Unsicherheit machen. Dabei sollten wir unbedingt unterscheiden zwischen Fehlern, die systematisch in die Messwerte eingehen, d.h. die alle Messwerte gleich oder zumindest korreliert beeinflussen, und solchen, die dies in zufälliger Weise tun, d.h. jeden Messwert unabhängig von anderen und von vorhergehenden Messungen beeinflussen.

Die wichtigste Frage für den Experimentator ist, woher erhalte ich diese Information? Grundsätzlich bieten sich immer zwei Alternativen:

- Unsicherheit aus den Gegebenheiten abschätzen
- Unsicherheit aus der Streuung der Messwerte einer Messreihe berechnen

In vielen Fällen lassen sich Unsicherheiten aus den örtlichen Gegebenheiten relativ leicht abschätzen. Messen wir z.B. die Auslenkung einer Feder, so ist die Ganauigkeit bei Praktikumsversuchen im Wesentlichen bestimmt durch die Ablesegenauigkeit an der dort angebrachten Längenskala sowie eventuelle Parallaxenfehler. Dabei sollten wir beachten, dass wir die Genauigkeit, mit der wir solche Fehler angeben (es wurde bewusst der Begriff 'abschätzen' gewählt), nicht übertreiben. Wir wollen wissen, ob die Unsicherheit 0,2, 0,5 oder 1,0 mm, nicht, ob sie 0,51 oder 0,52 mm beträgt! Im Allgemeinen ist es ausreichend, Unsicherheiten mit einer Genauigkeit von nicht wesentlich besser als 25% anzugeben.

Ist die Abschätzung von Fehlern auf diese Weise schwierig oder zu ungenau, so bleibt uns, zumindest für die Bestimmung der Größe zufälliger Fehler, die Möglichkeit der Anwendung statistischer Methoden. Sie dienen uns, wie andere mathematische Hilfmittel auch, als Handwerkszeug im Umgang mit unseren Daten. Dabei ist von grundlegender Bedeutung, dass wir es mit Messfehlern zu tun haben, die bestimmten Gesetzen der Wahrscheinlichkeitstheorie gehorchen. Wir werden sehen, dass diese Basis in sehr vielen Fällen gegeben ist, wobei man im Einzelfall noch genauer untersuchen muss, welches die zugrundeliegende Wahrscheinlichkeitsverteilung ist. In groben Zügen basieren alle diese Verfahren darauf, dass man die zufällige Streuung der Messwerte untersucht und daraus ein Maß für die Unsicherheit des einzelnen Messwerts und/oder auch abgeleiteter Größen gewinnt. Die anzuwendenden Methoden werden wir in den nächsten beiden Kapiteln ausführlich diskutieren. Sie führen uns zu den Begriffen

Mittelwert, Varianz, Standardabweichung
sowie, erweitert auf Zusammenhänge zwischen mehreren Variablen,
Ausgleichsgeraden, generell *Anpassungs- oder Fitverfahren*

Aber auch in diesem Fall muss man sich darüber im Klaren sein, dass die so gewonnenen Daten für Messfehler einerseits selbst wiederum Messwerte sind und daher nur eine endliche Genauigkeit besitzen, eine allzu genaue Angabe der Unsicherheit andererseits aber auch gar keinen Sinn macht (s.o.).

Obwohl prinzipiell die folgende Unterscheidung nicht notwendig ist, wollen wir hier vier Fälle ansprechen, die sich in der Handhabung etwas unterscheiden.

1. Direkte Messwerte

Hiermit sind die wesentlichen Messwerte gemeint, die innerhalb einer Messreihe aufgenommen werden, egal, ob sie einmal oder wiederholt gemessen werden oder ob sie sich aus der Variation einer anderen Messgröße ergeben. Hierzu gehören im Praktikum in der Mechanik z.B. Federauslenkungen, Schwingungsdauern, Kreisel-Umdrehungsfrequenzen, in der Elektrizitätslehre sind es oft elektrische Spannungen und Ströme, in der Wärmelehre z.B. Temperaturen, Massen oder Zeiten, in der Optik Größen wie Abstände optischer Elemente, Bildgrößen etc. In der Mikrophysik werden wir es häufiger mit Zählraten zu tun haben. Für all diese Messwerte lassen sich Unsicherheiten abschätzen oder durch eine kleine Messreihe aus der Streuung ableiten.

2. Parameter

Auch sog. Parameter sind letztlich Messwerte, jedoch sind hier explizit solche Daten gemeint, die, zumindest für einzelne Messreihen, nominell unverändert bleiben. Dazu gehören z.B. die Zimmertemperatur, der Luftdruck, oder andere, im Verlauf des Experiments nicht gezielt veränderte Werte, die aber durchaus einen Einfluss auf die Ergebnisse haben können. Aus dieser Definition folgt, dass Fehler oder Unsicherheiten in solchen Daten alle Ergebnisse in vorhersagbarer, meist exakt gleicher Weise beeinflussen, und dass sie sich daher meist als systematische Fehler im Endergebnis äußern. Das führt dann auch dazu, dass diese Unsicherheiten i.d.R. nicht bei den einzelnen Messdaten, sondern eben erst als zusätzliche Unsicherheit im Endergebnis zu berücksichtigen sind.

3. "Bekannte" Parameter

Als bekannt wollen wir solche Parameter bezeichnen, die im Praktikumsversuch nicht explizit gemessen werden, sondern entweder in der Versuchsanleitung angegeben sind oder aus der Literatur entnommen werden sollen. Z.B. könnte die Schwerefeldstärke benötigt werden; es könnte die Dichte von Kupfer angegben sein, damit man aus der Bestimmung der Masse eines Bauteils sein Volumen berechnen kann; z.B. könnte das Volumen eine Gefäßes angegeben sein, das in die Berechnung eines Ergebnisses eingeht, das aber konstant ist und im zeitlichen Rahmen eines Versuchs nicht selbst bestimmt werden kann. Oder es werden z.B. die Wellenlängen von Spektrallinien angegeben, die zur Kalibrierung eines Spektrometers benutzt werden sollen.

Diese Parameter haben natürlich auch Unsicherheiten (wie alle Messgrößen), die entweder angegeben sind oder aber — im Vergleich zu den sonstigen Messunsicherheiten — als *nicht-beitragend* gelten. Das soll heißen, dass diese Fehler so klein sind, dass sie keinen signifikanten Beitrag zur Unsicherheit des Ergebnisses leisten. Man kann sich schließlich leicht vorstellen, dass eine zusätzliche Unsicherheit von 0,1% nur eine untergeordnete Rolle spielt, wenn schon aufgrund anderer Einflüsse eine Unsicherheit von 2% vorhanden ist. Im nächsten Kapitel werden wir darauf näher eingehen.

4. Zahlenfaktoren

In vielen Gleichungen, die wir zur Berechnung von Endergebnissen benutzen, kommen konstante Zahlenfaktoren vor wie e, π, $\ln 2$, ... Typische einfache Beispiele sind der Zusammenhang zwischen Zeitkonstante und Halbwertszeit eines exponentiell abklingenden Vorgangs ($\tau = T_{1/2}/\ln 2$) oder zwischen Schwingungsdauer und Kreisfrequenz ($T = 2\pi/\omega$). Solche Faktoren besitzen naturgemäß *keine* Unsicherheit.

THROUGHPUT oder Wie machen sich die Fehler der primären Messgrößen im Endergebnis bemerkbar?

In diesem Zusammenhang werden wir uns mit zwei Fragen zu beschäftigen haben:

- Propagation der Fehler von Messgrößen auf das Endergebnis
- Signifikanz von Fehlern

1. Propagation von Fehlern

Messen wir z.B. bei einer optischen Abbildung die Abstände g zwischen Gegenstand und Linse sowie b zwischen Linse und Bild und berechnen daraus die Brennweite f der Linse nach der Abblidungsgleichung

$$1/f = 1/g + 1/b$$

so ist klar, dass sowohl Messfehler in g als auch in b Einfluss auf die Genauigkeit von f besitzen, aber womöglich in unterschiedlichem Maße. Oder nehmen wir an, wir wollen die spezifische Elektronenladung e/m berechnen, indem wir den Durchmesser $2r$ einer Kreisbahn messen, auf die Elektronen der Energie eU in einem Magnetfeld der magnetischen Flussdichte B gezwungen werden:

$$e/m = 2U/\left(B^2 r^2\right)$$

Wir werden im nächsten Kapitel diskutieren, wie eine solche Fehlerfortpflanzung vonstatten geht, was uns zum

Gaußschen Fehlerfortpflanzungsgesetz

führen wird. Dabei werden wir viele einfache Spezialfälle kennenlernen, die sich leicht merken lassen, und mit denen wir die meisten Fälle in der Praxis erschlagen können.

2. Signifikanz von Fehlern

Wir werden intensiv darüber nachdenken müssen, ob es Sinn macht, jeweils *alle* Fehler überhaupt zu berücksichtigen. Es dürfte offensichtlich sein, dass, spielen z.B. zwei Fehlerquellen eine Rolle, wobei die eine eine Unsicherheit von z.B. 5%, die andere eine von 0,2% im Endergebnis hervorruft, wir ganz sicher den Beitrag des kleineren Fehlers einfach unter den Tisch fallen lassen können, ohne uns etwas zu vergeben. Da wir ja schon festgestellt haben, dass es wenig Sinn macht, Fehler selbst mit einer höheren Genauigkeit als typisch etwa 25% anzugeben, ist es sicher legitim, Beiträge, die zu kleineren Korrekturen führen, zu ignorieren. Wir werden bei der Besprechung des Gaußschen Fehlerfortpflanzungsgesetzes sehen, wie verschiedene Fehler in die Berechnung eingehen, und wie wir deren Beiträge abschätzen können. Fehler, die in dem hier beschriebenen Sinn nicht signifikant sind, werden als *nicht-beitragende* Fehler bezeichnet.

Eines der wichtigsten Ziele überhaupt der Fehleranalyse im physikalischen Praktikum ist es zu lernen, nicht-beitragende Fehler zu identifizieren und zu ignorieren! Wer unnötig seine Zeit damit vergeudet, dass er seine Fehler stur in Formeln einsetzt, ohne zu merken, dass sich am Fehler des Endergebnisses erst in der dritten Stelle etwas ändert, wenn man sich auf den wesentlichen Beitrag beschränken (und damit die Rechnung i.d.R. dramatisch vereinfachen) würde, der ist selber daran schuld. Das gilt auch und insbesondere bei Verwendung von Computern, denn man muss in der Lage sein, die Ergebnisse von Computerprogrammen schnell überschlagsmäßig zu kontrollieren. Die Gutgläubigkeit gegenüber digitalen Daten ist eine weit verbreitete Quelle systematischer (und grober) Fehler!

OUTPUT oder
Wie geben wir die Unsicherheit des Endergebnisses an?

1. Schreibweise von Fehlerangaben

Sofern Endergebnisse einfach in der quantitativen Angabe einer gesuchten Größe bestehen, schreiben wir die jeweilige Unsicherheit einfach mit einem ±-Zeichen hinter das Ergebnis. Haben wir etwa die spezifische Elektronenladung bestimmt, so schreiben wir z.B.

$$e/m = 0,176 \cdot 10^{-12}\ \text{As/kg}\ \ \pm 0,007 \cdot 10^{-12}\ \text{As/kg}$$

Besser und vor allem übersichtlicher ist es allerdings, wenn wir gemeinsame Faktoren und insbesondere die (Messergebnis und Fehler gemeinsame) Einheit ausklammern, also

$$e/m = (0,176\ \ \pm 0,007) \cdot 10^{-12}\ \text{As/kg}$$

schreiben. In der Literatur findet man häufig auch die Schreibweise

$$e/m = 0,176\ (7) \cdot 10^{-12}\ \text{As/kg},$$

die (konventionsgemäß) völlig äquivalent ist. Dabei enthält die Angabe in der Klammer die Unsicherheit der letzten im Ergebnis angegebenen Dezimalstelle.

Ganz wichtig, und im Sinne der bisherigen Diskussion über die Genauigkeit von Fehlerangaben, sind dabei die folgenden beiden Punkte:

- Das Ergebnis wird nur auf so viele Stellen angegeben, wie der letzten Stelle der Unsicherheit entspricht. Das heißt, Angaben wie

$$e/m = (0,17596274\ \ \pm 0,007) \cdot 10^{-12}\ \text{As/kg},$$

nur weil der Taschenrechner das Ergebnis nun mal auf 8 oder gar mehr Stellen dargestellt hat, sind absolut unsinnig: Die Bedeutung der hinteren Stellen ist gleich Null, da ja schon die dritte Stelle auf 7 Einheiten unsicher ist!

- Die Unsicherheit wird auf maximal eine Stelle (nur wenn die erste Ziffer gleich 1 ist, auf zwei Stellen) angegeben. D.h., auch Angaben wie

$$e/m = (0,17596274 \ \pm 0,00672192) \cdot 10^{-12} \text{ As/kg},$$

sind ebenfalls völlig unsinnig, weil auch hier die hinteren Stellen (in beiden Zahlen) absolut bedeutungslos sind. (In Fällen, in denen aus mehreren Ergebnissen dieser Art neue Daten berechnet werden sollen oder, wie z.B. bei der Untersuchung von Naturkonstanten, ein konsistentes System von Werten etabliert werden soll, nimmt man auch schon mal 2 oder gar 3 Stellen mit, um nachfolgende Rundungsfehler zu vermeiden. Für ein physikalisches Praktikum ist das jedoch irrelevant.)

Ein wichtiger Punkt wird leider oft vergessen. Wir haben, zugegebenermaßen, bisher noch mit keinem Wort erwähnt, was wir genau mit dieser Unsicherheitsangabe meinen. Intuitiv, und das ergibt sich z.B. leicht, wenn wir die Fehler einfach abgeschätzt haben, könnte man sagen, die Wahrscheinlichkeit ist relativ hoch, dass Fehler bis zur angegebenen Größe denkbar sind, größere Fehler als der angegebene Wert sollten aber eher immer unwahrscheinlicher werden. Genau das, in etwas quantitativer gefasster Form werden wir später wiedererkennen, wenn wir als Fehlerangabe die Standardabweichung, die wir aus der statistischen Behandlung erhalten haben, verwenden. Nichtsdestotrotz sei an dieser Stelle schon angemerkt, dass gelegentlich nicht die einfache Standardabweichung sondern Vielfache davon oder gar etwas ganz anderes als Fehler angegeben wird. In diesen Fällen ist unbedingt darauf zu achten, dass genau spezifiziert wird, was gemeint ist.

2. Absolute und relative Fehler

Schon im ersten Kapitel haben wir den Begriff des relativen Fehlers oder der relativen Unsicherheit kurz verwendet. Feherangaben, die, wie oben dargestellt, den Fehler der zu charakterisierenden Größe selbst (d.h. in der gleichen physikalischen Dimension) quantifizieren, heißen absolute Fehler. Dabei ist es zweckmäßig und meist auch übersichtlicher, wenn Maßangabe und Fehlerangabe auch die gleiche Einheit verwenden, aber das kann im Einzelfall auch einmal anders sein, wenn z.B. der Fehler um Größenordnungen kleiner als der Messwert ist.

Dividiert man den Fehler durch die zu charakterisierende Messgröße, so ist das Ergebnis dimensionslos und man erhält ein relatives Maß für die Unsicherheit. In vielen Fällen macht das Sinn, insbesondere wenn die Messgrößen einen "vernünftigen" endlichen Wert besitzen. Z.B. ist es üblich, die Unsicherheit eines Spannungsmessgeräts mit "0,5 % vom Messwert" zu spezifizieren. Das obige Beispiel der spezifischen Elektronenladung würde einen relativen Fehler von 4 % bedeuten. Aber nicht immer macht die Angabe eines relativen Fehlers Sinn. Ergibt eine Messung oder Berechnung z.B. ein Ergebnis von $T = (0,01 \pm 0,03)$ s für eine Schwingungsdauer, so liefert die Angabe des relativen Fehlers keine brauchbare Information. Ist das Ergebnis gar gleich Null, so kann man ihn nicht einmal mehr berechnen. In beiden Fällen würde man das Ergebnis ohnehin innerhalb der Fehlergrenzen als Null ansehen.

Ein Hinweis sei hier noch erlaubt: Leider viel zu häufig findet man die Unsitte, dass von "prozentualem" Fehler gesprochen wird. Das zeugt von mangelndem Verständnis der

Situation. Ob ich einen relativen Fehler zweckmäßigerweise als Dezimalzahl, als Bruch, in Prozent, in Promille, in ppm oder ppb oder was auch immer angebe, hängt allein von seiner Größenordnung ab. Die Beschränkung auf Prozent, wie es diese unsinnige Bezeichnung suggeriert, ist eine stumpfsinnige und irreführende Einschränkung.

Vergleich und Zusammenfassung von Ergebnissen, Wichtung

An dieser Stelle soll noch ein anderer Punkt kurz angesprochen werden, der uns später noch ausführlicher beschäftigen wird. Häufig möchte man seine Ergebnisse mit denen anderer Autoren (Literatur) vergleichen. Ein solcher Vergleich kann immer nur auf der eigenen und der von den anderen Autoren angegebenen Unsicherheit basieren: Zwei Ergebnisse sind, wie aus der allgemeinen Diskussion über Messfehler im vorherigen Kapitel offensichtlich ist, niemals exakt gleich. Überschneiden sich jedoch ihre Unsicherheitsbereiche, so können wir annehmen, dass beide Werte denselben "wahren" Wert beschreiben, zumindest gibt es kein Indiz für irgendwelche systematischen Fehler. Wir sprechen dann von einer *Übereinstimmung innerhalb der Fehlergrenzen.* Liegen die Ergebnisse dagegen weit auseinander, und "weit" muss im Vergleich zu den jeweiligen Unsicherheiten gesehen werden, dann sprechen wir von einer Diskrepanz, und der Verdacht auf systematische Fehler bei zumindest einer der Messungen (nicht immer der eigenen) ist naheliegend. Wir werden dies im nächsten Kapitel noch genauer betrachten.

Hat man eine Übereinstimmung festgestellt, so kann man, ähnlich wie man es durch die Mittelwertbildung einzelner Messwerte einer Messreihe macht, auch hier einen gemeinsamen Mittelwert berechnen. Allerdings muss man in diesem allgemeineren Fall die eventuell unterschiedliche Genauigkeit der Teil-Ergebnisse berücksichtigen. Das führt uns dann zu dem Begriff des

gewichteten Mittels.

Auch bei der Berechnung von Ausgleichsgeraden und allgemeineren Anpassungsprozeduren kann man eine Wichtung einführen. Schon im Rahmen eines Anfängerpraktikums kommt es gar nicht so selten vor, dass eine solche gewichtete Anpassung gerechtfertigt wäre. In praktisch allen Fällen ist dies aber in einem solchen Praktikum zu zeitaufwändig. Um einerseits die Analogie zum gewichteten Mittel zu zeigen und andererseits die Basis für das Verständnis der Streuung von Messwerten im Vergleich zu evtl. unabhängig davon bekannten Unsicherheitsangaben möglichst breit zu gestalten, wird aber auch diese Erweiterung in diesem Buch vorgestellt.

3 Elementare Fehlerrechnung

3.1 Ein Beispiel

Stellen wir uns vor, wir haben einen Gegenstand (z.B. einen Metallstab) und wollen dessen Länge bestimmen. An den zur Verfügung stehenden Hilfsmitteln und der geforderten Genauigkeit orientiert sich dabei das Verfahren, das wir anwenden. Bereits ohne weitere

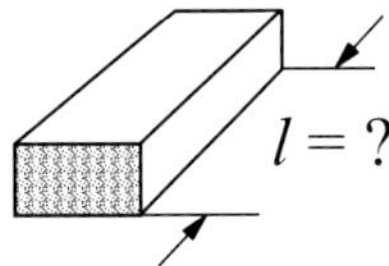

Abbildung 3.1: Eine einfache Messaufgabe

Hilfsmittel könnten wir aufgrund des reinen Augenscheins z.B. zu dem Ergebnis kommen, dass seine Länge $l = 6$ cm beträgt. Und schon ergibt sich die Frage, ob es denn vielleicht auch 5 cm oder 6,1 cm sein könnten. Wir müssen also die Unsicherheit näher spezifizieren, und wir wollen das dadurch tun, dass wir die (hier zunächst geschätzte) Unsicherheit hinter dem "Messwert" mit einem $\pm$-Zeichen angeben, also hier z.B.

$$l = 6 \text{ cm} \pm 1 \text{ cm} \tag{3.1}$$

Im physikalischen Sinn ist dies ein ganz normales Messergebnis, wenn auch ohne die Verwendung besonderer Messgeräte! Die Genauigkeit ist dabei — im Vergleich zu der mit moderner Messtechnik erreichbaren — nur mäßig, weil die Sinne des Menschen zwar sehr vielseitig und zweckmäßig, aber eben nicht auf eine hohe absolute Genauigkeit ausgerichtet sind, da dies zum Überleben auch nicht unbedingt erforderlich ist.

Wollen wir unser Messverfahren verbessern, so könnten wir z.B. ein normales Lineal mit mm-Einteilung oder einen Zollstock benutzen, bei dem wir Längen auf typisch etwa 2/10 mm genau abschätzen können. Ein so gewonnes Messergebnis könnte demnach lauten

$$l = 55{,}5 \text{ mm} \pm 0{,}2 \text{ mm} \tag{3.2}$$

Wenden wir ein noch genaueres Verfahren an, z.B. die Messung mit einem Messschieber, der mit Hilfe eines sog. *Nonius* eine Ablesegenauigkeit von typisch 0,05 mm gestattet, so könnten wir z.B.

$$l = 55{,}65 \text{ mm} \pm 0{,}05 \text{ mm} \tag{3.3}$$

erhalten. Sind wir immer noch nicht zufrieden, so würden wir z.B. ein optisch-interferometrisch arbeitendes Messverfahren anwenden, mit dem man möglicherweise den Messwert

$$l = 55{,}6173 \text{ mm} \pm 0{,}0015 \text{ mm} \tag{3.4}$$

erhielte. Man sieht: der Aufwand an technischem Gerät steigt mit jeder Verbesserung. Wichtig ist: alle diese genannten Ergebnisse sind Messergebnisse im physikalischen Sinn, und wir haben ihre (quantitative) Bedeutung durch Angabe einer Unsicherheit kenntlich gemacht.

Bisher haben wir diese Unsicherheiten allerdings "nur" abgeschätzt. Dies beruhte auf der eigenen Erfahrung oder einer Abschätzung der jeweiligen Ableseungenauigkeiten. Es sollte nicht unterschätzt werden, welche Bedeutung einer solchen einfachen Abschätzung beizumessen ist: Es kommt uns ja nicht darauf an, die Unsicherheit selbst auf drei Stellen hinter dem Komma anzugeben, sondern zu unterscheiden, ob der Fehler im Bereich von z.B. 1 cm oder 3 cm oder 10 cm liegt. Jede realistisch abgeschätzte Fehlerangabe ist unendlich besser als gar keine, auch wenn sie um den Faktor 2 oder mehr daneben liegt! Und in vielen Fällen sind wir in der Lage, Abschätzungen sogar sehr viel genauer durchzuführen. Erst wenn eine solche Abschätzung sehr unsicher wäre, und dies ist im Praktikum z.B. häufig bei Zeitmessungen der Fall oder bei der Messung von Größen, die nicht so leicht den menschlichen Sinnen zugänglich sind, dann werden wir bestimmte, aus der Statistik entlehnte Verfahren anwenden, um genauere Aussagen auch für unsere Unsicherheiten zu erhalten. Die dabei anzuwendenden Verfahren werden wir in den nächsten Abschnitten beschreiben.

Es soll hier jedoch noch einmal darauf hingewiesen werden, dass wir uns bei der Abschätzung der Unsicherheiten stets über die verschiedenen Ursachen für Messfehler im Klaren sein müssen. Sowohl rein zufällige Fehler wie die Ablesegenauigkeit beim Lineal oder die Einstellgenauigkeit und Reproduzierbarkeit des Messschiebers als auch systematische Fehler wie Fehleichungen, schräges Anlegen des Messinstruments oder gar ein Verformen des Objekts beim Messvorgang können eine Rolle spielen. Wichtig ist, im Hinterkopf zu behalten, dass alle im Folgenden angegebenen Rechenverfahren ausschließlich die Problematik zufälliger Fehler erfassen. Systematische Fehler sind, wie schon erwähnt, auf diese Weise nicht in den Griff zu bekommen, sie sind nach Möglichkeit zu vermeiden, d.h. wenigstens so klein zu halten, dass sie im Verlgeich zu den zufälligen Fehlern keine Rolle spielen. Notfalls muss man ihre Auswirkungen separat abschätzen und dann, an der richtigen Stelle, wie einen zusätzlichen zufälligen Fehler einfließen lassen.

3.2 Das arithmetische Mittel

Ein allseits bekanntes und intuitiv häufig angewandtes Verfahren besteht darin, eine Messung einfach mehrere Male zu wiederholen, um einerseits überhaupt eine Angabe über die statistischen Fehler machen zu können und andererseits ein Ergebnis zu gewinnen, das "genauer" ist als eine einzelne Messung.

Wir wollen diesen Fall hier explizit durchgehen, daher stellen wir uns vor, wir hätten o.g. Längenmessung mit dem Lineal nicht *ein*mal sondern 30-mal durchgeführt, wobei am besten jedesmal eine andere Person die Länge am Lineal abgelesen hätte. Die Ergebnisse dieser Messreihe stellen wir am zweckmäßigsten in Form einer Tabelle (s. Tab. 3.1) dar.

Wir sind — ebenfalls aus der Intuition heraus — versucht, als "Endergebnis" nicht einen beliebigen einzelnen Messwert anzugeben, sondern das arithmetische Mittel aus allen 30 Messungen, weil wir vermuten, dass dieser Wert "genauer" ist als jede einzelne Messung (zu Recht, wie wir später sehen werden). Die einzelnen Messergebnisse wollen wir mit l_i bezeichnen, die Anzahl der Messungen mit n. Das arithmetische Mittel berechnet

Tabelle 3.1: Beispiel eines Datensatzes wie im Text beschrieben

Messung	l/mm
1	55,6
2	55,8
3	55,5
4	55,6
5	55,6
6	55,9
7	55,5
8	55,4
9	55,6
10	55,7
11	55,6
12	55,7
13	55,9
14	56,0
15	55,6
16	55,3
17	55,7
18	55,8
19	55,5
20	55,4
21	55,5
22	55,6
23	55,7
24	55,7
25	55,5
26	55,4
27	55,5
28	55,6
29	55,6
30	55,7

sich damit nach

$$\boxed{\bar{l} = \frac{1}{n}\sum_{i=1}^{n} l_i} \tag{3.5}$$

In unserem Fall ergibt sich

$$\bar{l} = 55{,}62 \text{ mm}$$

Trotz aller Intuition wollen wir uns aber einige Gedanken darüber machen, warum die Verwendung des arithmetischen Mittels sinnvoll ist. Dazu werden wir uns in den folgenden Abschnitten mit einigen weiteren Begriffen etwas vertrauter machen.

3.3 Ein Maß für die Genauigkeit von Messungen

Streuung der Messwerte

Es ist an der Zeit, sich etwas quantitativer als bisher mit dem Begriff der Genauigkeit einer Messung auseinanderzusetzen. Um dies etwas anschaulicher tun zu können, stellen wir unsere Daten grafisch dar und zwar in Form eines sog. Histogramms. Dabei wird die Häufigkeit, mit der ein bestimmter Messwert in der Messreihe vorkommt, auf der Ordinate aufgetragen, die Abszisse bilden die verschiedenen Messwerte selbst. Für unseren Datensatz ist das in Abb. 3.2 illustriert. Jedes Messergebnis wird hier durch einen kleinen Kreis dargestellt, jedoch ist die spezielle Art der Darstellung unerheblich, es kommt lediglich darauf an, den treppenartigen Verlauf, der ebenfalls eingezeichnet ist, anschaulich zu machen. Häufig werden hierfür sog. Balkendiagramme verwendet. Die Breite der Stufen wird dabei durch das Raster, in dem wir unsere Messwerte abgelesen haben (hier 1/10 mm), bestimmt.

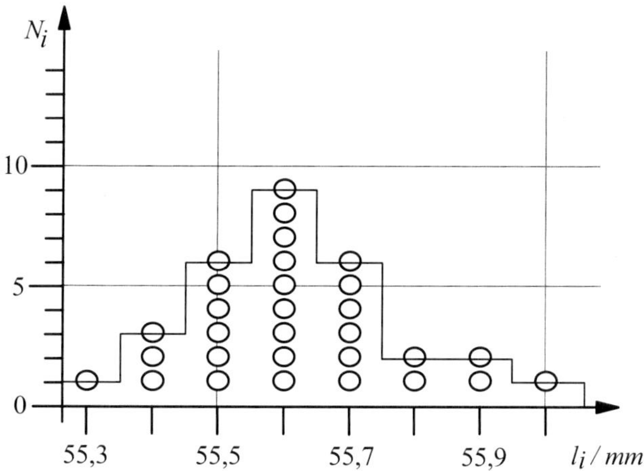

Abbildung 3.2: Histogramm der Messwerte aus vorstehender Tabelle. Aufgetragen ist die Häufigkeit der einzelnen Messwerte gegen diese Messwerte selbst.

Es ist leicht einzusehen, dass wir, wenn wir versucht hätten, beim Ablesen des Lineals die Werte mit 2 Stellen hinter dem Komma, also auf 1/100 mm zu bestimmen, 10-mal schmalere Stufen erhalten hätten. Gleichzeitig hätten wir, um in etwa die gleiche Kurvenhöhe zu erhalten, 10-mal mehr Messungen, also 300, machen müssen. Ein äquivalenter Fall (5-mal schmalere Stufen, 150 Messungen) ist in Abb. 3.3 dargestellt. Nichtsdestotrotz, an der mäßigen Genauigkeit des Messverfahrens, nämlich, dass eine Abschätzung der 1/10 mm schon fraglich ist, hätte auch die Angabe einer weiteren Stelle hinter dem Komma, die mehr oder weniger frei geraten hätte werden müssen, nichts geändert. Die resultierende Häufigkeitsverteilung hätte wieder etwa einen Bereich von rund 55 bis 56 mm überdeckt, vielleicht ein klein wenig mehr oder weniger. Wir könnten uns sogar vorstellen, 10 Stellen

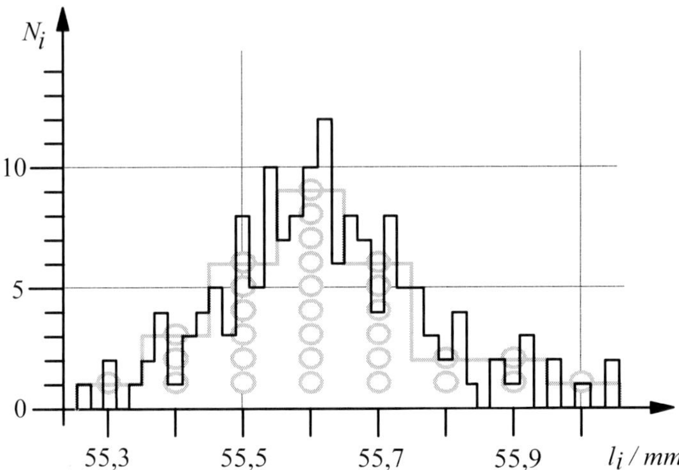

Abbildung 3.3: Histogramm wie oben, jedoch mit um den Faktor 5 verbesserter Ablesegenauigkeit (und 5-mal mehr Messungen), aber gleichem Messverfahren. Die Stufen sind jetzt um den Faktor 5 feiner unterteilt, aber die Gesamtbreite der Häufigkeitsverteilung ändert sich praktisch nicht.

hinter dem Komma zu "raten", man erhielte nur noch feinere Stufen, praktisch eine für das Auge "glatte" Kurve, die aber wiederum den gleichen Wertebereich abdeckt. In allen Fällen zeigt sich, dass die Kurve annähernd symmetrisch ist und in etwa beim Wert des arithmetischen Mittels zentriert ist, vorausgesetzt die Anzahl der Messwerte ist nicht zu klein. Der Grenzfall für unendlich viele Messungen und ein entsprechend unendlich feines Ableseraster, also die sich dann ergebende glatte Kurve wird erfahrungsgemäß fast immer durch eine sog. Gaußsche Glockenkurve

$$f(x) \propto e^{-\frac{(x-\mu)^2}{2\sigma^2}} \tag{3.6}$$

beschrieben, deren "Lage" (Lage des Maximums) durch die Größe μ und deren "Breite" durch die Größe σ charakterisiert wird. Diese Kurve ist zusätzlich in Abb. 3.4 eingetragen (wobei wir hier mit der allgemeineren Variablen x natürlich die physikalischen Längen l identifizieren).

Diese "Breite" der Häufigkeitsverteilung ist nach dem oben Gesagten eine Folge der statistischen Unsicherheit des Messverfahrens. Erst, wenn wir das Messverfahren grundsätzlich ändern, werden wir auch eine andere Breite der Verteilungsfunktion bekommen: Messen wir z.B. durch Augenschein, so werden unsere Messwerte womöglich zwischen 40 und 70 mm streuen, wenden wir ein interferometrisches Verfahren an, so erwarten wir eine Streuung der Ergebnisse sicher erst in der dritten oder vierten Stelle hinter dem Komma. In diesem Fall wäre die Häufigkeitsverteilung *wieder* annähernd gaußförmig, jedoch hätte die Kurve eine deutlich geringere Breite, wie das in Abb. 3.5 illustriert ist.

Es macht also Sinn, als ein Maß für die Unsicherheit (d.h. die mangelnde Genauigkeit)

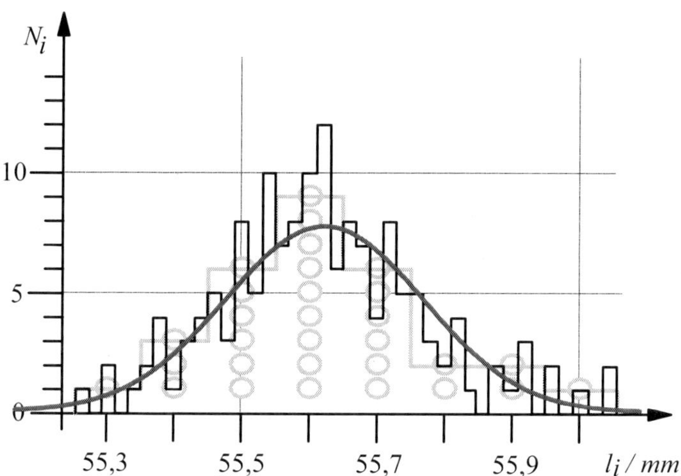

Abbildung 3.4: Histogramm wie oben, ergänzt um den kontinuierlichen Grenzfall einer Gauß-Verteilung

der Messwerte eine Größe zu definieren, die davon abhängt, wie weit "durchschnittlich" die Messwerte vom Mittelwert abweichen, d.h. eine Art **Streuung** der Messwerte. Intuitiv könnte man einfach das Mittel aller dieser Abweichungen $l_i - \bar{l}$ bilden, dieses kommt jedoch stets zu Null heraus:

$$\sum_{i=1}^{n} \left(l_i - \bar{l}\right) = 0$$

wie man sich leicht aus der Definition des arithmetischen Mittels (Gl. 3.5) ableiten kann. Der Mittelwert ist gerade so definiert, dass sich positive und negative Abweichungen die Waage halten. Ein verbesserter Schritt wäre, wenn man anstelle der Abweichungen selbst deren Beträge aufsummiert, also z.B. die Größe

$$\sum_{i=1}^{n} \left|l_i - \bar{l}\right|$$

berechnet. Naturgemäß ist diese Summe nicht Null. Sie wird gelegentlich, nach Normierung auf die Anzahl n der Messungen, als wahrscheinlicher Fehler bezeichnet, findet aber nur selten Anwendung, weil sich zum einen analytisch relativ schlecht damit rechnen lässt, und weil es zum anderen, wie wir später noch sehen werden, viele Vorteile hat, mit einer anderen Größe zu arbeiten. (Es soll hier jedoch angemerkt werden, dass diese Summe im Zusammenhang mit der sog. Robustheit von Abschätzungen eine Rolle spielt.)

Will man sicherstellen, dass das Vorzeichen der Abweichung vom Mittelwert unberücksichtigt bleibt, so bietet sich eine weitere Größe fast selbstverständlich an: Wir summieren

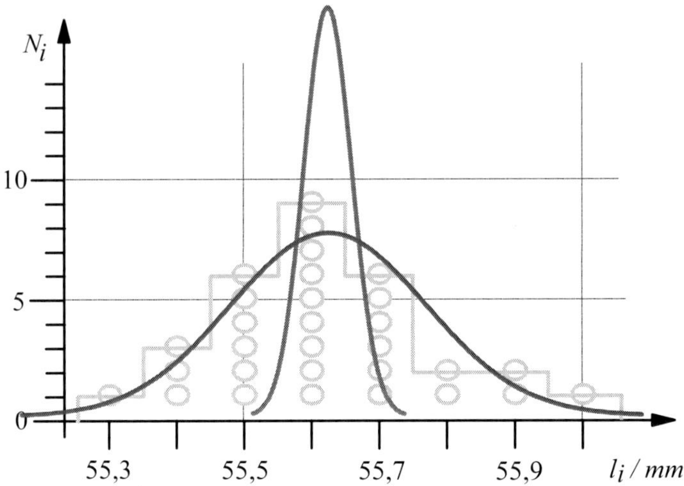

Abbildung 3.5: Vergleich zweier Verteilungen mit *verschiedener* Messgenauigkeit

einfach die Quadrate der Abweichungen, also

$$S = \sum_{i=1}^{n} \left(l_i - \overline{l}\right)^2 \ . \tag{3.7}$$

Es ist leicht einzusehen, dass, je größer n wird, desto größer auch die jeweiligen Summen werden. Damit man eine davon unabhängige Größe erhält, muss man den Ausdruck daher noch durch die Anzahl n der Messungen dividieren; man bildet also wieder einen Mittelwert, diesmal für die Größen $\left(l_i - \overline{l}\right)^2$:

$$s'^2 = \frac{1}{n} \sum_{i=1}^{n} \left(l_i - \overline{l}\right)^2 \tag{3.8}$$

Diese Größe bezeichnet man als mittlere quadratische Abweichung oder **Varianz** der Messungen der Messreihe *bezüglich ihres Mittelwerts*. Da sie von der Dimension des Quadrats der ursprünglichen Messwerte ist und daher auch quadratisch mit der Streuung der Messwerte anwächst, ziehen wir noch die Wurzel, so dass wir die sog. **Standardabweichung** s' einer einzelnen Messung der Messreihe *bzgl. des Mittelwerts* erhalten:

$$s' = \sqrt{\frac{1}{n} \sum_{i=1}^{n} \left(l_i - \overline{l}\right)^2} \tag{3.9}$$

Die so definierte Standardabweichung s' geht im Grenzfall beliebig hoher Auflösung in den in Gl. 3.6 eingeführten Breitenparameter σ über. (Ebenso geht das arithmetische Mittel $\overline{x}$ in die Schwerpunktslage μ über; s. Kap. 5.) Sie ist ein Maß für die Breite der

Häufigkeitsverteilung und damit für die statistischen Fehler, die in die Messergebnisse eingehen, und damit für deren statistische Unsicherheit.

Man kann leicht zeigen, dass die Gaußsche Glockenkurve Wendepunkte bei $\bar{x} \pm \sigma$ besitzt, und dass die Halbwertsbreite der Kurve gerade

$$\Delta x_{1/2} = 2\sqrt{2\ln 2} \cdot \sigma \approx 2,3550 \cdot \sigma \tag{3.10}$$

ist. Die Halbwertsbreite einer Kurve mit einem halbwegs vernünftigen zentralen Maximum ist gegeben durch den Abstand der beiden rechts und links vom zentralen Maximum liegenden Kurvenpunkte, an denen die Kurve gerade die Hälfte ihres Maximalwerts erreicht. (Die Halbwertsbreite ist in von großer praktischer Bedeutung, da sie sich leicht aus einem Histogramm oder einer geeigneten Kurvenform bestimmen lässt.) Gl. 3.10 lässt sich leicht mit Hilfe des Ansatzes

$$\begin{aligned} e^{-\frac{\left(x_{1/2}-\mu\right)^2}{2\sigma^2}} &= 1/2 \\ \text{und} \qquad \Delta x_{1/2} &= 2 \cdot \left|x_{1/2}-\mu\right| \end{aligned}$$

verifizieren. Dieses Ergebnis gilt unabhängig von der Größe von σ.

Schätzung der Streuung um den "wahren" Wert

Eigentlich wären wir mit der Definition der statistischen Genauigkeit einer Messung jetzt fertig. Es gibt aber einen ganz wesentlichen Gesichtspunkt, der uns dazu bewegt, diese Definitionen noch einmal zu revidieren. Uns interessiert ja doch gar nicht so sehr die Frage nach dem Mittelwert der Messreihe und der Streuung der Messwerte um diesen, sondern die nach dem *"wahren"* Wert der Messgröße und der Streuung um jenen. Zweifellos ist der Mittelwert ein guter Schätzwert für den wahren Wert, aber es ist unbestritten, dass wir den wahren Wert damit sicher nicht *genau* treffen. Um ein verlässliches Maß für die tatsächliche Genauigkeit der Messung zu erhalten, müssten wir uns bei der Definition der Varianz also nicht auf den Mittelwert $\bar{l}$ beziehen, sondern auf den (unbekannten) wahren Wert. Den kennen wir zwar nicht, aber es sei hier vorweggenommen, dass die Varianz, die man in Bezug auf das arithmetsiche Mittel berechnet, stets ein Minimum darstellt. Jede andere Bezugsgröße führt zu einem größeren Wert. Als Abschätzung für die "wahre" Varianz, also die, die man in Bezug auf den "wahren" Wert erhalten würde, liefert die Definition gem. Gl. 3.9 einen zu kleinen Wert.

Wir werden später noch näher darauf eingehen. Man kann zeigen, dass die Abschätzung s'^2 genau um den Faktor $(n-1)/n$ zu klein ausfällt. Wir definieren daher als einen optimalen Schätzwert für die **Varianz** *bezüglich des wahren Werts*

$$\boxed{s^2 = \frac{1}{n-1}\sum_{i=1}^{n}\left(l_i - \bar{l}\right)^2} \tag{3.11}$$

und entsprechend die **Standardabweichung** *bezüglich des wahren Werts*

$$\boxed{s = \sqrt{\frac{1}{n-1}\sum_{i=1}^{n}\left(l_i - \bar{l}\right)^2}} \tag{3.12}$$

Die so definierten Größen wollen wir demnach im Sinne der Interpretation der Streuung der Messwerte als Manifestation von Messfehlern als Maß für diesen Einfluss der Fehler ansehen. Eine völlig befriedigende Antwort für die Wahl dieser modifizierten Definitionen kann zu diesem Zeitpunkt nicht gegeben werden, sie würde den Rahmen dieses Kapitels sprengen. Wir kommen darauf aber im wahrscheinlichkeitstheoretischen Teil noch einmal genauer zurück.

Besser verstehen können wir das erst nach der Diskussion einiger theoretischer Grundlagen. Hier nur soviel: Die Streuung der Messwerte basiert darauf, dass es aufgrund der statistischen Fehler eine zugrundeliegende Wahrscheinlichkeitsverteilung gibt, die angibt, mit welcher Wahrscheinlichkeit welche Messwerte vorkommen sollten. Diese Wahrscheinlichkeitsverteilung wird durch den sog. wahren Wert μ unserer Messgröße und die "Breite" der Verteilung, ihrer Standardabweichung σ bestimmt. Man kann zeigen, dass, obwohl beide Werte, s' wie s, gegen die Standardabweichung σ der Wahrscheinlichkeitsverteilung konvergieren, die Standardabweichung s der Messwerte einer Messreihe (einer Stichprobe im Sinne der Statistik) genau dann den optimalen Schätzwert liefert, wenn man in Gl. 3.11 gerade durch $n-1$ dividiert. Das ist plausibel, wenn man bedenkt, dass wir mit s' die Streuung bezüglich des Mittelwerts berechnet haben, in Ermangelung des wahren Wertes. Wir werden sehen, dass eine ähnliche Summe mit jeder anderen Zahl als dem Mittelwert zu einem größeren Wert führt, also auch, wenn wir statt des Mittelwerts den (unbekannten) wahren Wert einsetzen würden. D.h. unsere Summe ist ein klein wenig zu klein, um mit der theoretischen Vorhersage verglichen zu werden; dies wird gerade durch die Division durch $n-1$ anstelle von n in Ordnung gebracht.

Einige weitere Anmerkungen seien hier noch erlaubt, aus denen vielleicht erkennbar wird, dass diese Definitionen durchaus sinnvoll sind.

Ganz offensichtlich ist, dass die Berechnung einer Varianz für einen einzigen Messwert ($n = 1$) keinen Sinn macht. Der Mittelwert wäre gleich dem Messwert, man gewinnt dadurch keine neue Information, und eine auf welche Weise auch immer berechnete Summe von Abweichungen zwischen beiden wäre stets gleich Null, so dass man auch keine Information über die wirkliche Streuung erhält. Eine sinnvolle Definition muss daher den Fall $n = 1$ ausschließen, dies ist so gewährleistet. Hätten wir durch n dividiert, dann erhielten wir für die Varianz Null, was zwar für den einen gemessenen Wert stimmt, aber im Sinne einer Interpretation der Streuung als Ausdruck der statistischen Unsicherheiten definitiv falsch ist. Bei großem n dagegen ist die Diskrepanz nur von untergeordnetem quantitativem Interesse.

Formal kann man das auch anders formulieren: Berechnen wir aus n Messwerten x_i das Mittel $\bar{x}$, so gibt es zwangsläufig einen Zusammenhang zwischen den n Messwerten und diesem Mittelwert. Berechnen wir nun eine Funktion dieser Größen wie die Varianz unter Zuhilfenahme dieses Mittelwerts, so müssen wir der Tatsache Rechnung tragen, dass wir unsere Freiheit etwas eingeschränkt haben: Wir benutzen ja Differenzen $(x_i - \bar{x})$, von denen — wegen des Zusammenhangs zwischen $\bar{x}$ und den Messwerten x_i — nur $n-1$ unabhängig voneinander sind. Bei festgehaltenem Mittelwert könnten wir nur noch $n-1$ Werte frei wählen, der n. wäre durch den Mittelwert festgelegt. Man sagt, durch die Festlegung (und Miteinbeziehung in die Rechnung) eines Parameters (hier des arithmetischen Mittels) wurde die **Anzahl der Freiheitsgrade** vermindert (hier um 1, wir werden später noch andere Fälle kennenlernen).

Es kann und soll hier nicht der seit Generationen anhaltende Streit entschieden werden, welche Definition, s' oder s, "richtiger" ist. Diese Frage stellt sich eigentlich gar nicht. Beide haben ihre Berechtigung, wenn wir bei der Benutzung jeweils klarstellen was wir meinen. Zur Verwendung der Streuung der Messwerte als Abschätzung für den

Einfluss inhärenter Messfehler im Sinne einer zugrundeliegenden Statistik ist jedoch die zweite Definition (Gln. 3.11 und 3.12) zweifellos die adäquatere, und sie wollen wir daher ausschließlich benutzen. Wir kommen darauf im wahrscheinlichkeitstheoretischen Teil zurück.

Messfehler und Streuung vs. Ablesegenauigkeit

Einem wichtigen Punkt müssen wir hier noch ein wenig Aufmerksamkeit schenken. Häufig tendiert der Studierende dazu, die erreichte Messgenauigkeit mit der Ablesegenauigkeit der betreffenden Größe gleichzusetzen. Das ist manchmal korrekt, aber eher öfter nicht. Wir hatten zu Beginn dieses Abschnitts schon diskutiert, dass wir im Grunde die Ablesegenauigkeit beliebig erhöhen können (d.h. die 'Auflösung' bzw. Abstufung verschiedener Messwerte), ohne dass wir dabei aber die dem Verfahren zugrundeliegende Messgenauigkeit verbessern. Diese Gefahr besteht insbesondere dann, wenn man zum Messen Instrumente mit digitaler Anzeige verwendet. Hier muss man sich sehr genau darüber informieren, wie groß denn die wirkliche Messgenauigkeit ist; das Ergebnis ist oft erschreckend. Denken wir z.B. an handelsübliche digitale Temperaturmessgeräte, die die Temperatur mit einer Auflösung von 0,1 °C anzeigen, aber i.d.R. nur eine Eichgenauigkeit von ± 2 Grad besitzen.

Umgekehrt ist es natürlich auch denkbar, dass die Ablesegenauigkeit geringer ist als die Messunsicherheit des Verfahrens. Wir begegnen solchen Fällen gelegentlich, wenn wir z.B. die Schwingungsdauer eines Pendels oder die Umdrehungszeit eines Kreisels mit einer Stoppuhr messen, die nur eine Anzeigeauflösung von 1 oder 1/10 s besitzt. Hierbei kann es vorkommen, dass man bei wiederholter Messung stets denselben Wert erhält. Anschaulich bedeutet das, dass praktisch die gesamte Häufigkeitsverteilung der Messwerte aufgrund der guten Genauigkeit der Messung in ein einziges Ableseintervall fällt. Selbstverständlich bringt es absolut nichts, aus einer derartigen Messreihe etwa eine Standardabweichung zu berechnen, sie käme zu Null heraus, was als Schätzwert für die wahre Standardabweichung des benutzten Messverfahrens definitiv falsch wäre. Die Genauigkeit der zur Verfügung stehenden Information ist einfach nicht ausreichend, um eine sinnvolle Aussage zu machen. Hier handelt es sich um einen typischen Fall von Fehlplanung bei einem Experiment: Die benutzten Geräte sind der geforderten Genauigkeit nicht gewachsen. Hier ist eine dringende Beschwerde beim Praktikumsleiter angesagt.

3.4 Eine Besonderheit des arithmetischen Mittels

Nachdem wir uns ausgiebig über die Streuung von Messwerten ausgebreitet haben und eine quantitative Größe gefunden haben, die uns diese Streuung beschreibt, kommen wir zurück zu der Frage, was es denn nun mit dem arithmetischen Mittel für eine Bewandtnis hat. Wir hatten diesen Mittelwert zunächst ja nur intuitiv als etwas Brauchbares angesehen, ohne das näher zu begründen.

Wir gehen davon aus, und unsere Messreihe scheint das nahezulegen, dass die Häufung der Messwerte in der Nähe des Mittelwerts, also bei etwa 55,6 mm, darauf beruht, dass der wahre Wert, den es zu ergründen gilt, in der Nähe liegt. Wir suchen sozusagen einen *"Ersatzwert"* für den wahren Wert, so dass sich die Messwerte möglichst optimal um diesen Ersatzwert herum scharen.

Es ist offensichtlich, dass die Summe der Quadrate der Abweichungen von einem Wert, der z.B. weit außerhalb des bei der Messung übedeckten Bereichs liegt, riesig wäre, während diese Summe, wenn wir sie auf den Mittelwert beziehen, eher relativ klein sein dürfte. Wir fordern daher, quasi als Axiom, dass wir unter einem "optimalen Ersatzwert" *den* Wert verstehen wollen, für den **die Varianz der Messergebnisse der Messreihe minimal** wird. Genau dies beinhaltet die "*Methode der kleinsten Fehlerquadrate*" nach C. F. Gauß, die hier nicht näher begründet werden soll. (Nur ein Satz: Es ist naheliegend, als den optimalen Wert denjenigen zu wählen, für den die gemessene Häufigkeitsverteilung mit größtmöglicher Wahrscheinlichkeit auf einer Gaußverteilung um diesen Wert herum basiert; aus dieser Forderung nach *maximaler Wahrscheinlichkeit* lässt sich das Gesetz der kleinsten Fehlerquadrate ableiten.)

Diese Forderung lässt sich mathematisch leicht fassen. Sei x' ein beliebiger Ersatzwert für den wahren Wert, der einer Messreihe von Messwerten x_i, $i = 1, ..., n$ zugrundeliegt, so ist die Varianz bezüglich dieses Wertes

$$\frac{1}{n-1}\sum_{i=1}^{n}(x_i - x')^2 = \frac{1}{n-1}\sum_{i=1}^{n} v_i^2 \quad \text{mit} \quad v_i = x_i - x'$$

Dieser Ausdruck ist zu minimieren, d.h. es muss mindestens die Forderung erfüllt sein, dass die Ableitung nach dem Ersatzwert x' gleich Null wird, d.h.

$$\frac{\partial \sum_{i=1}^{n} v_i^2}{\partial x'} = 0$$

Wegen

$$\sum_{i=1}^{n} v_i^2 = \sum_{i=1}^{n} x_i^2 - 2x'\sum_{i=1}^{n} x_i + nx'^2$$

muss

$$-2\sum_{i=1}^{n} x_i + 2nx' = 0$$

sein. Daraus folgt sofort, dass

$$x' = \frac{1}{n}\sum_{i=1}^{n} x_i = \bar{x}$$

d.h. der optimale Ersatzwert, auch *Bestwert* genannt, ist gerade der anfangs eingeführte Mittelwert. Umgekehrt heißt das,

die Varianz der Messungen einer Messreihe ist bezüglich ihres arithmetischen Mittels minimal.

Ein ganz wichtiger Punkt, der dem Leser sicher schon bei der ersten Benutzung des Mittelwerts als eine Art "Endergebnis" sofort aufgefallen ist, ist, dass wir es bisher versäumt haben, eine Genauigkeitsangabe für das arithmetische Mittel zu machen. Ohne eine solche Angabe wäre es zur Spezifizierung eines Messergebnisses ziemlich ungeeignet. Selbstverständlich muss diese Genauigkeit von der Genauigkeit der zugrundeliegenden Messwerte abhängen. Wir hatten allerdings vermutet, dass der Mittelwert doch wohl "genauer" sei als jeder einzelne Messwert. Es bleibt uns, dies ggf. zu beweisen und eine quantitative Angabe zu machen. Hierzu ist es hilfreich, zunächst eine ganz andere Angelegenheit zu besprechen, die aber generell für die Auswertung von Daten von fundamentaler Bedeutung ist. Dies werden wir im nächsten Abschnitt zunächst behandeln.

3.5 Das Gaußsche Fehlerfortpflanzungsgesetz

Wir hatten es im ersten Kapitel schon angesprochen: Da wir in den seltensten Fällen gerade *die* Größe direkt messen, die wir suchen, müssen wir herausfinden, wie Fehler einer Messgröße sich auf daraus abgeleitete Größen übertragen. Messen wir z.B. die Zeit Δt, die ein Fahrzeug benötigt, um eine Strecke Δx zurückzulegen, und kennen wir die Unsicherheiten in Δt und Δx, so wollen wir daraus die Unsicherheit für $v = \Delta x/\Delta t$ berechnen. Ähnlich ergeht es uns, wenn wir die Resistivität eines elektrisch leitenden Materials bestimmen wollen und dazu (weil uns die Resistivität als direkte Messgröße nicht zugänglich ist) die Länge l, den Querschnitt A und den Widerstand R des Leiters messen. Die Resistivität ρ ist dann durch

$$\rho = R\,\frac{A}{l} \tag{3.13}$$

gegeben. Aus den Fehlern s_l , s_A und s_R für l, A und R wollen wir den Fehler s_ρ für ρ berechnen. Das Praktikum wird bei jedem Versuch neue Beispiele vorstellen.

Eine Variable

Beginnen wir mit dem einfachsten Fall, dem einer einzigen unabhängigen Variablen. Es sei y eine Funktion von x, also $y = f(x)$. Wir kennen s_x und suchen s_y. Diesen Sachverhalt kann man sich ganz leicht grafisch vorstellen. Der funktionale Zusammenhang sei in Abb. 3.6 dargestellt. Jede Variation der unabhängigen Variablen x innerhalb eines Bereichs s_x

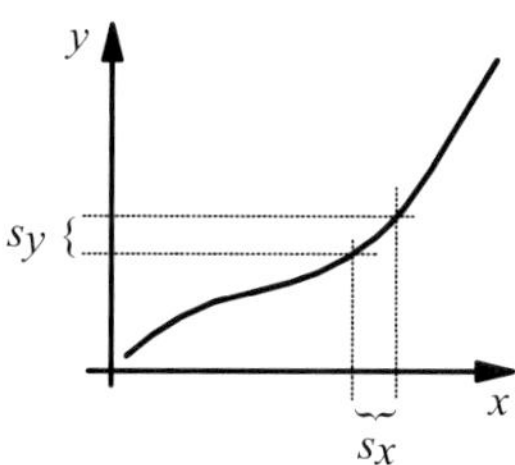

Abbildung 3.6: Fehlerfortpflanzung anschaulich für *eine* unabhängige Variable

führt zu einer entsprechenden Variation s_y der Variablen y, wie man in Abb. 3.6 unschwer erkennen kann. Sind diese Variationsbreiten klein, dann ist es legitim (wir hatten das im ersten Kapitel diskutiert), den Kurvenverlauf durch eine Gerade, d.h. praktisch die Tangente an die Kurve zu ersetzen. (Wenn man die Kurve um den interessierenden Punkt in eine Reihe entwickelt, dann entspricht das dem Abbruch der Reihenentwicklung nach dem linearen Term.) Die Steigung der Tangente ist $\mathrm{d}f(x)/\mathrm{d}x$, und so berechnet sich die Unsicherheit für y ganz einfach als

$$s_y = \left|\frac{\mathrm{d}f(x)}{\mathrm{d}x}\right| s_x \tag{3.14}$$

Die Betragsstriche sind wichtig, weil ja Standardabweichungen und Unsicherheiten definitionsgemäß positive Größen sind, während die Steigung einer Kurve durchaus negativ sein kann.

Wir können das auch formal mathematisch herleiten: Unsere Messgröße sei x, wir haben die einzelnen Messwerte

$$x_1, x_2, ..., x_n$$

Daraus können wir die zugehörigen y-Werte berechnen:

$$y_1, y_2, ..., y_n$$

Es gilt

$$\begin{aligned} y_i &= f(x_i) \\ &= f(\bar{x} + v_i) \qquad \text{mit} \quad v_i = x_i - \bar{x} \quad \text{und} \quad \bar{x} = \frac{1}{n}\sum_{i=1}^{n} x_i \\ &= f(\bar{x}) + \frac{\mathrm{d}f(x)}{\mathrm{d}x} v_i + \text{ Terme höherer Ordnung in } v_i \end{aligned}$$

Die Terme höherer Ordnung können wir gegenüber dem linearen Term vernachlässigen, solange unsere Fehler hinreichend klein sind, und so ergibt sich

$$\begin{aligned} y_i &= f(\bar{x}) + \frac{\mathrm{d}f(x)}{\mathrm{d}x} v_i \qquad (3.15) \\ &= \bar{y} + \frac{\mathrm{d}f(x)}{\mathrm{d}x} v_i \qquad \text{wobei wir } \bar{y} = f(\bar{x}) \text{ definiert haben, oder} \\ y_i &= \bar{y} + u_i \qquad \text{mit} \quad u_i = y_i - \bar{y} \end{aligned}$$

Daraus folgt sofort

$$\begin{aligned} u_i &= \frac{\mathrm{d}f(x)}{\mathrm{d}x} v_i \\ u_i^2 &= \left(\frac{\mathrm{d}f(x)}{\mathrm{d}x} v_i\right)^2 \\ \sum_{i=1}^{n} u_i^2 &= \left(\frac{\mathrm{d}f(x)}{\mathrm{d}x}\right)^2 \sum_{i=1}^{n} v_i^2 \\ s_y^2 = \frac{1}{n-1}\sum_{i=1}^{n} u_i^2 &= \frac{1}{n-1}\left(\frac{\mathrm{d}f(x)}{\mathrm{d}x}\right)^2 \sum_{i=1}^{n} v_i^2 = \left(\frac{\mathrm{d}f(x)}{\mathrm{d}x}\right)^2 s_x^2 \\ \text{und schließlich} \quad s_y &= \left|\frac{\mathrm{d}f(x)}{\mathrm{d}x}\right| s_x \qquad (3.16) \end{aligned}$$

Die Betragsstriche sind wie schon oben erwähnt notwendig; formal bedeutet das, dass wir die *positive* Wurzel ziehen.

Mehrere Variablen

Im Fall mehrerer unabhängiger Variablen wird das ganze nur unwesentlich komplizierter. Es sei jetzt z eine Funktion von x, y, ... also $z = f(x, y, ...)$. Wir kennen s_x, s_y, ... und suchen s_z. Unsere Messgrößen sind jetzt

$$\begin{array}{lll} x & \text{mit den Messwerten} & x_1, x_2, ..., x_n \\ y & \text{mit den Messwerten} & y_1, y_2, ..., y_n \\ & \text{etc.} & \end{array}$$

Daraus können wir wie zuvor die zugehörigen Funktionswerte $z_i = z_1, z_2, ..., z_n$ berechnen: Es ist

$$\begin{aligned} z_i &= f(x_i, y_i, , ...) \\ &= f(\bar{x} + v_i, \bar{y} + u_i, ...) \qquad \text{mit} \quad v_i = x_i - \bar{x} \quad \text{und} \quad \bar{x} = \tfrac{1}{n}\sum_{i=1}^{n} x_i \\ & \qquad\qquad\qquad\qquad\qquad\qquad u_i = y_i - \bar{y} \quad \text{und} \quad \bar{y} = \tfrac{1}{n}\sum_{i=1}^{n} y_i \\ & \qquad\qquad\qquad\qquad\qquad\qquad \text{etc.} \\ &= f(\bar{x}, \bar{y}, ...) + \frac{\partial f(x)}{\partial x} v_i + \text{ Terme höherer Ordnung in } v_i \\ &\quad + \frac{\partial f(y)}{\partial y} u_i + \text{ Terme höherer Ordnung in } u_i \\ &\quad + ... \end{aligned}$$

Die Terme höherer Ordnung vernachlässigen wir wieder gegenüber dem linearen Term, und so ergibt sich

$$\begin{aligned} z_i &= f(\bar{x}, \bar{y}, ...) + \frac{\partial f(x)}{\partial x} v_i + \frac{\partial f(y)}{\partial y} u_i + ... \qquad (3.17) \\ &= \bar{z} + \frac{\partial f(x)}{\partial x} v_i + \frac{\partial f(y)}{\partial y} u_i + ... \qquad \text{mit} \quad \bar{z} = f(\bar{x}, \bar{y}, ...) \\ &= \bar{z} + w_i \qquad \text{mit} \quad w_i = z_i - \bar{z} \end{aligned}$$

Daraus folgt sofort

$$\begin{aligned} w_i &= \frac{\partial f(x)}{\partial x} v_i + \frac{\partial f(y)}{\partial y} u_i + ... \\ w_i^2 &= \left(\frac{\partial f(x)}{\partial x} v_i + \frac{\partial f(y)}{\partial y} u_i + ... \right)^2 \qquad (3.18) \end{aligned}$$

Wenn wir dieses Quadrat ausführen, so kommt jetzt gegenüber dem Fall *einer* Variablen eine Schwierigkeit hinzu: Neben den rein quadratischen Termen erhalten wir auch noch gemischte Terme, d.h. solche, in denen z.B. v_i und u_i als Produkt auftreten. Während die rein quadratischen Terme allesamt positiv sind, können wir über das Vorzeichen der gemischten Terme im Einzelnen nichts aussagen. Unter einer bestimmten Bedingung aber können wir etwas über das Verhalten *der Summe aller gemischten Terme* sagen: Sind die unabhängigen Variablen wirklich im mathematisch-statistischen Sinne linear unabhängig voneinander, so sind auch ihre Fehler unabhängig voneinander. Wir können also getrost davon ausgehen, dass sich im Mittel die positiven und negativen gemischten Terme der Fehlerprodukte $u_i \cdot v_j$, ... die Waage halten, und die Summe aller gemischten Terme nahezu Null sein wird. Unter dieser Annahme können wir die gemischten Terme vernachlässigen, die Gleichung vereinfachen und weiterrechnen:

$$\begin{aligned} \sum_{i=1}^{n} w_i^2 &= \left(\frac{\partial f(x)}{\partial x}\right)^2 \sum_{i=1}^{n} v_i^2 + \left(\frac{\partial f(y)}{\partial y}\right)^2 \sum_{i=1}^{n} u_i^2 + ... \\ s_z^2 = \frac{1}{n-1} \sum_{i=1}^{n} w_i^2 &= \left(\frac{\partial f(x)}{\partial x}\right)^2 s_x^2 + \left(\frac{\partial f(y)}{\partial y}\right)^2 s_y^2 + ... \end{aligned}$$

und schließlich

$$\boxed{s_z = \sqrt{\left(\frac{\partial f(x)}{\partial x}\right)^2 s_x^2 + \left(\frac{\partial f(y)}{\partial y}\right)^2 s_y^2 + ...}} \tag{3.19}$$

Hier stehen zwar keine expliziten Betragsstriche, aber wie im Fall *einer* Variablen versteht es sich auch hier, dass wir die *positive* Wurzel ziehen.

Diese Gleichung stellt das **Gaußsche Fehlerfortpflanzungsgesetz** für unabhängige Variablen dar. Für Variablen, die voneinander abhängig sind, kann man eine verallgemeinerte Form herleiten (in der dann die gemischten Terme in Gl. 3.18 nicht mehr vernachlässigt sind). Diese Form wird jedoch eher seltener benötigt. Im Anfängerpraktikum begegnen uns zwar gelegentlich solche Fälle, aber eine vollständige mathematische Behandlung sprengt die Grenzen des zumutbaren Aufwands einer Versuchsauswertung Wir werden diesen Fall jedoch im Abschnitt 3.9 diskutieren. Es ist allerdings oft einfacher, seine Formeln soweit umzuformen, dass nur noch unabhängige Messgrößen darin vorkommen. Schlimmstenfalls muss man hin und wieder ein paar partielle Ableitungen einzelner Teilausdrücke berechnen.

Ganz kurz wollen wir auf eines unserer eingangs aufgeführten Beispiele, das der Berechnung der Resistivität, zurückkommen. Aus Gl. 3.13 lassen sich die partiellen Ableitungen berechnen:

$$\frac{\partial \rho}{\partial R} = \frac{A}{l}, \quad \frac{\partial \rho}{\partial A} = \frac{R}{l}, \quad \frac{\partial \rho}{\partial l} = -\frac{RA}{l^2}$$

Die Unsicherheit von ρ lässt sich damit sofort angeben:

$$s_\rho = \sqrt{\frac{A^2}{l^2} s_R^2 + \frac{R^2}{l^2} s_A^2 + \frac{R^2 A^2}{l^4} s_l^2}$$

oder auch (nach einer kleinen Umformung)

$$\frac{s_\rho}{\rho} = \sqrt{\left(\frac{s_R}{R}\right)^2 + \left(\frac{s_A}{A}\right)^2 + \left(\frac{s_l}{l}\right)^2}$$

Wichtige Sonderfälle

Die letzte Gleichung macht irgendwie einen relativ einprägsamen Eindruck. Sie besagt, dass der *relative Fehler* unseres Ergebnisses gerade gleich der Wurzel aus der Summe der Quadrate der relativen Fehler der Messgrößen ist. Unter einem relativen Fehler verstehen wir, wie bereits besprochen, stets den Quotienten aus dem (absoluten) Fehler und dem Messwert selbst. Dies ist eine sehr anschauliche Größe; sie kann häufig in Prozent angegeben werden, was ihr den unsinnigen Namen *prozentualer Fehler* eingebracht hat.

Wir vermuten, dass es wohl *einige* leicht zu merkende Spezialfälle gibt, für die man sehr einfache Formeln oder Rechenvorschriften angeben kann. In den folgenden Tabellen sind die verschiedensten Sonderfälle aufgeführt. Der Nachweis ist in jedem einzelnen Fall relativ einfach; es sei dem Leser überlassen, sich davon zu überzeugen, was anhand der Kommentare am Ende jeder Zeile nicht schwer fallen dürfte.

	$z = x + y + ...$			
oder	$z = x - y$	$s_z = \sqrt{s_x^2 + s_y^2 + ...}$	da	$\left\lvert\frac{\partial z}{\partial x}\right\rvert = \left\lvert\frac{\partial z}{\partial y}\right\rvert = ... = 1$
	$z = a \cdot x$	$s_z = \lvert a\rvert \cdot s_x$	da	$\left\lvert\frac{\partial z}{\partial x}\right\rvert = \lvert a\rvert$

(3.20)

generell:				
	$z = ax + by + ...$	$s_z = \sqrt{a^2 s_x^2 + b^2 s_y^2 + ...}$		
oder	$z = \sum_i a_i x_i$	$s_z = \sqrt{\sum a_i^2 s_{x_i}^2}$	da	$\left\lvert\frac{\partial z}{\partial x_i}\right\rvert = \lvert a_i\rvert$

Diese erste Gruppe von Sonderfällen betrifft die Addition gleichartiger Größen, evtl. mit unterschiedlichen Vorfaktoren. Die Fehler berechnen sich demnach einfach aus der Wurzel der Summe der Quadrate der Fehler der Messgrößen, jeweils multipliziert mit dem Quadrat eines evtl. Vorfaktors. Das lässt sich relativ leicht merken und erschlägt rund 30% der Fälle im Praktikum.

An dieser Stelle darf ein Hinweis auf eine besondere Konsequenz nicht fehlen: Die Formeln gelten sowohl für die Addition wie auch für die Subtraktion von Größen, negative Vorfaktoren gehen nämlich nur mit ihrem Betrag ein. Angenommen, wir haben die Differenz zweier nahezu gleicher Zahlen zu berechnen (z.B. $1000 - 990 = 10$). Nehmen wir weiter an, die relativen Unsicherheiten dieser Zahlen betrügen z.B. jeweils 1%, die absoluten Unsicherheiten wären dann beide etwa gleich 10. Die Differenz besitzt dann eine Unsicherheit von etwa $\sqrt{200} \approx 14$. Der relative Fehler der Differenz beträgt in diesem Fall weit über 100%! **Vorsicht** ist also angebracht: Wenn wir Ergebnisse nur durch derartige Differenzbildung gewinnen können, so müssen u.U. extreme Anforderungen an die Messgenauigkeit der ursprünglichen Daten gestellt werden. Das passiert in der Physik sehr häufig, wenn man z.B. einen kleinen Effekt q sucht, der auf einem hohen Untergrund Q sitzt, den man vom gemessenen Signal $Q + q$ abziehen muss.

In unserem obigen Beispiel zur Resistivität kamen keine Summen oder Differenzen vor, sondern nur Faktoren und Quotienten. Auch hierfür gibt es einfache Formeln, die im

Folgenden zusammengestellt sind.

$$
\begin{array}{llll}
 & z = x \cdot y \cdot \ldots & & \\
\text{oder} & z = x/y & \dfrac{s_z}{|z|} = \sqrt{\dfrac{s_x^2}{x^2} + \dfrac{s_y^2}{y^2} + \ldots} & \text{da} \quad \mathrm{d}z = \mathrm{d}x \cdot y \cdot \ldots + \mathrm{d}y \cdot x \cdot \ldots + \ldots \\
 & z = x^a & \dfrac{s_z}{|z|} = |a| \cdot \dfrac{s_x}{|x|} & \text{da} \quad \left|\dfrac{\partial z}{\partial x}\right| = |a \cdot x^{a-1}| \\
 & z = \sqrt[a]{x} & \dfrac{s_z}{|z|} = \dfrac{1}{|a|} \cdot \dfrac{s_x}{|x|} & \text{analog}
\end{array}
\tag{3.21}
$$

$$
\begin{array}{llll}
\text{generell:} & & & \\
 & z = x^a \cdot y^b \cdot \ldots & \dfrac{s_z}{|z|} = \sqrt{a^2 \dfrac{s_x^2}{x^2} + b^2 \dfrac{s_y^2}{y^2} + \ldots} & \\
\text{oder} & z = \prod_i x_i^{a_i} & \dfrac{s_z}{|z|} = \sqrt{\sum a_i^2 \dfrac{s_{x_i}^2}{x_i^2}} & \text{da} \quad \left|\dfrac{\partial z}{\partial x_i}\right| = \left|a_i \cdot \dfrac{z}{x_i}\right|
\end{array}
$$

Mit anderen Worten: Wenn wir es statt mit Summen und Differenzen mit Faktoren und Quotienten zu tun haben, dann gelten die gleichen qualitativen Regeln wie oben, nur anstelle der absoluten Fehler sind die relativen zu benutzen. Diesen Fall hatten wir auch im Beispiel mit der Resistivität weiter oben. Damit haben wir die übrigen rund 70% aller Fälle aus dem Anfängerpraktikum abgehakt.

Es bleiben hin und wieder einzelne Fälle, in denen man nicht umhin kommt, die partiellen Ableitungen auszurechnen. Das passiert z.B. immer dann, wenn wir Ausdrücke haben, in denen Differenzen zu einem gemeinsamen Nullpunkt verglichen werden, d.h. Ausdrücke der Form

$$\frac{x_1 - x_0}{x_2 - x_0}$$

Alle drei Variablen sind i.d.R. Messwerte, aber wie ein einfacher Quotient kann dieser Ausdruck nicht behandelt werden, weil Zähler und Nenner nicht unabhängig voneinander sind. Zudem müsste man deren Fehler erst aus den Fehlern der einzelnen Messwerte x_i berechnen. So muss man sich in derartigen Fällen die Mühe machen, die Ableitungen explizit zu berechnen. In diesem speziellen Fall ergibt sich übrigens eine relativ einfache Formel, wenn man davon ausgehen kann, dass die absoluten Fehler aller x-Werte in etwa gleich sind.

In Abschnitt 3.9 werden wir uns auch noch auf den Fall stürzen, in dem die Variablen *nicht* unabhängig voneinander sind. Nicht, dass wir erwarten, dass solche Fälle von den Studierenden in eimem Anfängerpraktikum explizit berechnet werden. Aber es kommt bei gängigen Versuchen durchaus vor, dass eine sorgfältige Auswertung die Berücksichtigung dieser Umstände erfordert, und die Studierenden sollten sich zumindest über die Hintergünde und die Vorgehensweise informieren können, auch wenn ihnen u.U. eine vorhandene Software die Rechnung selbst abnimmt.

Wichtige Konsequenzen

Es lohnt sich, ein wenig über die Konsequenzen des Gaußschen Fehlerfortpflanzungsgesetzes, insbesondere im Hinblick auf die praktische Anwendung, nachzudenken. Nehmen wir einmal den Fall einer Quotientenbildung. In diesem Fall ist der relative Fehler des Quotienten leicht aus der Wurzel der Summe der Quadrate der einzelnen relativen Fehler zu berechnen. (Analoges gilt im Falle von Summen und Differenzen für die absoluten Fehler.) Nehmen wir weiter an, einer der beiden relativen Fehler sei um den Faktor 3 kleiner als der andere. Wir haben dann die Quadrate zu bilden, diese zu addieren und dann die Wurzel daraus zu ziehen. Anschaulich also (wir könnten uns die Zahlen z.B. als die relativen Fehler in % denken):

$$\sqrt{1^2 + (1/3)^2} = \sqrt{1 + 1/9} = \sqrt{10/9} \approx 1,05$$

Hätten wir den kleineren Fehler (1/3) einfach ignoriert, so hätten wir statt des richtigen Werts 1,05 den "falschen" Wert 1,00 erhalten. Nun haben wir schon eingangs klargestellt, dass es uns aus gutem Grund auf eine so hohe Genauigkeit der Fehlerangabe gar nicht ankommt. Wir können es locker tolerieren, wenn unsere Fehlerangabe um 5% daneben liegt; häufig ist sie sogar von sich aus eher unsicherer, sie wird schließlich selbst auch nur aus mehr oder weniger "unsicheren" Messwerten berechnet. Das heißt, wir können den kleineren Fehler gefahrlos außer acht lassen. Der kleinere Fehler wird in diesem Fall als *nicht-beitragend* bezeichnet. Im Grunde sehen wir alle Fehler, deren Beitrag zum Fehler des Endergebnisses weniger als rund 20-25% ausmacht, als nicht-beitragend an. Diese Grenze kann man im Einzelfall natürlich verschieben; das wird man vor allem dann tun, wenn man mit den so gewonnenen Fehlerangaben noch weiter rechnen und dazu nicht zu früh unnötig Genauigkeit verschenken und zusätzliche Rundungsfehler einbringen will. Für die Fehlerangabe eines Endergebnisses (und als solche kann man die Ergebnisse der Praktikumsversuche alle ansehen) ist diese Grenze aber bei weitem ausreichend.

Für die Praxis, und ganz sicher für das Anfängerpraktikum, bedeutet dies, dass wir uns i.d.R. einen u.U. immensen Rechenaufwand sparen können, wenn wir, *bevor* wir irgendwelche Zahlen in die Gleichungen zur Fehlerberechnung einsetzen und dann Ewigkeiten quadrieren und Wurzeln ziehen, erst einmal die relative Größe der einzelnen — je nachdem — relativen oder absoluten Fehler abschätzen. Oft muss dies in mehreren Schritten geschehen, weil sowohl Summen wie Produkte von Messgrößen in der relvanten Bestimmungsgleichung vorkommen. Dennoch sparen wir viel Zeit und können uns in vielen Fällen (obwohl im Einzelfall durchaus viele fehlerbehaftete Größen vorkommen) auf die Berücksichtigung eines einzigen oder zumindest relativ weniger *beitragender* Fehler beschränken. Schon bei einem Unterschied um den Faktor 3 ist der Einfluss minimal, wie wir gesehen haben, bei noch größeren Unterschieden wäre es völlig sinnlos, solche kleinen Fehler noch mitzunehmen. Wer also stur *alle* Fehlerangaben in das Gaußsche Fehlerfortpflanzungsgesetz einsetzt, und dabei womöglich auch noch die allgemeine Form benutzt, wenn einfachere Sonderfälle anwendbar sind, dem geschieht es gerade recht, wenn er unnötig lange an der Auswertung seiner Daten sitzt und dabei das Risiko für Rechenfehler auch noch drastisch erhöht. Beschränken Sie sich unbedingt auf die Mitnahme beitragender Fehler! Sie nutzen Ihre Zeit effizienter, wenn Sie sich zu Beginn der Fehleranalyse einen Überlick über die relative Größe der einzelnen Fehler verschaffen und den tatsächlich notwendigen Rechenaufwand minimieren. Und kann man sich tatsächlich auf einen einzigen beitragenden Fehler beschränken, dann wird die Fehleranalyse praktisch trivial.

Zwei kleine Hinweise noch zur Vorsicht:

– Es kann vorkommen, dass sehr viele Größen in die Berechnung eines Endergebnisses eingehen, die relativ kleine Fehler besitzen. In einem solchen Fall kann natürlich die

Summe aller Beiträge signifikant werden. Das muss im Einzelfall untersucht werden.
- Um signifikante Rundungsfehler zu vermeiden, sollte die Berechnung der Fehler mit mindestens *einer Stelle mehr* an Genauigkeit durchgeführt werden. Bei Verwendung von Taschenrechnern oder Computern ist das sicher kein Thema. Im Gegenteil, hier wird meist vergessen, am Ende die vielen unsinnigen Stellen, die keine physikalische Aussagekraft besitzen, zu streichen.

Wichtige Anwendung

Die Kenntnis der Fehlerfortpflanzung ist nicht nur bedeutend für die nachträgliche Berechnung der Fehler von Ergebnissen. Vielmehr gehört zu einer soliden Vorbereitung eines Experiments auch, dass man sich bereits in der Planungsphase die Frage stellt, wie denn die einzelnen Messgrößen mit ihren Fehlern zum Endergebnis beitragen. Manche Einflüsse sind vielleicht gering, so dass man die Messgenauigkeit für diese Variablen nicht besonders hoch treiben muss. Andere haben vielleicht einen ungeahnt starken Einfluss, hier lohnt es sich dann, Zeit für genaueres Messen zu investieren. Es kommt auch häufig vor, dass sich die gleichen Fehler in einer Messgröße mal mehr, mal weniger stark äußern. In diesen Fällen kann man u.U. durch geschickte Wahl dieser Messgrößen den Einfluss der Fehler ganz bewusst niedrig halten.

Als Beispiel sei hier die Messmethode eines elektrischen Widerstands mit der Wheatstoneschen Brückenschaltung genannt. Die Schaltung ist in Abb. 3.7 dargestellt. Man ver-

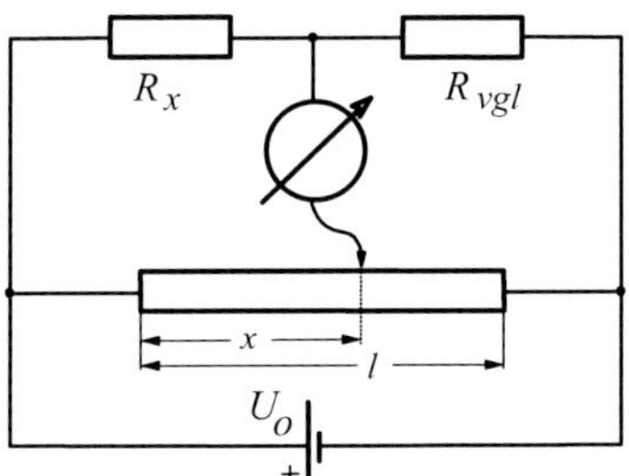

Abbildung 3.7: Wheatstonesche Brückenschaltung zur präzisen Bestimmung elektrischer Widerstände. Der Abgleich der beiden Brückenarme erfolgt mit Hilfe des Messgeräts, mit dem kontrolliert wird, dass kein Strom zwischen den beiden Abgriffen fließt.

gleicht einen unbekannten Widerstand R_x mit einem bekannten Widerstand R_{vgl}, indem man deren Verhältnis aus dem Verhältnis zweier Strecken an einem Schiebewiderstand ermittelt. Diese Verhältnisse sind genau dann gleich, wenn durch das Messgerät kein Strom fließt. Der unbekannte Widerstand ist dann gegeben durch

$$R_x = R_{vgl}\frac{x}{l-x}$$

l ist meist mit guter Genauigkeit gegeben, zu messen sind dann R_{vgl} und x. Untersuchen wir, wie die Fehler dieser beiden Größen sich im Ergebnis bemerkbar machen, so müssen wir in diesem Fall die partiellen Ableitungen berechnen:

$$\begin{aligned}\frac{\partial R_x}{\partial R_{vgl}} &= \frac{x}{l-x} \\ \frac{\partial R_x}{\partial x} &= \frac{l}{(l-x)^2} R_{vgl}\end{aligned}$$

Somit ist

$$\begin{aligned}s_{R_x} &= \sqrt{\frac{x^2}{(l-x)^2} s_{R_{vgl}}^2 + \frac{l^2 R_{vgl}^2}{(l-x)^4} s_x^2} \\ \text{oder} \quad \frac{s_{R_x}}{R_x} &= \sqrt{\frac{s_{R_{vgl}}^2}{R_{vgl}^2} + \frac{l^2}{x^2 (l-x)^2} s_x^2}\end{aligned}$$

Man sieht sofort, dass der zweite Term unter der Wurzel sowohl für $x \to 0$ als auch für $x \to l$ gegen Unendlich geht. Ist das Widerstandsverhältnis also besonders groß oder besonders klein, so nimmt die Messgenauigkeit dieser Methode dramatisch ab. Für $x = l/2$ dagegen, d.h. wenn $R_x \approx R_{vgl}$, wird der zweite Term mininal, hier ist die Messgenauigkeit am größten. So kann man durch sinnvolle Wahl des Vergleichswiderstands die Messgenauigkeit von voneherein optimieren.

3.6 Die Genauigkeit des arithmetischen Mittels

Auch wenn die Diskussion des letzten Abschnitt uns etwas aus der geraden Linie gebracht hat, so haben wir doch jetzt ein Handwerkszeug in der Hand, mit dem wir leicht so manche Fragen beantworten können. Kommen wir zunächst zurück auf die Frage nach den Genauigkeit des arithmetischen Mittels.

Wir hatten das arithmetische Mittel berechnet aus den Einzelmessergebnissen, somit ist es eine mathematische Funktion dieser Werte. Darauf können wir also ganz leicht das Gaußsche Fehlerfortpflanzungsgesetz anwenden, indem wir fragen, wie sich denn die Fehler der Einzelmessungen auf das daraus berechnete Ergebnis (hier den Mittelwert) auswirken. Dabei hat jede dieser Einzelmessungen die gleiche Standardabweichung $s_{x_i} = s$, die wir weiter oben definiert hatten und aus den Messwerten berechnen können. Also:

$$\bar{x} = \frac{1}{n} \sum_{i=1}^{n} x_i \tag{3.22}$$

$$s_{\bar{x}} = \sqrt{\sum_{i=1}^{n} \left(\frac{\partial \bar{x}}{\partial x_i} \right)^2 s_{x_i}^2} \tag{3.23}$$

Wie man leicht sieht, ist die oben benötigte partielle Ableitung für alle i gerade gleich

$$\frac{\partial \bar{x}}{\partial x_i} = \frac{1}{n}$$

so dass sich

$$\begin{aligned}\boxed{s_{\bar{x}}} &= \sqrt{\frac{1}{n^2} s^2 + \frac{1}{n^2} s^2 + \ldots} \\ &= \boxed{\frac{s}{\sqrt{n}}}\end{aligned} \tag{3.24}$$

ergibt. Das kann man auch etwas unübersichtlicher schreiben als

$$s_{\bar{x}} = \frac{1}{\sqrt{n\,(n-1)}}\sqrt{\sum_{i=1}^{n}(x_i-\bar{x})^2}\,.$$

Die Standardabweichung des Mittelwerts ist also tatsächlich kleiner als die der einzelnen Messwerte, sie wird mit wachsendem n immer kleiner. Deshalb ist es häufig sinnvoll, eine ganze Menge von Einzelmessungen zu machen. Diese Reduktion skaliert jedoch leider nicht mit n, sondern nur mit $1/\sqrt{n}$, d.h. eine Verbesserung der Genauigkeit um den Faktor 10 erfordert eine Vervielfachung der Anzahl der Messwerte um den Faktor 100! Es ist also im Einzelfall sehr sorgfältig abzuwägen, wie groß man die Anzahl der Einzelmessungen tatsächlich macht. Dies ist meist eine Frage der Zeit, die man sich leisten kann, zur Verbesserung der Genauigkeit aufzuwenden. Auch muss man sich hier wieder mit der Frage auseinandersetzen, inwieweit es Sinn macht, den statistischen Fehler immer weiter zu reduzieren, wenn es auch noch systematische Fehler gibt. Die zeigen sich nämlich von einer noch so hohen Anzahl von Einzelmessungen völlig unbeeindruckt! Spätestens also, wenn die systematischen Fehler von vergleichbarer Größenordnung werden wie die statistischen, wird eine weitere Erhöhung der Anzahl der Messungen sinnlos.

Nochmal zusammengefasst:

- In jeder sinnvollen Messreihe werden wir eine Streuung der Messwerte beobachten. Diese Streuung und damit die charakteristische Unsicherheit *der einzelnen Messwerte* quantifizieren wir durch die *Standardabweichung der einzelnen Messung.*
- Im (logisch) zweiten Schritt berechnen wir als Ergebnis der Messreihe einen *Bestwert*, in diesem Fall das arithmetische Mittel (auch wenn wir es "technisch" gesehen im ersten Schritt schon berechnen mussten, um die Varianz zu erhalten), und dessen Unsicherheit, in diesem Fall die *Standardabweichung des Mittelwerts.*

Zur Illustration sollen die bisher definierten Größen der Varianz und Standardabweichung der Einzelmessung und des arithmetischen Mittels noch für unseren eingangs als Beispiel dargestellten Datensatz berechnet werden. Dazu ergänzen wir die vorherige Tabelle um zwei weitere Spalten (s. Tab. 3.2), in denen wir die Werte für $v_i = l_i - \bar{l}$ sowie für $v_i^2 = \left(l_i - \bar{l}\right)^2$ tabellieren. Ganz unten sind jeweils die Summen der Spalten angegeben.

Wir sehen sofort, dass die Summe aller Abweichungen gleich Null ist. Dies ist übrigens ein ausgezeichneter Test für die Konsistenz der Berechnung der Abweichungen v_i. Die Summe der Quadrate der Abweichungen benutzen wir, um die Varianz und die Standardabweichung der Einzelmessung zu bestimmen:

$$\begin{aligned} \text{Varianz} \quad s^2 &= \frac{1}{n-1}\sum_{i=1}^{n} v_i^2 = \frac{1}{29}\,7420\cdot 10^{-4}\ \text{mm}^2 = 256\cdot 10^{-4}\ \text{mm}^2 \\ \text{Standardabweichung} \quad s &= \sqrt{s^2} \qquad\quad = 16\cdot 10^{-2}\ \text{mm} \qquad = 0{,}16\ \text{mm} \end{aligned}$$

Noch einmal: diese Größen beschreiben die Streuung *der einzelnen Messung*, sie haben noch nicht das Geringste mit dem Mittelwert zu tun, auch wenn wir diesen benötigt haben, um sie zu berechnen. Die Genauigkeit des arithmetischen Mittels dagegen ist besser, sie

Tabelle 3.2: Messdaten unseres Beispiels mit zwei weiteren Spalten zur Berechnung der Abweichungen vom Mittelwert und deren Quadraten sowie den jeweiligen Summen

Messung	l/mm	$v_i/10^{-2}$mm	$v_i^2/10^{-4}$mm^2
1	55,6	-2	4
2	55,8	18	324
3	55,5	-12	144
4	55,6	-2	4
5	55,6	-2	4
6	55,9	28	784
7	55,5	-12	144
8	55,4	-12	484
9	55,6	-2	4
10	55,7	8	64
11	55,6	-2	4
12	55,7	8	64
13	55,9	28	784
14	56,0	38	1444
15	55,6	-2	4
16	55,3	-32	1024
17	55,7	8	64
18	55,8	18	324
19	55,5	-12	144
20	55,4	-22	484
21	55,5	-12	244
22	55,6	-2	4
23	55,7	8	64
24	55,7	8	64
25	55,5	-12	144
26	55,4	-22	484
27	55,5	-12	144
28	55,6	-2	4
29	55,6	-2	4
30	55,7	8	64
$n = 30$	Summe:	0	7420

wird durch die Varianz bzw. Standardabweichung *des Mittelwerts* beschrieben:

$$\begin{aligned} \text{Varianz des Mittelwerts } s_{\bar{l}}^2 &= s^2/n = 256 \cdot 10^{-4}\ \text{mm}^2\ /\ 30 \\ \text{Standardabweichung des Mittelwerts } s_{\bar{l}} &= s/\sqrt{n} = 16 \cdot 10^{-2}\ \text{mm}\ /\ \sqrt{30}\ \approx 3 \cdot 10^{-2}\ \text{mm} \end{aligned}$$

Das Endergebnis unserer Messreihe wäre demnach vollständig in der Form anzugeben:

Die gesuchte Länge beträgt $l = (55,62 \pm 0,03)$ mm.

3.7 Das gewichtete Mittel

Mehrere Messergebnisse unterschiedlicher Genauigkeit

Wir hatten in den bisherigen Abschnitten gesehen, wie man aus einer Anzahl einzelner Messungen x_i (die alle die *gleiche* Unsicherheit $s = s_i$ besitzen) einen Bestwert als Endergebnis und eine Unsicherheit dafür gewinnt:

$$\overline{x} = \frac{1}{n}\sum_{i=1}^{n} x_i \qquad \text{Bestwert (Mittelwert)}$$

$$s_{\overline{x}} = \frac{s}{\sqrt{n}} \qquad \text{Unsicherheit des Bestwerts (Mittelwerts)}$$

Es kommt nun aber häufig vor, dass man z.B. durch Anwendung verschiedener Messverfahren mehrere Messergebnisse für eine Größe erhält, die *nicht* die gleiche Genauigkeit besitzen. Eine ähnliche Situation entsteht, wenn man Ergebnisse aus unterschiedlichen Quellen oder von verschiedenen Autoren verarbeiten möchte, d.h. aus den verschiedenen Daten *ein gemeinsames* Ergebnis zu gewinnen sucht. Die Motivation liegt natürlich darin, dass man dabei — wie schon bei der Berechnung des arithmetischen Mittels — erwartet, dass das so gewonnene neue Ergebnis *genauer* ist als jedes einzelne der primären Ergebnisse.

Als Beispiel benutzen wir wieder die Messung der Länge unseres Werkstücks. Es sei hier der Fall angenommen, dass Person A eine Messreihe durchgeführt hat, wie wir sie bisher besprochen haben, nämlich 30 individuelle Messungen mit einem Lineal gemacht hat. Das Resultat dieser Messreihe a kennen wir bereits:

$$l_a = (55,62 \pm 0,03)\ \text{mm}$$

Person B habe z.B. mit einem Messschieber in einer eigenen Messreihe b das Ergebnis

$$l_b = (55,596 \pm 0,010)\ \text{mm}$$

erhalten. Ziel ist es, ein gemeinsames Ergebnis aus diesen beiden (Teil-)Ergebnissen zu finden, das der unterschiedlichen Genauigkeit Rechnung trägt. Ganz sicher muss diese Genauigkeit eine Rolle spielen, denn schon der gesunde Menschenverstand und das bisher Gelernte suggerieren uns in bestimmten Grenzfällen, dass dem so ist. Wären beide Ergebnisse gleich genau, so würden wir sinnvollerweise das arithmetische Mittel berechnen, während es andererseits naheliegend erscheint, dass, wenn z.B. eines der beiden Ergebnisse erheblich (sagen wir willkürlich, um den Faktor 100) genauer wäre, wir das andere, ungenauere Ergebnis einfach ignorieren könnten, ohne dabei einen großen Fehler zu begehen.

Wir gehen also davon aus, dass wir zwei oder mehr Messergebnisse der Form

$$x_a \pm s_a$$
$$x_b \pm s_b$$
$$\text{......... usw.}$$

vorliegen haben. Für die folgenden Betrachtungen ist es nun völlig gleichgültig, was die *Ursache* für die o.g. Unsicherheiten s_j $(j = a, b, ...)$ ist: Es spielt nicht die geringste Rolle, ob die Fehler aus der Unsicherheit einer einzigen Messung herrühren, oder ob sie das Resultat einer Vielzahl von (jeweils ungenaueren) Einzelmessungen sind. Wir können somit o.B.d.A. annehmen, dass letzteres der Fall ist. Ja, wir gehen sogar noch einen Schritt weiter: Wir können für jede dieser (fiktiven) Messreihen j eine *beliebige* Anzahl n_j von Einzelmessungen x_{ji} annehmen, deren Fehler sich dann natürlich aus $s_{ji} = s_j \cdot \sqrt{n_j}$ ergibt. Insbesondere können wir diese Anzahlen *so* festlegen, dass alle Fehler der Einzelmessungen gleich sind, d.h. $s_{ji} \equiv s$ gilt; d.h. wir tun so, als rührten die *unterschiedlichen* Fehler aus Messreihen mit jeweils *unterschiedlicher* Anzahl von Einzelmessungen, aber *gleicher* Unsicherheit eben dieser (fiktiven) Einzelmessungen her. Das bedeutet, es lässt sich immer ein solcher Wert s finden, der die Bedingungen

$$\begin{aligned} s_a &= \frac{s}{\sqrt{n_a}} \\ s_b &= \frac{s}{\sqrt{n_b}} \\ &\text{......... usw.} \end{aligned}$$

erfüllt. (Dabei müssen die n_j formal mathematisch nicht einmal ganze Zahlen sein; zugegebenermaßen erleichtert es aber die folgende Argumentation.) Auf den Wert dieser (fiktiven) Größe kommt es, wie wir gleich sehen werden, gar nicht an; wichtig ist nur, dass ein solcher Wert existiert, den man durch geeignete Wahl der n_j festlegen kann. Damit können wir die Ergebnisse x_a, x_b, ... als Mittelwerte solcher fiktiver Messreihen auffassen, also

$$\begin{aligned} x_a &= \frac{1}{n_a} \sum_{i=1}^{n_a} x_{ia} \\ x_b &= \frac{1}{n_b} \sum_{i=1}^{n_b} x_{ib} \\ &\text{......... usw.} \end{aligned}$$

Für unser eingangs genanntes Beispiel mit $s_a = 0,03$ mm und $s_b = 0,01$ mm könnte man sich also vorstellen, diese Daten seien zustandegekommen, indem im Falle a eine einzige Messung mit der Unsicherheit $s = 0,03$ mm durchgeführt worden sei, im Falle b dagegen 9 Messungen mit jeweils der gleichen Unsicherheit, d.h. $n_a = 1$, $n_b = 9$. Was uns zu dem naheliegenden Schluss verleiten könnte, das Ergebnis b sei 9-mal so stark zu berücksichtigen (zu "wichten") wie das Ergebnis a. Mal sehen ...

Jetzt können wir das arithmetische Mittel aus allen (fiktiven) Einzelmessungen berechnen. Das ist, wie wir wissen, legitim und die Methode der Wahl, da jede dieser Einzelmessungen die gleiche Unsicherheit s besitzt. Insgesamt haben wir es dann mit $n = n_a + n_b + ...$ Einzelmessungen zu tun. Wir werfen also all diese Messungen in einen Topf und berechnen daraus als *Gesamtergebnis*

$$\bar{x} = \frac{(x_{1a} + x_{2a} + ... + x_{n_a a}) + (x_{1b} + x_{2b} + ... + x_{n_b b}) + ...}{n_a + n_b + ...}$$

Die Klammern deuten schon eine gewisse Gruppierung an, und so fassen wir jetzt zusammen (wir erinnern uns: x_a, x_b, ... sind die Mittelwerte der individuellen Messreihen):

$$\begin{aligned}\bar{x} &= \frac{n_a x_a + n_b x_b + \ldots\ldots\ldots}{n_a + n_b + \ldots\ldots\ldots} \\ &= \frac{\sum\limits_{j=a,b,\ldots} n_j x_j}{\sum\limits_{j=a,b,\ldots} n_j}\end{aligned}$$

Dies ist nicht unähnlich dem "normalen" arithmetischen Mittel $\overline{x} = \frac{1}{n}\sum x_j$, jedoch trägt jetzt jeder Wert x_j nicht mit dem *gleichen* Gewicht $1/n$, sondern mit einem ihm *eigenen* **Gewicht**

$$\boxed{g_j = \frac{n_j}{\sum\limits_j n_j} = \frac{s^2/s_j^2}{\sum\limits_j \left(s^2/s_j^2\right)} = \frac{1/s_j^2}{\sum\limits_j \left(1/s_j^2\right)}} \tag{3.25}$$

zum gemeinsamen Ergebnis bei. Wir können also allgemein schreiben

$$\boxed{\bar{x} = \sum_j g_j x_j = \frac{\sum\limits_j \left(x_j/s_j^2\right)}{\sum\limits_j \left(1/s_j^2\right)}} \tag{3.26}$$

Dies ist das **gewichtete Mittel** aus mehreren Messungen x_j und deren Unsicherheiten s_j. Wir sehen: Das Ergebnis ist unabhängig von unserer eingangs eingeführten Größe s und von den willkürlich angenommenen n_j.

Im Falle des einfachen arithmetischen Mittels (also bei gleicher Gewichtung aller Messwerte) hatten wir den Fehler dieses so berechneten Bestwerts mit $s_j/\sqrt{n}$ erhalten, wobei die s_j alle gleich waren. Wie sieht das nun bei unterschiedlichen Gewichten aus? Diese Frage lässt sich ganz leicht beantworten, denn, wie wir gerade gesehen haben, ist das gewichtete Mittel eine einfache Funktion der einzelnen Ergebnisse x_j, deren Fehler uns bekannt sind. So können wir sofort das Gaußsche Fehlerfortpflanzungsgesetz anwenden. Dazu müssen wir die partiellen Ableitungen $\partial\overline{x}/\partial x_j$ berechnen:

$$\frac{\partial \bar{x}}{\partial x_j} = g_j = \frac{1/s_j^2}{\sum \left(1/s_j^2\right)}$$

Damit wird die **Standardabweichung des gewichteten Mittels**

$$\boxed{s_{\bar{x}} = \sqrt{\sum_j g_j^2 s_j^2} = \frac{1}{\sqrt{\sum\limits_j \left(1/s_j^2\right)}}} \tag{3.27}$$

Der gleiche Zusammenhang lässt sich eleganter auch so ausdrücken:

$$\boxed{\frac{1}{s_{\bar{x}}^2} = \sum_j \frac{1}{s_j^2}} \tag{3.28}$$

Es ist offensichtlich, dass unsere neuen Ergebnisse in keiner Weise von irgend einer willkürlich gewählten Standardabweichung s abhängen, die wir zur Herleitung der Gleichungen eingeführt haben — dies nur noch einmal zur Beruhigung. In einem späteren

Stadium, speziell bei den Methoden der allgemeinen Kurvenanpassung, wo die individuelle Wichtung von Messpunkten eher die Regel ist, wird man allerdings die Gewichte, deren absolute Größe letztlich unerheblich ist, doch wieder unter Einbeziehung einer "mittleren" Standardabweichung s definieren. Diese Gewichte sind dann zwar nicht mehr auf 1 normiert wie in unserem Fall, aber sie lassen eine Bewertung der Qualität der Kurvenanpassung zu. Im Rahmen der Diskussion der linearen Regression werden wir in einem eigenen Abschnitt (Abschnitt 4.3) darauf zurückkommen.

Anwendung auf unser Beispiel

Kommen wir auf unser Beispiel mit den beiden Messergebnissen l_a und l_b zurück. Aus den angegebenen Unsicherheiten lassen sich sofort die beiden Gewichte berechnen:

$$g_a = \frac{1/9}{1/9+1} = 1/10$$

$$\text{und} \qquad g_b = \frac{1}{1/9+1} = 9/10$$

Tatsächlich also wird der um den Faktor 3 genauere Wert um den Faktor $3^2 = 9$ stärker gewichtet! Daraus können wir nun sofort das gewichtete Mittel berechnen:

$$\bar{x} = g_a x_a + g_b x_b = (1/10 \cdot 55,62 + 9/10 \cdot 55,596)\ \text{mm} \ = 55,598\ \text{mm}$$

Man sieht, dass der Einfluss des ungenaueren Werts auf das gewichtete Mittel eben entsprechend dem deutlich geringeren Gewicht nur minimal ist. Die Unsicherheit des neuen Mittelwerts

$$s_{\bar{x}} = 10^{-2} \ / \sqrt{(1/9+1)}\ \text{mm} \ = \sqrt{9/10} \cdot 10^{-2}\ \text{mm} \ \approx 0,0095\ \text{mm} \ \approx 0,010\ \text{mm}$$

ist noch weniger durch die Mitnahme des ungenaueren Werts verbessert: Sie ist praktisch gleich der Unsicherheit des (*nur* um den Faktor 3) genaueren Werts!

Schlussfolgerungen, nicht-beitragende Fehler

Daraus können wir ganz offensichtlich schließen, dass aufgrund der "quadratischen" Wichtung der in die Berechnung eingehenden Daten ungenauere Daten mit wachsender Ungenauigkeit sehr schnell an Bedeutung verlieren und es daher oft gar keinen Sinn macht, sie überhaupt zu berücksichtigen. An unserem Beispiel kann man ablesen, dass ein nur um den Faktor 3 ungenauerer Wert nur noch eine rund 10%-Korrektur bringt, die Unsicherheit sogar nur noch um rund 5% verändert wird, ein völlig obsoleter Vorgang. Natürlich, wenn viele solcher "ungenaueren" Werte eine Rolle spielen, dann kann deren Gesamtgewicht durchaus wieder signifikant werden. Man muss das also im Einzelfall überprüfen.

An dieser Stelle bietet es sich an, noch einmal ganz kurz an das Gaußsche Fehlerfortpflanzungsgesetz zurückzudenken. Dort hatten wir, wie sich der Leser sicher erinnern wird, eine ganz ähnliche Diskussion: Wir hatten angemerkt, dass Fehler, die um mehr als rund einen Faktor 3 kleiner waren als damit vergleichbare Fehler, ohne nennenswerten Verlust an Genauigkeit unter den Tisch gekehrt werden dürfen. Auch dort lag das an der Form der Gleichung, die besagte, dass Fehler erst quadriert und dann addiert werden müssen. Die Argumentation hier ist genau die gleiche, nur dass wir hier die *Kehrwerte* der Fehler vergleichen müssen und damit den *größten* Fehler vernachlässigen. Beim Gaußschen Fehlerfortpflanzungsgesetz vergleichen wir die (absoluten oder relativen) Fehler *selbst* und ignorieren ggf. die *kleinsten* Fehler.

Vereinbarkeit von Ergebnissen

Ein wichtiger Hinweis darf an dieser Stelle nicht fehlen. Wie man leicht einsieht, macht es keinen Sinn, z.B. aus zwei Messungen der Größe einer Person, deren Ergebnisse mit 1,82 m und 1,61 m angegeben werden und Unsicherheiten von $\pm 0{,}5$ cm bzw. $\pm$ 1 cm für sich in Anspruch nehmen, etwa ein gewichtetes Mittel zu berechnen und als Bestwert für die "wahre" Größe der Person etwa 1,78 m anzugeben. Es ist offensichtlich, dass diese beiden Messergebnisse unvereinbar miteinander sind. Bei unserem eingangs dargelegten Beispiel hatten wir dagegen keine Bedenken, ein gewichtetes Mittel zu berechnen, weil die beiden Werte "relativ nah" beieinander lagen. Das kann man hier nicht mehr behaupten. Vermutlich liegt bei zumindest einer der beiden Messungen ein schwerer systematischer Fehler vor, vielleicht aber auch ein einfacher Schreibfehler. Hier ist Fehlersuche oder — wenn möglich — eine Wiederholung der Messungen angesagt. Generell müssen wir uns daher Gedanken machen, wann es gerechtfertigt ist (und wann nicht), zwei oder mehr verschiedene Messergebnisse zusammenzufassen, um ein einziges, genaueres daraus zu erhalten.

Wie wir an den Beispielen bereits erkennen können, macht es Sinn, danach zu fragen, wie weit diese Ergebnisse auseinander liegen, und dies zu vergleichen mit den jeweils angegebenen Unsicherheiten. Für in den Naturwissenschaften häufige aber leider oft nicht so offensichtliche Diskrepanzen gibt es eine Vielzahl von Testverfahren und Entscheidungskriterien, ob man ein einzelnes Ergebnis verwerfen darf. Im Detail wird darüber auch heute immer wieder diskutiert, weil man leider (wie wir später sehen werden) letztlich nur Wahrscheinlichkeitsaussagen machen und absolute Sicherheit nie erreichen kann. Auf diese Fragen kann im Rahmen eines Anfängerpraktikums nicht mit der erforderlichen Sorgfalt eingegangen werden, daher sollen an dieser Stelle erst einmal nur ein paar ganz grobe Hinweise gegeben werden. Wir werden ganz am Ende dieses Buch noch ein quantitatives Verfahren vorstellen.

In unserem Beispiel haben wir schon gesehen, dass wir uns an der Unsicherheit orientieren können. Liegen zwei Werte um viele Standardabweidungen auseinander, wie in unserem letzten Bespiel, so ist es unwahrscheinlich, dass die beiden Ergebnisse wirklich die gleiche Größe wiedergeben. Aus der Sicht zufälliger Fehler sind solche Ergebnisse praktisch *unvereinbar* miteinander. Liegt ein Messwert jedoch innerhalb ganz weniger (man lässt meist bis zu $3s$ zu) Standardabweichungen des anderen, so kann man beide Ergebnisse als miteinander verträglich erachten. Aber Vorsicht: dies ist keine scharfe Grenze und auch die Größe der Standardabweichung ist nicht unbedingt ein hochpräzises Datum.

Man sollte im Einzelfall vorzugsweise eines der in der Literatur angegebenen Testkriterien zu Rate ziehen wie das in Abschnitt 7.3 beschriebene Verfahren. Das gilt umso mehr, wenn es um mehr als zwei Messwerte geht. In jedem Fall sollte man seine Entscheidung durch die jeweiligen Zahlen begründen und ggf. das verwendete Testkriterium spezifizieren. Quantitativ formulieren lassen sich solche Tests nur mit Hilfe einer detaillierten Diskussion der hierzu verwendeten Wahrscheinlichkeitsfunktionen.

3.8 Exkurs: Streuung vs. Unsicherheiten, Chi-Quadrat [★]

Streuung und Summe der Fehlerquadrate

Im Abschnitt 3.3 hatten wir die Streuung unserer Messwerte benutzt, um daraus eine Information über deren Messgenauigkeit abzuleiten. Sofern man keine anderen Informationen über die Messgenauigkeit besitzt, ist das die Methode der Wahl.

Nun haben wir bei der Einführung des gewichteten Mittel im Abschnitt 3.7 angenommen, wir hätten separate Informationen über die Genauigkeit der dort zu kombinierenden Messungen — woraus hätten wir auch sonst eine sinnvolle Wichtung ableiten sollen? Natürlich gelten die dort berechneten Zusammenhänge gleichermaßen, auch wenn die individuellen Genauigkeiten zufällig alle gleich sind. Dann sind eben auch alle Gewichte gleich. Brauchen wir dann die aus der Summe der Fehlerquadrate berechnete Varianz bzw. Standardabweichung überhaupt noch?

Kehren wir ganz kurz zurück zur ursprünglichen Definition der Varianz gem. Gl. 3.11 aus der Streuung der Messdaten. Wenn wir einfach einmal diese Gleichung nehmen und sie durch s^2 dividieren und mit $n-1$ multiplizieren, dann erhalten wir

$$\frac{1}{s^2}\sum_i (x_i-\bar{x})^2 = \sum_i \frac{(x_i-\bar{x})^2}{s^2} = n-1 \qquad (3.29)$$

Mit anderen Worten, wenn wir die Summe über die Fehlerquadrate ausrechnen und das Ergebnis durch die daraus berechnete Varianz dividieren, muss selbstverständlich $n-1$ herauskommen. Das hört sich trivial an, weil wir die Varianz ja gerade über diese Summe definiert haben. Daran wollen wir auch nichts ändern, diese Varianz liefert uns einen guten quantitativen Schätzwert, wie stark unsere Messwerte (im Mittel) um den wahren Wert herum streuen.

Anschaulich vergleichen wir in dieser Summe die Abweichungen vom arithmetischen Mittel mit der mittleren Streuung. Jeder Term liefert im Mittel einen Beitrag der Größenordnung 1, so dass das Ergebnis von der Größenordnung n sein muss. (Da wir s aber so definiert hatten, dass wir die Abweichungen in Bezug auf den "wahren" Wert abschätzen wollen, erwarten wir allerdings nur den etwas kleineren Wert $n-1$.)

Unabhängige Daten über Unsicherheiten

Wie wir es bei der Herleitung der Ausdrücke für das gewichtete Mittel angenommen haben, könnte es aber so sein, dass wir, z.B. aus einer separaten Messung oder Quellenangabe, eine Information darüber haben, wie genau unsere einzelnen Messwerte x_i tatsächlich sind. Diese Information sei durch eine Standardabweichung σ bzw. σ_i (bei individuell unterschiedlichen Genauigkeiten) spezifiziert. Wenn alles mit rechten Dingen zugeht, würden wir daher erwarten, dass die Messungen, wenn wir sie mehrfach wiederholen, Ergebnisse liefern, die wenigstens ungefähr mit dieser Standardabweichung streuen.

Wenn wir den Quotienten in Gl. 3.29 nicht auf die im Experiment gemessene sondern auf diese "erwartete" Varianz σ^2 beziehen, so ist es naheliegend zu erwarten, dass $n-1$ herauskommt, vermutlich aber nicht exakt sondern i.d.R. nur ungefähr:

$$\frac{1}{\sigma^2}\sum_i (x_i-\bar{x})^2 \;\approx\; n-1 \qquad (3.30)$$

Das bedeutet, dass die tatsächliche Streuung s aller Voraussicht nach nicht exakt der (aufgrund bekannter Unsicherheiten erwarteten) Streuung σ entspricht. Das wäre auch ein sehr seltener Zufall.

Nun ist diese Situation eigentlich der Normalfall. Im Gegenteil, die Streuung s, die sich in einem Experiment ergibt, ist selbst — genau so wie das arithmetische Mittel — eine durch die zufälligen Werte der einzelnen Messergebnisse bestimmte Größe, dürfte daher wohl kaum exakt mit σ übereinstimmen und besitzt dementsprechend selbst eine statistische Unsicherheit. Für das arithmetische Mittel $\bar{x}$ haben wir die dazugehörige Standardabweichung (d.h. Unsicherheit) schon berechnet. Für die Standardabweichung s werden wir das später nachholen.

Sind die individuellen Unsicherheiten unterschiedlich, so müssen wir stattdessen allgemeiner schreiben

$$\sum_i \frac{(x_i - \bar{x})^2}{\sigma_i^2} \approx n - 1 \tag{3.31}$$

Chi-Quadrat

Es macht Sinn, diesen Quotienten in den Gln. 3.30 und 3.31 grundsätzlich in jedem Experiment, in dem wir unabhängige Informationen über die Genauigkeit der einzelnen Messungen haben, näher anzusehen. Wir geben ihm auch einen (zunächst willkürlich erscheinenden) eigenen Namen und definieren die Größe "Chi-Quadrat":

$$\chi^2 = \frac{1}{\sigma^2} \sum_i (x_i - \bar{x})^2 \tag{3.32}$$

bzw. in der allgemeineren Form

$$\boxed{\chi^2 = \sum_i \frac{1}{\sigma_i^2} (x_i - \bar{x})^2} \tag{3.33}$$

Jeder Term in der Summe ist demnach mit dem Kehrwert des Quadrats seiner eigenen Unsicherheit zu wichten. Unsichere Messwerte liefern dann einen geringen Beitrag, sehr genaue einen viel höheren.

Wir können, analog zur Vorgehensweise beim gewichteten Mittel, auch wieder Gewichte

$$g_i = \frac{1}{\sigma_i^2} \Big/ \sum_i \frac{1}{\sigma_i^2}$$

einführen, die dann auf 1 normiert sind. Damit kann man Gl. 3.33 auch schreiben als

$$\chi^2 = \frac{n}{\sigma^2} \frac{\sum_i g_i (x_i - \bar{x})^2}{\sum_i g_i} = \frac{n}{\sigma^2} \frac{\sum_i \frac{1}{\sigma_i^2} (x_i - \bar{x})^2}{\sum_i \frac{1}{\sigma_i^2}} \qquad \text{mit} \quad \frac{n}{\sigma^2} = \sum_i \frac{1}{\sigma_i^2}$$

σ beschreibt damit auch im Fall unterschiedlicher Unsicherheiten eine Art "mittlere" Genauigkeit der zu mittelnden Messwerte. Im Gegensatz dazu beschreibt s die "mittlere" tatsächliche Streuung der Messwerte. Wann immer möglich sollte man diese beiden Größen miteinander vergleichen. Die Größe χ^2 liefert uns die Basis für diesen Vergleich.

Streuung und Chi-Quadrat

Wir berechnen χ^2 gem. Gl. 3.32 oder 3.33 und prüfen, ob das Ergebnis in der Nähe von $n-1$ liegt. Die tatsächliche Streuung der Messwerte, die jetzt eine gewichtete Summation der Quadrate der Abweichungen erfordert, lässt sich, wenn gewünscht, jederzeit aus χ^2 berechnen:

$$s^2 = \frac{1}{n-1} n \frac{\sum_i g_i (x_i - \bar{x})^2}{\sum_i g_i} = \frac{1}{n-1} n \frac{\sum_i \frac{1}{\sigma_i^2} (x_i - \bar{x})^2}{\sum_i \frac{1}{\sigma_i^2}} = \frac{\sigma^2}{n-1} \chi^2 \quad \text{bzw.} \qquad (3.34)$$

$$s^2 = \frac{1}{n-1} \chi^2 \frac{n}{\sum_i \frac{1}{\sigma_i^2}} \qquad (3.35)$$

Wenn die Streuung unserer Messwerte x_i also tatsächlich nur auf ihrer inhärenten Unsicherheit σ_i basiert, dann sollte das so definierte χ^2 in der Größenordnung von $n-1$ liegen. Streuen die Messwerte deutlich stärker, dann wird χ^2 viel größer und wir haben ein Indiz dafür, dass evtl. weitere (unerkannte, vielleicht systematische) Fehler eine Rolle spielen. Zum Beispiel könnte aufgrund einer sich stetig ändernden Raumtemperatur ein Messwert im Verlauf des Experiments immer größer werden. Dann ist verständlich, dass wir trotz präziser Messung (geringes σ) eine Variation s beobachten, die u.U. deutlich größer ist.

Im Grunde müssen wir, wenn wir ein deutlich vergrößertes χ^2 erhalten, Ursachenforschung betreiben. Sollten wir zu dem Schluss kommen, dass wir die größere Streuung der Messwerte akzeptieren sollten (z.B. weil wir meinen, unsere unabhängigen Fehlerangaben σ_i seien zu klein ausgefallen), dann ist auch die im vorherigen Abschnitt berechnete Unsicherheit des gewichteten Mittels als zu klein anzusehen und wir müssen sie entsprechend vergößern. Hierzu ist diese Unsicherheit noch mit dem Faktor $\sqrt{\chi^2/(n-1)}$ zu multiplizieren. Da wir diesen Punkt im Zusammenhang mit einer gewichteten Ausgleichsgeraden etwas ausführlicher diskutieren, gehen wir hier nicht näher darauf ein.

Umgekehrt könnte χ^2 auch zu klein herauskommen. Das ist bei sehr wenigen Messpunkten in einer Messreihe durchaus nicht unwahrscheinlich und nicht unbedingt ein schlechtes Zeichen. Welche Abweichungen vom erwarteten Wert, hier $n-1$, man noch tolerieren kann, werden wir aber erst später im Zusammenhang mit Wahrscheinlichkeitsverteilungen besprechen.

3.9 Fehlerfortpflanzung bei abhängigen Variablen [★]

A. Berücksichtigung von Korrelationen, die Kovarianz

Im Abschnitt 3.5 hatten wir die Summe der Quadrate der Abweichungen w_i vom aus dem Mittelwert berechneten Funktionswert $\bar{z}$ für mehrere Variablen berechnet und dabei die gemischten Terme in der Summe weggelassen (s. Gl. 3.19), weil die Vorzeichen der einzelnen Beiträge unkoordiniert varieren und daher für wachsendes n diese Summe gegen Null tendiert.

Wenn die Annahme, dass die Fehler der beteiligten Variablen unabhängig sind, nicht gerechtfertigt ist, dann ist dieser Schritt nicht zulässig. Wir müssen vielmehr alle (in den Fehlern linearen) Terme nach dem Quadrieren mitnehmen. Wir haben also zu schreiben

$$\begin{aligned}
\sum_{i=1}^{n} w_i^2 &= \left(\frac{\partial f(x)}{\partial x}\right)^2 \sum_{i=1}^{n} v_i^2 + \left(\frac{\partial f(y)}{\partial y}\right)^2 \sum_{i=1}^{n} u_i^2 + \ldots \quad \text{(weitere rein-quadratische Terme)} \\
&\quad +2\frac{\partial f(x)}{\partial x}\frac{\partial f(y)}{\partial y} \sum_{i=1}^{n} v_i u_i + \ldots \quad \text{(weitere gemischte Terme)} \\
s_z^2 = \frac{1}{n-1}\sum_{i=1}^{n} w_i^2 &= \left(\frac{\partial f(x)}{\partial x}\right)^2 s_x^2 + \left(\frac{\partial f(y)}{\partial y}\right)^2 s_y^2 + \ldots \\
&\quad +2\frac{\partial f(x)}{\partial x}\frac{\partial f(y)}{\partial y} \operatorname{cov}(x,y) + \ldots
\end{aligned} \tag{3.36}$$

Die rein-quadratischen Terme haben wir wieder mit den Varianzen der jeweiligen Variablen gleichsetzen können, für die gemischten Terme führen wir hier einen neuen Begriff ein, die **Kovarianz** (cov):

$$\operatorname{cov}(x,y) = \frac{1}{n-1}\sum_{i=1}^{n}(x_i - \bar{x})(y_i - \bar{y}) \tag{3.37}$$

Dieser Ausdruck, für unabhängige Variablen praktisch gleich Null, erfüllt diese Bedingung für abhängige Variablen nicht mehr. Mit anderen Worten, die Abweichungen in x und y sind korreliert; das kann z.B. bedeuten, dass $y - \bar{y}$ dazu neigt, stets das gleiche oder das entgegengesetzte Vorzeichen wie $x - \bar{x}$ zu besitzen. Solche Situationen kommen häufig vor. Denken wir z.B. an eine Schallwelle in Luft, innerhalb der an den Stellen, an denen der Druck maximal ist, auch die Dichte maximal ist. Druck und Dichte sind hierbei keine unabhängigen Variablen, sondern sind durch die Gasgesetze miteinander gekoppelt. Oder betrachten wir eine reelle Abbildung mit einer Sammellinse, bei der (bei gegebener Brennweite f) die Bildweite b mit zunehmender Gegenstandsweite g abnimmt.

Wie man sofort erkennt, ist die Kovarianz zwischen zwei identischen Variablen nichts anderes als die Varianz dieser Variablen:

$$\operatorname{cov}(x,x) = \frac{1}{n-1}\sum_{i=1}^{n}(x_i - \bar{x})(x_i - \bar{x}) = s_x^2 = \operatorname{var}(x) \tag{3.38}$$

(In Anlehnung an die Bezeichnung cov für die Kovarianz verwendet man analog auch gelegentlich var für die Varianz.)

Gl. 3.36 lässt sich durch eine allgemeinere Matrix-Schreibweise ersetzen, die die Darstellung für eine größere Anzahl von Variablen erleichtert:

$$
\begin{aligned}
\sum_{i=1}^{n} w_i^2 &= \left(\frac{\partial f(x)}{\partial x}, \frac{\partial f(y)}{\partial y}, \ldots\right) \begin{pmatrix} \sum_{i=1}^{n} v_i^2 & \sum_{i=1}^{n} u_i v_i & \ldots \\ \sum_{i=1}^{n} v_i u_i & \sum_{i=1}^{n} u_i^2 & \ldots \\ \ldots & \ldots & \ldots \end{pmatrix} \begin{pmatrix} \frac{\partial f(x)}{\partial x} \\ \frac{\partial f(y)}{\partial y} \\ \ldots \end{pmatrix} \\
s_z^2 = \frac{1}{n-1} \sum_{i=1}^{n} w_i^2 &= \left(\frac{\partial f(x)}{\partial x}, \frac{\partial f(y)}{\partial y}, \ldots\right) \begin{pmatrix} s_x^2 & \mathrm{cov}(y,x) & \ldots \\ \mathrm{cov}(x,y) & s_y^2 & \ldots \\ \ldots & \ldots & \ldots \end{pmatrix} \begin{pmatrix} \frac{\partial f(x)}{\partial x} \\ \frac{\partial f(y)}{\partial y} \\ \ldots \end{pmatrix}
\end{aligned} \tag{3.39}
$$

Die Matrix V in der Mitte bezeichnet man als die **Kovarianz-Matrix**, sie enthält die gesamte statistische Information zur Streuung und Kopplung der Messwerte. Die Kovarianzmatrix ist, wie man anhand der Definition der Komponenten leicht erkennt, symmetrisch:

$$\mathrm{cov}(y,x) = \mathrm{cov}(x,y) \tag{3.40}$$

B. Der Korrelationskoeffizient

Die Kovarianz besitzt eine physikalische Dimension, da sie aus Produkten der Fehler von Messgrößen gebildet wird. Man kann eine dimensionslose Größe definieren, indem man durch die entsprechenden Produkte der Standardabweichungen dividiert. Man nennt

$$\rho = \frac{\sum_{i=1}^{n} u_i v_i}{\sqrt{\sum_{i=1}^{n} v_i^2 \sum_{i=1}^{n} u_i^2}} = \frac{\mathrm{cov}(x,y)}{\sqrt{s_x^2 s_y^2}} = \frac{\mathrm{cov}(x,y)}{s_x s_y} \tag{3.41}$$

den **Korrelationskoeffizienten** zwischen den Messgrößen x und y. Sind die Messgrößen nicht oder nur schwach korreliert, dann sind sowohl cov als auch ρ gleich oder nahe Null. Sind die Variablen dagegen korreliert, ist im Extremfall z.B. $y_i - \bar{y}$ immer gleich $a(x_i - \bar{x})$, dann ist $\rho = 1$ bzw. -1 (wenn a negativ ist). Dazwischen sind alle möglichen Varianten denkbar.

C. Ergänzende Bemerkungen

In den obigen Gleichungen haben wir für die Varianz und die Kovarianz stets den Vorfaktor $1/(n-1)$ verwendet. Es ging dabei also um den "optimalen" Schätzwert für die "wahren" Varianzen.

Wenn wir stattdessen $1/n$ verwenden, dann ändert sich im Prinzip nichts, nur dass wir dann über die Abweichungen gegenüber den jeweiligen Mittelwerten sprechen. Beide Größen haben ja, wie wir wissen, ihre Berechtigung. Die Bezeichnungen Varianz und Kovarianz machen da ohnehin keinen Unterschied. Die obigen Gleichungen gelten, wie man sich leicht überzeugen kann, in beiden Fällen.

Die Kovarianz bzw. den Korrelationskoeffizienten kann man immer dann zu Rate ziehen, wenn es darum geht, festzustellen, in welchem Maß zwei Variablen miteinander korreliert sind. Im Zusammenhang mit der Fehlerfortpflanzung ging es uns darum, diese Frage für zwei Messgrößen zu beantworten, von denen wir (im Prinzip) hoffen, dass sie voneinander unabhängig sind.

Natürlich gibt es auch viele anders gelagerte Situationen, in denen der Korrelationskoeffizient hilfreich ist. Im nächsten Kapitel werden wir uns z.B. mit der Frage eines linearen Zusammenhangs zwischen zwei Messgrößen x und y beschäftigen. Dort gehen wir davon aus, dass — im Gegensatz zu dem oben diskutierten Fall — sehr wohl eine strenge Korrelation zwischen den beiden Messgrößen zu erwarten ist. Auch in diesem Fall könnte man ρ gezielt berechnen, um zu sehen, wie ausgeprägt diese Korrelation tatsächlich ist.

D. Kovarianz in Ausdrücken mit systematischen Fehlern

Im Zusammenhang mit der Fehlerfortpflanzung sei hier noch eine wichtige Anwendung diskutiert. Wir greifen dazu gleich noch ein Beispiel aus einem verbreiteten Praktikumsversuch auf.

Kombination statistischer und systematischer Fehler

Systematische Fehler können uns das Leben ziemlich schwer machen. Darüber hatten wir uns schon ausführlich ausgelassen. Nachdem wir sie durch sorgfältige Planung unseres Experiments weitgehend minimiert haben, müssen wir ihren verbleibenden Beitrag in unsere Fehlerangaben mit einbeziehen. Freundlicherweise sind statistische und systematische Fehler oder auch verschiedene systematische Fehler in aller Regel unabhängig voneinander und auch systematischen Fehlern liegt meist eine Wahrscheinlichkeitsverteilung zugrunde (wenn auch oft eine andere als den statistischen Fehlern). Haben wir für die systematischen Fehler eine Standardabweichung abgeschätzt (z.B. aus der Toleranzangabe des Herstellers eines Messgeräts), dann können (und müssen) wir ihren Beitrag zur Unsicherheit unserer Ergebnisse berücksichtigen. Die Unabhängigkeit rechtfertigt eine quadratische Addition der Fehler.

Wir können das Problem quantitativ leicht beschreiben, indem wir folgende Darstellung verwenden (s. z.B. [Bar]): Nehmen wir an, wir haben sowohl für den statistischen als auch für den systematischen Fehler einer Größe x eine Angabe über die Standardabweichung, d.h. zwei Werte s_z (zufällig) und s_s (systematisch). Die "gemeinsame" Unsicherheit wäre dann gegeben durch

$$s_x = \sqrt{s_z^2 + s_s^2} \tag{3.42}$$

Ohne Beschränkung der Allgemeinheit können wir uns vorstellen, dass die Variable x aus zwei Anteilen zusammengesetzt sei, d.h. $x = x_z + x_s$, wobei die beiden Anteile gerade die entsprechenden o.g. Unsicherheiten aufweisen. Wenn Unabhängigkeit gilt, dann können wir das Gaußsche Fehlerfortpflanzungsgesetz nach Gl. 3.20 oder 3.19 anwenden und erhalten sofort das o.g. Ergebnis Gl. 3.42.

Kombination zweier Werte mit gemeinsamem systematischen Fehler

Kombinieren wir zwei Größen x und y der oben beschriebenen Art, die den gleichen systematischen Fehler s_s aufweisen, etwa weil wir $z = x + y$ berechnen wollen, dann sind die Auswirkungen dieser Fehler nicht mehr unkorreliert. Es ist

$$\begin{aligned}
\operatorname{cov}(x,y) &= \frac{1}{n-1}\sum_{i=1}^{n}(x_i-\bar{x})(y_i-\bar{y}) \\
&= \frac{1}{n-1}\sum_{i=1}^{n}(x_{i,z}-\bar{x}_z+x_{i,s}-\bar{x}_s)(y_{i,z}-\bar{y}_z+y_{i,s}-\bar{y}_s) \\
&= \frac{1}{n-1}\sum_{i=1}^{n}\left[\begin{array}{c}(x_{i,z}-\bar{x}_z)(y_{i,z}-\bar{y}_z)+(x_{i,s}-\bar{x}_s)(y_{i,s}-\bar{y}_s)\\ +(x_{i,z}-\bar{x}_z)(y_{i,s}-\bar{y}_s)+(x_{i,s}-\bar{x}_s)(y_{i,s}-\bar{y}_s)\end{array}\right] \qquad (3.43)\\
&= \frac{1}{n-1}\sum_{i=1}^{n}(x_{i,s}-\bar{x}_s)(y_{i,s}-\bar{y}_s)=s_s^2 \qquad (3.44)
\end{aligned}$$

Die ersten drei Summationen in Gl. 3.43 sind vernachlässigbar, da die jeweiligen miteinander multiplizierten Abweichungen unabhängig voneinander sind. Lediglich der vierte Summand liefert einen signifikanten Beitrag, weil die beiden Faktoren identisch sind.

Wir haben daher allgemeiner zu schreiben

$$\begin{aligned}
s_x^2 &= s_{x,z}^2+s_s^2 \\
s_y^2 &= s_{y,z}^2+s_s^2 \\
\operatorname{cov}(x,y) &= s_s^2
\end{aligned}$$

woraus sich die Kovarianzmatrix zu

$$V_{xy}=\begin{pmatrix} s_{x,z}^2+s_s^2 & s_s^2 \\ s_s^2 & s_{y,z}^2+s_s^2\end{pmatrix}$$

gem. Gl 3.39 ergibt. Diese können wir verwenden, um die Unsicherheit der Größe z unter Berücksichtigung der Kopplung zwischen den Größen x und y aufgrund des gemeinsamen systematischen Fehlers zu berechnen.

E. Beispiel: Einfluss eines Strahlungsuntergrunds

Stellen wir uns vor, wir messen die Zählrate eines radioaktiven Nuklids, das mit einer mittleren Lebensdauer τ zerfällt. Da wir i.d.R., wenn wir unsere Probe entfernen, immer noch eine geringe Zählrate nachweisen (Untergrundstrahlung), müssen wir diesen Beitrag abziehen, wenn wir verlässliche Daten für unsere Probe allein erhalten wollen. Wir berechnen also für unsere Probe

$$I=S-U$$

wobei S der gemessene Zählwert ist, U der in der gleichen Zeit erwartete Untergrund. (Solange die maßgeblichen Zählwerte hinreichend groß sind, ist dies zulässig.) S besitzt eine statistische Unsicherheit s_S, der Untergrund ebenso ($s_{U,z}$). Für den Untergrund benutzen wir meist einen separat bestimmten Wert, den wir als arithmetisches Mittel aus einer davon unabhängigen Messung gewonnen haben. Da auch dieser Wert nur eine endliche Messgenauigkeit besitzt, müssen wir dessen Unsicherheit zusätzlich noch als systematische Unsicherheit $s_{U,s}$ in obiger Gleichung ansetzen. Beide Fehlerbeiträge sind unabhängig voneinander, so dass wir deren Quadrate addieren können und somit

$$s_I^2=s_S^2+s_{U,z}^2+s_{U,s}^2$$

erhalten. Bis hierher ist die Sache relativ einfach.

Komplikation: Auswertung des Verlaufs von Zählratenmessungen

In unserem Experiment verfolgen wir den radioaktiven Zerfall einer Probe über einen Bereich von mehreren Halbwertszeiten, um letztere zu bestimmen. Der exponentielle Kurvenverlauf tritt dabei nur klar zutage, wenn man den Strahlungsuntergrund U korrekt berücksichtigt hat. Sind die Zählwerte über den gesamten Verlauf hinreichend groß, so kann man den mittleren Wert U (bezogen auf ein einzelnes Messintervall) für den Untergrund von jedem Messwert S_i abziehen. Die so reduzierten Daten I_i sollten dann einem exponentiellen Verlauf folgen. Üblicherweise wird eine halblogarithmische Darstellung der Daten verwendet, weil der exponentielle Verlauf in dieser Darstellung eine Gerade liefert, aus deren Steigung wir die mittlere Lebensdauer des Zerfallsprozesses berechnen können.

Bereits hier müssen wir aufpassen, wie wir die Unsicherheit des Ergebnisses berechnen. Für jeden Messpunkt sind zunächst nur die statistischen Fehler maßgebend, also $s_I^2 = s_S^2 + s_{U,z}^2$. Erst in das Ergebnis fließt dann noch der systematische Fehler $s_{U,s}$ des Untergrunds ein. Vom Grundsatz her ist die Vorgehensweise ähnlich wie im im Folgenden beschriebenen Auswerteverfahren, daher wird hier nicht näher darauf eingegangen.

Komplikation: Kombination zweier Zählratenmessungen

Oft sind die Zählraten in solchen Experimenten sehr niedrig, so dass man mit obigem Verfahren sehr schnell an Grenzen stößt, nicht zuletzt, weil die Berücksichtigung eines Strahlungsuntergrunds bei sehr niedrigen Zählwerten eine sehr viel komplexere Behandlung erfordert und nicht einfach ein Mittelwert des Untergrunds abgezogen werden darf. Es gibt aber eine gute Alternative.

Zur Auswertung teilen wir den Kurvenverlauf in zwei gleich große und nebeneinanderliegende Bereiche auf, in denen wir jeweils alle Zählereignisse aufaddieren. Dann erwarten wir, dass die Gesamtzahlen der in den beiden Teilen registrierten echten Zerfallsereignisse, I_1 bzw. I_2 sich wie

$$q = \frac{I_1}{I_2} = \frac{S_1 - U_1}{S_2 - U_2} = e^{\Delta t/\tau}$$

verhalten. S_i sind dabei die beiden Gesamtzahlen *aller* registrierten Ereignisse (inklusive Untergrund), U_i ist der jeweilige Untergrundanteil, τ die mittlere Lebensdauer der radioaktiven Kerne und Δt die Zeitdifferenz zwischen den Startpunkten der beiden Teilintervalle. Die gesuchte mittlere Lebensdauer τ lässt sich aus q leicht berechnen, denn es gilt $\ln q = \Delta t/\tau$. Auf diesen zweiten Schritt wollen wir hier aber nicht eingehen, der ist praktisch trivial.

Den mittleren Untergrund bestimmen wir, wie oben gesagt, notgedrungen in einer separaten Messreihe. Wir gehen dabei davon aus, dass sich sein Mittelwert während der Messreihe praktisch nicht verändert. Auch das sollte man übrigens beim seriösen Experimentieren zumindest grob überprüfen. Wir erhalten (umgerechnet auf die oben gewählte Bereichsbreite) ein Ergebnis $U \pm s_U$, wobei U der Mittelwert und s_U die Standardabweichung dieses Mittelwerts ist.

Für die Unsicherheit des Zählers gilt im Prinzip $s_{I_1} = \sqrt{s_{S_1}^2 + s_{U_1}^2}$, für die des Nenners $s_{I_2} = \sqrt{s_{S_2}^2 + s_{U_2}^2}$. Die Unsicherheiten der Messwerte S_1 und S_2 sind unabhängig voneinander. Wie groß sind nun aber die Unsicherheiten des jeweiligen Untergrundanteils und sind diese beiden ebenfalls unabhängig voneinander?

Wir setzen, mangels genauerer Kenntnis, für beide Untergrundsanteile U_1 und U_2 den unabhängig gemessenen Mittelwert U ein. Für die U_i gibt es daher zwei Komponenten für die Unsicherheit. Zum einen ist da die statistische Unsicherheit für den tatsächlich im Versuch aufgetretenen Wert, die bei einem (bekannten) Mittelwert von U bei etwa $s_{U,z} \approx \sqrt{U}$ liegt (s. Poisson-Verteilung in einem späteren Kapitel). In dieser Beziehung sind die beiden Untergrundsanteile völlig unabhängig voneinander, also nicht korreliert. Aber unser Mittelwert, den wir aus einer separaten Messreihe gewonnen haben, besitzt selbst eine Unsicherheit, die sich als zusätzliche, jetzt *systematische Unsicherheit* $s_{U,s}$ in Zähler und Nenner in gleicher Richtung, d.h. *stark korreliert* äußert. Damit scheidet die Verwendung des Gaußschen Fehlerfortpflanzungsgesetzes für unabhängige Variablen aus (außer wenn dieser Anteil sehr gering und damit nicht beitragend wäre).

Aufteilung in statistische und systematische Fehler

Wir müssen einen etwas modifizierten Ansatz verfolgen. Wir denken uns, ganz wie weiter oben allgemein beschrieben, den Untergrund als aus zwei Teilen bestehend, $U_i = U_{iz} + U_s$ mit den jeweiligen Unsicherheiten $s_{U_{iz}} = s_{U_{stat}}$ bzw. $s_{U_s} = s_{U_{syst}}$. Erstere ergibt sich aus der Zählstatistik zu $\sqrt{U}$ (s.o.), letztere aus der Genauigkeit der separaten Messung. Diese beiden Fehler sind wiederum unabhängig voneinander, so dass sie im Prinzip quadratisch zu addieren sind, wenn wir sie individuell betrachten würden. Die Auswirkungen des systematischen Fehlers auf den Quotienten q sind jedoch korreliert.

Wir haben es bei der Berechnung von q mit vier Messgrößen zu tun, die die folgenden Unsicherheiten besitzen:

S_1	s_{S_1}	= statistische Unsicherheit für Messwert gesamt (Bereich 1)
S_2	s_{S_2}	= statistische Unsicherheit für Messwert gesamt (Bereich 2)
U_1	$s_{U_1,z}$	= statistische Unsicherheit für Beitrag Untergrund U_1 zu S_1
U_2	$s_{U_2,z}$	= statistische Unsicherheit für Beitrag Untergrund U_2 zu S_2
	$s_{U,s}$	= systematische Unsicherheit für Beiträge Untergrund (aus separater Messung)

Wir können für die einzelnen Komponenten der Kovarianzmatrix berechnen

Diagonalelemente	
$\mathrm{var}(S_1)$	$= s_{S_1}^2$
$\mathrm{var}(S_2)$	$= s_{S_2}^2$
$\mathrm{var}(U_1)$	$= s_{U_1,z}^2 + s_{U,s}^2$
$\mathrm{var}(U_2)$	$= s_{U_2,z}^2 + s_{U,s}^2$

Nichtdiagonalelemente	
$\mathrm{cov}(S_1, S_2)$	$= 0$
$\mathrm{cov}(S_1, U_1)$	$= 0$
$\mathrm{cov}(S_1, U_2)$	$= 0$
$\mathrm{cov}(S_2, U_1)$	$= 0$
$\mathrm{cov}(S_2, U_2)$	$= 0$
$\mathrm{cov}(U_1, U_2)$	$= s_{U,s}^2$

Die meisten Nichtdiagonalelemente sind gleich Null, weil die jeweiligen Unsicherheiten unabhängig voneinander sind. Nur die beiden Untergrundwerte sind teilweise korreliert, nämlich über den systematischen Fehler $s_{U,s}$, der beide Werte in gleicher Weise beinflusst. Die Kovarianzmatrix hat daher folgende Gestalt:

$$\begin{pmatrix} s_{S_1}^2 & 0 & 0 & 0 \\ 0 & s_{S_2}^2 & 0 & 0 \\ 0 & 0 & s_{U_1,z}^2 + s_{U,s}^2 & s_{U,s}^2 \\ 0 & 0 & s_{U,s}^2 & s_{U_2,z}^2 + s_{U,s}^2 \end{pmatrix}$$

Für die statistischen Fehler verwenden wir dabei $s^2_{U_1,z} = s^2_{U_2,z} = U$. Die Diagonalelemente geben die jeweiligen Varianzen der einzelnen Größen wieder, die beiden von Null verschiedenen Nichtdiagonalelemente beschreiben die Korrelation durch den systematischen Anteil des Untergrundsfehlers.

Jetzt können wir die Varianz für die Größe $q = f(S_1, S_2, U_1, U_2)$ berechnen:

$$\begin{aligned}\sigma_q^2 &= \mathrm{var}(q) = \mathrm{cov}(q,q) = \sum_{i,j}\left(\frac{\partial q}{\partial x_i}\right)\left(\frac{\partial q}{\partial x_j}\right)\mathrm{cov}(x_i,x_j)\\ &= \left(\frac{\partial q}{\partial S_1}\right)^2 s^2_{S_1} + \left(\frac{\partial q}{\partial S_2}\right)^2 s^2_{S_2} + \left(\frac{\partial q}{\partial U_1}\right)^2 \left(s^2_{U_1,z} + s^2_{U,s}\right) + \left(\frac{\partial q}{\partial U_2}\right)^2 \left(s^2_{U_2,z} + s^2_{U,s}\right)\\ &\quad +2\left(\frac{\partial q}{\partial U_1}\right)\left(\frac{\partial q}{\partial U_2}\right) s^2_{U,s}\end{aligned}$$

Die Ableitungen müssen wir noch berechnen, sie ergeben sich zu

$$\begin{aligned}\frac{\partial q}{\partial S_1} &= \frac{1}{S_2 - U_2}\\ \frac{\partial q}{\partial S_2} &= -\frac{S_1 - U_1}{(S_2 - U_2)^2} = -\frac{q}{S_2 - U_2}\\ \frac{\partial q}{\partial U_1} &= -\frac{1}{S_2 - U_2}\\ \frac{\partial q}{\partial U_2} &= \frac{S_1 - U_1}{(S_2 - U_2)^2} = \frac{q}{S_2 - U_2}\end{aligned}$$

Daraus folgt

$$\sigma_q^2 = \mathrm{var}(q) = \frac{1}{(S_2 - U_2)^2}\left[s^2_{S_1} + q^2 s^2_{S_2} + \left(s^2_{U_1,z} + s^2_{U,s}\right) + q^2(s^2_{U_2,z} + s^2_{U,s}) - 2q\, s^2_{U,s}\right] \tag{3.45}$$

Damit wären wir am Ziel. Man sieht, dass die Berücksichtigung der Korrelation der beiden Untergrundkomponenten von Bedeutung ist.

Sonderfälle

Die beiden Grenzfälle, einerseits für vernachlässigbaren systematischen Fehler und andererseits für vernachlässigbaren statistischen Fehler, sind es noch wert, kurz diskutiert zu werden, weil sie zeigen, dass diese allgemeinere Form mit einfacheren, bekannten Situationen konsistent ist, die auch bei anderen Praktikumsversuchen von Bedeutung sind:

- *Nur statistische Fehler* in U_1 und U_2, d.h. beide Untergrundbeiträge sind praktisch unabhängig voneinander:

  $$\sigma_q^2 = \mathrm{var}(q) = \frac{1}{(S_2 - U_2)^2}\left[(s^2_{S_1} + s^2_{U_1,z}) + q^2(s^2_{S_2} + s^2_{U_2,z})\right] = \frac{1}{{I_2}^2}\left[s^2_{I_1} + q^2 s^2_{I_2}\right]$$

  oder

  $$\frac{\sigma_q^2}{q^2} = \left[\frac{s^2_{I_1}}{I_1^2} + \frac{s^2_{I_2}}{I_2^2}\right]$$

  ein relativ leicht nachzuvollziehendes Ergebnis für den relativen Fehler des Quotienten. Dieser Fall wäre z.B. gegeben, wenn man den Mittelwert des Untergrunds mit vergleichsweise hoher Präzision gemessen hätte und dann nur noch die statistischen Unsicherheiten berücksichtigen müsste. Die Nichtdiagonalelemente in der Kovarianzmatrix wären dann vernachlässigbar und könnten gleich Null gesetzt werden.

- *Nur gekoppelte systematische Fehler* in U_1 und U_2. Das kommt bei Zählexperimenten eher selten vor. Diese Situation entspricht aber dem häufigen Fall der Messung zweier physikalischer Größen, die einen gemeinsamen, ebenfalls gemessenen Bezugspunkt besitzen, wie z.B. beim Vergleich zweier Federauslenkungen unter verschiedenen Bedingungen oder beim Quotienten von Temperaturdifferenzen bei Mischversuchen in der Wärmelehre.

  Die beiden U-Werte sind jetzt vollkommen miteinander gekoppelt, sie besitzen keine individuellen statistischen Unsicherheiten mehr, sondern nur noch den gleichen systematischen Fehler $s_U = s_{U_s}$:

$$\sigma_q^2 = \mathrm{var}(q) = \frac{1}{(S_2 - U_2)^2}\left[(s_{S_1}^2 + s_{U,s}^2) + q^2(s_{S_2}^2 + s_{U,s}^2) - 2q\, s_{U,s}^2\right]$$

Hier schlägt die Korrelation maximal zu. Liegt z.B. der Quotient q sehr nahe bei 1, so verschwindet der Einfluss des systematischen Fehlers in U nahezu, d.h. das Ergebnis für q wird durch diesen kaum beeinflusst, was bei einem rein statistischen Fehler nicht der Fall ist. Ist q dagegen sehr klein ($q \ll 1$), dann wirkt sich $s_{U,s}$ praktisch wie ein statistischer Fehler im Zähler aus, ist q sehr groß ($q \gg 1$), dann gilt das gleiche für den Nenner. Für den relativen Fehler ergibt sich

$$\begin{aligned}
\frac{\sigma_q^2}{q^2} &= \left[\frac{(s_{S_1}^2 + s_{U,s}^2)}{I_1^2} + \frac{(s_{S_2}^2 + s_{U,s}^2)}{I_2^2} - \frac{2}{I_1 I_2}\, s_{U,s}^2\right] \\
&= \left[\frac{s_{I_1}^2}{I_1^2} + \frac{s_{I_2}^2}{I_2^2} - \frac{2}{I_1 I_2}\, s_{U,s}^2\right] .
\end{aligned}$$

4 Lineare Regression

4.1 "Data Reduction"

Im letzten Kapitel haben wir uns intensiv mit zwei Fragen befasst: (1) wie erhalten wir Genauigkeitsangaben für einzelne Messungen einer Größe und (2) wie können wir aus einer Reihe von Einzelmessungen, die alle "theoretisch" denselben wahren Wert liefern sollten, einen "guten" Ersatzwert bestimmen, der diesem wahren Wert möglichst nahe kommt.

Wir erweitern unsere Fragestellung jetzt ein wenig: Es kommt häufig vor, dass bei einer Messreihe nicht immer dasselbe Ergebnis erwartet wird (das ist der bisher diskutierte Fall), sondern dass wir — ganz gezielt durch Variation einer anderen Messgröße — erwarten, dass sich auch die gemessenen Werte in Abhängigkeit der primär veränderten Variablen ändern. Wir messen also nicht mehr nur einzelne Werte x_i sondern Wertepaare (x_i, y_i), wobei x_i den unabhängig einstellbaren Wert der Größe x darstellt und y_i den dazugehörigen Messwert der Größe y. Aufgrund eines zugrundeliegenden physikalischen Zusammenhangs ist also die Variable y eine Funktion der Variablen x, die wir im Idealfall mathematisch analytisch formulieren können. (Selbstverständlich kann die Messgröße y auch von mehreren unabhängigen Variablen abhängen, aber diese Verallgemeinerung lassen wir in diesem Buch außer Betracht.)

Im Rahmen dieses Textes gehen wir davon aus, dass die Messwerte x_i keine oder vernachlässigbare Fehler besitzen. (Was das genau bedeutet, werden wir später noch zu diskutieren haben.) Zugegebenermaßen ist diese Bedingung auch im Anfängerpraktikum nicht immer ausreichend gut erfüllt, aber die dann anzuwendende Methodik sprengt den Rahmen des in einem solchen Praktikum zeitlich Machbaren bei weitem, so dass wir hier bewusst auf diesen Fall nicht quantitativ eingehen wollen. Dennoch: Ist bekannt, dass es signifikannte Fehler auch in x gibt, so ist dies zu protokollieren und in grafischen Darstellungen sind immer auch die entsprechenden Fehlerbalken einzuzeichnen. Dass man diese bei einer analytischen Auswertung dann u.U. aus rechentechnischen Gründen außer Acht lässt, ist im Rahmen eines Anfängerpraktikums eine durchaus vertretbare Vorgehensweise, aber sie können ggf. als Indiz herhalten für ansonsten nicht ganz sauber erklärbare Probleme.

Meist kennt man den genauen Funktionsverlauf für den Zusammenhang der Größen x und y nicht, aber man besitzt zumindest eine Vermutung (Modell), um was für eine Art Funktion es sich denn handelt, z.B. um eine lineare Funktion, eine quadratische Abhängigkeit, eine Exponentialfunktion, eine Sinusfunktion, eine Gaußfunktion oder eine Vielzahl anderer Möglichkeiten, oder auch um verschiedenartige Kombinationen solcher Funktionen. Es ist dann die Aufgabe des Experiments, die die Funktion beschreibenden festen Parameter herauszubekommen. Man spricht von "*Data Reduction*", weil man aus einer meist sehr großen Menge von Einzeldaten die wesentlichen, meist wenigen physikalischen Parameter berechnen und so den interessierenden Sachverhalt mit wenigen Parametern beschreiben kann, während der einzelne Messpunkt für den physikalischen Zusammenhang ohne besondere Bedeutung ist. In diesem Sinne ist auch das bisher erarbeitete Verfahren nichts anderes als ein Spezialfall dieser "Parameteranpassung", bei dem die gesuchte Funktion nur eine einzige Konstante war, die es zu bestimmen galt.

4.2 Der lineare Zusammenhang

Unsere Verallgemeinerung, die wir im Folgenden diskutieren wollen, beschränkt sich auf den Fall einer linearen Funktion, d.h.

$$\boxed{y = a + bx}\,, \tag{4.1}$$

der ein sehr häufiger Fall ist. Eine weitere Verallgemeinerung auf andere Funktionen ist für das Anfängerpraktikum nicht unbedingt notwendig, es wird allerdings empfohlen, sich spätestens für ein Forgeschrittenenpraktikum mit dieser Materie zu befassen. Ziel unserer Anstrengungen wird es sein, *die* Paramter a und b zu finden — und ihre Unsicherheiten, d.h. Standardabweichungen —, die als optimale Ersatzwerte für die den wahren Verlauf bestimmenden korrekten Parameter fungieren können. Dieses Ziel und die Vorgehensweise ist weitgehend identisch mit der Suche nach *einem* optimalen Paramter, die wir im letzten Kapitel ausführlich diskutiert hatten.

Sehr häufig findet man in der Natur einfache nicht-lineare Zusammenhänge, die wir mit dieser Methode nicht so ohne weiteres angehen können. Oft aber kann die Gleichung mathematisch sinnvoll umgeformt werden, so dass dann ein linearer Zusammenhang zwischen zwei Größen entsteht. Beispiele hierfür sind

- die Schwingungsdauer eines Federpendels, die durch

  $$T = 2\pi\sqrt{m/D}$$

  gegeben ist, wobei m = angehängte Masse und D = Richtkonstante der Feder bedeuten. Durch Quadrieren der Gleichung erhält man

  $$T^2 = 4\pi^2\frac{1}{D}m \tag{4.2}$$

  Wenn wir also T^2 als Funktion von m untersuchen, so sollten diese Wertepaare den vermuteten linearen Zusammenhang beschreiben.
- der Dampfdruck p einer Substanz folgt zumindest über nicht allzu große Temperaturbereiche relativ gut der Gleichung

  $$\ln\frac{p}{p_0} \propto \frac{1}{T} \tag{4.3}$$

  wobei T = thermodynamische Temperatur. Hier könnte man leicht den Logarithmus des gemessenen Drucks (normiert auf einen willkürlichen Referenzdruck p_o) als Funktion von $1/T$ auftragen und erhielte ebenfalls einen linearen Zusammenhang.
- der radioaktive Zerfall, bei dem die Aktivität A einer Substanz exponentiell mit der Zeit t abnimmt:

  $$A = A_0 e^{-\lambda t} \tag{4.4}$$

  oder das Absorptionsgesetz, nach dem die "Intensität" I einer Strahlung beim Durchgang durch Materie der Dicke x ebenfalls exponentiell abnimmt:

  $$I = I_0 e^{-\mu x} \tag{4.5}$$

  In allen derartigen Fällen wird durch einfaches Logarithmieren der Gleichung eine Größe gewonnen, die eine lineare Abhängigkeit von der unabhängigen Variablen zeigt. Für eine grafische Analyse muss man nicht einmal explizit logarithmieren, die Darstellung der Messwerte in logarithmischem Maßstab folgt bereits einem geradlinigen Verlauf.

Etwas Vorsicht ist in solchen Fällen allerdings geboten: Durch Umformung bzw. Umskalierung des Zusammenhangs werden auch die Unsicherheiten entsprechend "verformt". Taschenrechner und auch Computerprogramme machen dies oft, ohne dass man auf diesen Umstand hingewiesen wird. Man generiert damit eine systematische Variation der Unsicherheiten der "linearisierten" Größe. Waren zunächst z.B. alle Fehler für die Schwingungsdauern T (erstes Beispiel) gleich, so gilt dies nicht mehr für die Unsicherheiten von T^2. Eine Auswertung ohne explizite Wichtung (auf die wir uns in diesem Abschnitt beschränken) muss daher mit Bedacht erfolgen und, wenn die Auswirkungen nicht mehr harmlos erscheinen, das so gewonnene Ergebnis unbedingt mit einem entsprechenden Hinweis versehen werden.

Die Erfahrung zeigt, dass die gemessenen Wertepaare, die einem linearen Zusammenhang folgen sollten, nicht exakt auf einer Geraden liegen. Das ist verständlich, denn die Messwerte y_i unterliegen, wie alle Messwerte in der Physik, zufälligen Fehlern, so dass sie mal zu klein, mal zu groß ausfallen; sie streuen um den erwarteten linearen Zusammenhang herum. Das ist nichts anderes als die Streuung um einen Mittelwert herum, nur dass dieser "Mittelwert" noch von einer anderen Variablen x abhängt. Und genau diese Abhängigkeit (Gl. 4.1), d.h. *die* Prameter a und b, die den Verlauf optimal beschreiben, sind es, die wir suchen. In der Praxis hat sich für diese optimale Gerade die Bezeichnung "Ausgleichsgerade" etabliert, weil sie die Streuung der Messpunkte *ausgleicht*, das Verfahren selbst wird auch als "Lineare Regression" bezeichnet.

Auch in diesem Fall sollte man sich wiederum klar darüber sein, dass das angegebene Verfahren nur den Einfluss der zufälligen Fehler, nicht den der systematischen reduzieren kann. Systematische Fehler äußern sich für alle Messpunkte gleichsinnig oder zumindest systematisch korreliert. Werden z.B. alle y-Werte um einen konstanten Betrag zu hoch oder zu niedrig gemessen, so verschiebt sich die Gerade (ohne dass sich die Streuung der Punkte ändert). Sind alle y-Werte dagegen um einen festen Faktor zu groß oder zu klein, dann ändert sich die Steigung der Geraden um genau diesen Faktor. Beide Fehler sind durch die statistische Analyse nicht erkennbar, und natürlich gibt es noch beliebig viele andere Möglichkeiten.

Leider gibt es auch den Fall, dass jeder einzelne Messpunkt einen eigenen individuellen systematischen Fehler besitzt. Das zu erkennen ist meist relativ schwer. Generell hilft nur sorgfältiges Nachdenken über *alle* möglichen Fehlerquellen und der Versuch, diese unter Kontrolle zu bringen oder zumindest ihren Einfluss zu quantifizieren.

A. Grafische Auswertung

Wenn wir schon so anschaulich den linearen Zusammenhang mit dem geometrischen Begriff einer Geraden verbinden, so bietet sich naturgemäß auch eine grafische Bearbeitung des Problems an. Die Bedeutung dieser Möglichkeit sollte niemals unterschätzt werden: Selbst wenn uns das grafische Verfahren nur wenig bei der Bestimmung der Unsicherheiten hilft, so ist selbst eine grobe Skizze der Daten mit einer rein grafischen Anpassung einer Ausgleichsgeraden nach Augenmaß insofern eine erhebliche Hilfe, als man (a) sehr schnell einen Überblick erhält, (b) sofort erkennt, wenn einzelne Messpunkte unerwartet stark abweichen und (c) eine leichte Kontrolle hat, ob die etwas umfangreicheren Rechnungen, die man zur analytischen Auswertung machen muss, plausible Ergebnisse liefern, oder ob man sich irgendwo verrechnet hat. Daher sollte im Praktikum niemals auf eine grafische Kontrolle verzichtet werden.

Wir wollen wieder mit einem Beispiel beginnen. Tabelle 4.1 enthält einen Satz Daten, bei dem die Schwingungsdauer eines Federpendels für mehrere verschiedene an die Feder angehängte Massen gemessen wurde. Da wir, um die Messgenauigkeit der primären Zeitmessung akzeptabel zu machen, jeweils nicht *eine* sondern 10 Schwingungsdauern gemessen haben, ist die entsprechende Spalte folgerichtig mit $10\,T$ beschriftet (wobei wir in allen Spalten, da wir nur die Zahlen tabelliert haben, noch durch die jeweilige Einheit dividiert haben).

Tabelle 4.1: Beispiel einer Messung von Schwingungsdauern am Federpendel

m/g	$10\,T/\mathrm{s}$	T^2/s^2
100	4,69	0,220
200	5,83	0,340
300	7,41	0,549
400	8,24	0,679
500	9,30	0,864

Zusätzlich ist auch das Quadrat der Schwingungsdauer berechnet, so dass wir die Daten gleich in eine grafische Darstellung übertragen können, wie sie in Abb. 4.1 gezeigt ist. Im Praktikum wird man dazu mm-Papier verwenden, auf dem der Wertebereich der beiden interessierenden Größen an den beiden Achsen eingetragen ist. Der entscheidende Vorgang besteht nun in nichts weiterem, als dass wir nach Augenschein, in der Praxis am besten mit einem durchsichtigen, ausreichend langen Lineal versuchen, eine "ausgleichende" Gerade *so* durch die Punkte zu zeichnen, dass wir das Gefühl haben können, damit den wahren zugrundeliegenden Sachverhalt in möglichst guter Übereinstimmung mit den Datenpunkten getroffen zu haben. Eine solche Gerade ist ebenfalls in Abb. 4.1 eingetragen.

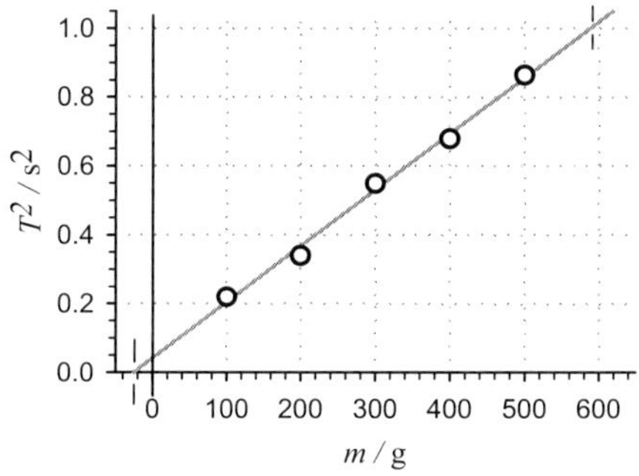

Abbildung 4.1: Messwerte zur Schwingungsdauer eines Federpendels mit Ausgleichsgerade. (Die vertikalen Strichmarkierungen stellen geeignete Ablesemarken zur Berechnung der Steigung dar.)

Der nächste Schritt der Auswertung besteht nun in der Bestimmung der Parameter dieser Geraden. Aus zwei (möglichst weit entfernt liegenden) Punkten *auf der Geraden* (nicht etwa Messpunkten) berechnet man deren Steigung b, während man den Achsenabschnitt a meist direkt ablesen kann. Unser Modellansatz (Gl. 4.2) sieht zwar keinen Achsenabschnitt vor, aber wir sollten diese Möglichkeit bei der Anpassung einer Geraden immer zulassen. Wenn der Achsenabschnitt zu Null herauskommt, dann ist alles in Ordnung.

Ein kleiner Hinweis sei hier erlaubt: Man findet leider immer wieder, dass die Steigung in solchen Diagrammen mit "$\tan\alpha$" bezeichnet wird. Das ist **absoluter Unsinn**! Die 'Steigung' in unseren Darstellungen ist mathematisch die differentielle Änderung einer Größe mit einer anderen (hier $\mathrm{d}T^2/\mathrm{d}m$) und besitzt im Normalfall eine physikalische Dimension und damit auch eine Einheit. Auch wenn wir den Begriff der Geraden aus der Geometrie entliehen haben, so geht es hier **nicht** um Fragen der Geometrie. Unter welchem "Winkel" die Gerade auf dem Papier tatsächlich verläuft, ist allein eine Frage des Zeichenmaßstabs und hat absolut nichts mit der Physik zu tun!

In unserem Besipiel kann man aus der Steigung b leicht die Richtkonstante D der Feder bestimmen:

$$\begin{aligned} \frac{4\pi^2}{D} &= b = \frac{1,00\,\mathrm{s}^2}{615\,\mathrm{g}} = 1,626\ \mathrm{s}^2/\mathrm{kg} = 1,626\,\mathrm{m/N} \\ D &= \frac{4\pi^2}{1,626\,\mathrm{m/N}} = 24,3\,\frac{\mathrm{N}}{\mathrm{m}} \end{aligned}$$

Der Achsenabschnitt a ist (erwartungsgemäß) nicht *exakt* Null, das kann aber einfach daran liegen, dass unsere Messwerte fehlerbehaftet sind, daher um die Gerade streuen und damit natürlich auch eine Unsicherheit nicht nur für die Steigung sondern auch für den Achsenabschnitt hervorrufen. Erst eine Berechnung dieser Unsicherheiten, d.h. der Standardabweichungen für a und b gestattet uns eine Entscheidung in dieser Hinsicht, das sollte mittlerweile klar geworden sein.

Die grafische Abschätzung dieser Standardabweichungen ist etwas mühsamer. Zudem ist die Genauigkeit, mit der diese Werte grafisch ermittelt werden können, sehr stark von der Anzahl der Messpunkte abhängig. Bei den in Praktikumsversuchen üblichen 5 – 10 Messpunkten versagen grafische Verfahren i.d.R. so massiv, dass — trotz unserer relativ geringen Ansprüche an die Genauigkeit einer Fehlerangabe — hier von der Verwendung abgeraten und auf das analytische Verfahren gesetzt wird. Daher soll in diesem Text nicht weiter darauf eingegangen werden.

B. Analytische Auswertung

Naturgemäß ist eine rechnerische Bestimmung der Anpassungsparameter deutlich aufwendiger als die grafische. Wir sollten uns dennoch nicht davon abschrecken lassen. Wir haben es im Praktikum meist mit nur relativ wenigen Messpunkten zu tun, so dass sich der Aufwand in akzeptablen Grenzen hält. Weiterhin haben heutzutage alle in der Schule und im Studium verwendeten Taschenrechner die notwendigen Funktionen für lineare Regression eingebaut. Die Verwendung scheitert fast ausschließlich daran, dass der Eigentümer dieses hilfreichen Geräts sein Handbuch weder gelesen hat noch jetzt, wo er/sie gerne nachsehen möchte, selbiges je wieder wird auffinden können. Dabei lässt sich selbst die Berechnung der Standardabweichungen, die i.d.R. *nicht* als einfacher Funktionsaufruf zur Verfügung steht, relativ schnell mit einem Taschenrechner machen, wenn man weiß, wo der Rechner die notwendigen Zwischensummen, die er ohnehin ausrechnet, abgespeichert hat. Mit programmierbaren Taschenrechnern lässt sich sogar ein kurzes Programm schreiben, das die Standardabweichungen auf Knopfdruck ausspuckt. Im Anhang ist ein solches Programm für HP-Taschenrechner abgedruckt. (NB: Man sollte sich solche Programme auch irgendwo auf Papier abspeichern, denn die Batterien eines Taschenrechners halten nicht ewig, und der Wechsel geht nicht immer ohne Datenverlust vonstatten — eine bittere Erfahrung des Autors.) Schließlich werden in zunehmendem Umfang zur Berechnung auch Computer mit adäquaten Programmen eingesetzt, die diese Art der Auswertung praktisch auf Tastendruck oder Mausklick erledigen. Dennoch, man sollte gerade bei Verwendung kommerzieller Programme sehr genau wissen, was man tut, denn oft ist die Vielfalt der Möglichkeiten unüberschaubar groß, und häufig muss man sogar explizit Einstellungen vornehmen, damit die Prozedur auch das berechnet, was man berechnen möchte.

Bestimmung der Bestwerte

Für unsere Rechnung gehen wir von dem Ansatz

$$y = a + bx$$

(Gl. 4.1) aus, wobei wir annehmen wollen, dass die x-Werte keinen signifikanten Fehler besitzen. Ähnlich wie im Fall der Bestimmung des Mittelwerts einer Messreihe berechnen wir wieder die Summe der Quadrate der Abweichungen der Messwerte von ihrem durch unsere Ausgleichsgerade zu liefernden Ersatzwert, der durch den obigen Ansatz (Gl. 4.1) gegeben ist:

$$S = \sum_{i=1}^{n} (y_i - bx_i - a)^2 \tag{4.6}$$

Dabei sind die y_i unsere (abhängigen) Messwerte und $a + bx_i$ die dazugehörigen durch die Ausgleichsgerade bestimmten Ersatzwerte an den Stellen x_i. Wie früher setzen wir auf das Prinzip der kleinsten Fehlerquadrate und fordern, dass durch die "richtige" Wahl der Parameter a und b diese Summe minimiert wird. Wir müssen also nach den *beiden* Parametern ableiten und erhalten *zwei* Bestimmungsgleichungen (früher war es *eine* Gleichung für *einen* Paramter):

$$\begin{aligned}
\frac{\partial S}{\partial a} &= -2\sum_{i=1}^{n}(y_i - bx_i - a) &&= -2\sum_{i=1}^{n} y_i + 2b\sum_{i=1}^{n} x_i + 2an &&= 0 \\
\frac{\partial S}{\partial b} &= -2\sum_{i=1}^{n} x_i\,(y_i - bx_i - a) &&= -2\sum_{i=1}^{n} x_i y_i + 2b\sum_{i=1}^{n} x_i^2 + 2a\sum_{i=1}^{n} x_i &&= 0
\end{aligned}$$

Mit den Definitionen für die Mittelwerte der x- bzw. der y-Werte

$$\begin{aligned}
\bar{x} &= \frac{1}{n}\sum_{i=1}^{n} x_i \\
\bar{y} &= \frac{1}{n}\sum_{i=1}^{n} y_i
\end{aligned}$$

ergeben sich zwei relativ einfache Gleichungen (Die Summe ist jeweils über alle Werte von i auszuführen, auch wenn das im Folgenden nicht explizit angegeben ist.)

$$\begin{aligned} \bar{y} &= b\bar{x} + a \\ \sum x_i y_i &= b \sum x_i^2 + an\bar{x} \end{aligned}$$

Dieses Gleichungssystem lässt sich leicht lösen; durch geschickte Umformung erhält man z.B. zwei neue Gleichungen

$$\begin{aligned} \sum x_i y_i - n\bar{x}\bar{y} &= b \left(\sum x_i^2 - n\bar{x}^2 \right) \\ \bar{x} \sum x_i y_i - \bar{y} \sum x_i^2 &= a \left(n\bar{x}^2 - \sum x_i^2 \right) \end{aligned}$$

die wir leicht nach a und b auflösen können. Man erhält

$$\boxed{\text{Steigung} \quad b = \frac{\sum x_i y_i - n\bar{x}\bar{y}}{\sum x_i^2 - n\bar{x}^2}} \tag{4.7}$$

und

$$\boxed{\text{Achsenabschnitt} \quad a = \frac{\bar{y}\sum x_i^2 - \bar{x}\sum x_i y_i}{\sum x_i^2 - n\bar{x}^2}} \tag{4.8}$$

Dieses Ergebnis lässt sich noch auf verschiedene andere Arten schreiben, die manchmal zweckmäßiger sind für die Berechnung, z.B.:

$$\boxed{b = \frac{n\sum x_i y_i - \sum x_i \sum y_i}{n\sum x_i^2 - \left(\sum x_i\right)^2}} \qquad \boxed{a = \frac{\sum x_i^2 \sum y_i - \sum x_i \sum x_i y_i}{n\sum x_i^2 - \left(\sum x_i\right)^2}}$$

$$\boxed{b = \frac{\sum (x_i - \bar{x})\, y_i}{\sum (x_i - \bar{x})^2}} \qquad \boxed{a = \bar{y} - b\bar{x}} \tag{4.9}$$

Wie schon erwähnt bieten heute praktisch alle Taschenrechner diese Funktionen an, man muss nur die Wertepaare x_i, y_i auf bestimmte Weise eintippen. Die letztgenannte Gleichung besagt übrigens, dass die Ausgleichsgerade durch den Punkt $(\bar{x}, \bar{y})$ geht. Die Mittelwerte $\bar{x}, \bar{y}$ sind allerdings, für sich genommen, ohne weitere Bedeutung für uns, denn wir untersuchen ja einen ganzen Bereich von x- und y-Werten, die bewusst voneinander abweichen.

Streuung der Messwerte

Der entscheidende Vorteil des analytischen Verfahrens zeigt sich in der verlässlichen Berechnung der Standardabweichungen. Wir wollen dies in zwei Stufen tun und zunächst — wie schon ganz zu Anfang — die Streuung der Messwerte um (damals den Mittelwert, jetzt) die durch die Ausgleichsgerade gegebenen Werte berechnen. Wir hatten dazu früher die Summe der quadratischen Abweichungen benutzt, die wir dort wie hier mit S bezeichnet hatten (s. Gln. 3.7 und 4.6). Dort wo wir einen einzelnen Wert, das arithmetische Mittel, berechnet hatten, hatten wir diese Summe durch $n - 1$ dividiert, und hatten zur "Begründung" u.a. darauf hingewiesen, dass wir *einen* Parameter berechnen und daher *einen* Freiheitsgrad verlieren. Auch hier müssen wir auf eine vertiefte Diskussion verzichten, aber mit der gleichen Argumentation folgt, dass wir jetzt, da wir *zwei* Parameter, a und b, berechnen und bei der Berechnung von S zusätzlich benutzen, *zwei* Freiheitsgrade verlieren. Auch ein anderes früheres Argument macht diesen Punkt weiter plausibel: Jeder weiß, dass sich eine Gerade immer *genau* durch zwei Punkte zeichnen lässt (für einen Punkt macht die Frage nach einer Geraden nicht einmal Sinn). Für $n = 2$ darf demnach wiederum keine Streuung im Sinne unserer früheren Interpretation definiert sein. Würden wir durch n (oder $n - 1$) dividieren, so erhielten wir unsinnige Ergebnisse. Dieser Argumentation folgend definieren wir daher jetzt für unsere Messreihe, die einem linearen Verlauf genügen soll, die **Varianz**

$$\boxed{s^2 = \frac{1}{n-2}\sum_{i=1}^{n}(y_i - bx_i - a)^2 = \frac{1}{n-2}S} \tag{4.10}$$

sowie die **Standardabweichung** der Einzelmessung

$$\boxed{s = \sqrt{\frac{1}{n-2}\sum_{i=1}^{n}(y_i - bx_i - a)^2} = \sqrt{\frac{1}{n-2}S}} \tag{4.11}$$

Diese Größen beschreiben quantitativ, wie stark *die einzelnen Messwerte* aufgrund zufälliger Messfehler um die Ausgleichsgerade herum streuen. Sie haben damit im Grunde die gleiche Bedeutung wie die entsprechenden Größen, die wir bei der Bestimmung *eines* (optimalen) Ergebnisses, nämlich des arithmetischen Mittels, für eine einzelne Messgröße eingeführt hatten. In beiden Fällen können wir diese Standardabweichung als Maß für die Unsicherheit der *einzelnen* Messung benutzen (müssen aber nicht unbedingt, wenn wir anderweitige Informationen haben, wie wir im nächsten Abschnitt diskutieren werden).

Standardabweichungen für die Parameter der Ausgleichsgeraden

Wie im Fall des arithmetischen Mittels lassen sich auch die Standardabweichungen der Parameter a und b dadurch berechnen, dass wir feststellen, dass beide Parameter ja wieder selbst Funktionen der einzelnen Messwerte y_i sind. (Wir waren davon ausgegangen, dass die x_i keine signifikanten Fehler besitzen.) Es ist also wieder das Gaußsche Fehlerfortpflanzungsgesetz anzuwenden:

$$\begin{aligned}
a &= f(y_i) \\
b &= g(y_i) \\
s_a &= \sqrt{\sum_{i=1}^{n}\left(\frac{\partial f}{\partial y_i}\right)^2 s^2} = \sqrt{\sum_{i=1}^{n}\left(\frac{\partial f}{\partial y_i}\right)^2} \cdot s \\
s_b &= \sqrt{\sum_{i=1}^{n}\left(\frac{\partial g}{\partial y_i}\right)^2 s^2} = \sqrt{\sum_{i=1}^{n}\left(\frac{\partial g}{\partial y_i}\right)^2} \cdot s
\end{aligned}$$

Da man in einigen Büchern oft nur die Ergebnisse dieser Rechnung findet, wird hier der Rechengang schrittweise dargestellt, ohne ihn jedoch weiter zu kommentieren (alle

Summen laufen wieder über alle Werte von i):

$$\begin{aligned} b &= \frac{n\sum x_i y_i - \sum x_i \sum y_i}{n\sum x_i^2 - \left(\sum x_i\right)^2} \\ \frac{\partial b}{\partial y_j} &= \frac{n x_j - \sum x_i}{n\sum x_i^2 - \left(\sum x_i\right)^2} = \frac{n x_j - F}{nG - F^2} \end{aligned}$$

mit den nur zum übersichtlicheren Schreiben eingeführten Substitutionen $F = \sum x_i$ und $G = \sum x_i^2$.

$$\begin{aligned} \left(\frac{\partial b}{\partial y_j}\right)^2 &= \frac{n^2 x_j^2 - 2nFx_j + F^2}{\left(nG - F^2\right)^2} \\ \sum_{j=1}^{n} \left(\frac{\partial b}{\partial y_j}\right)^2 &= \frac{n^2 G - 2nFF + nF^2}{\left(nG - F^2\right)^2} \\ &= \frac{n^2 G - nF^2}{\left(nG - F^2\right)^2} \\ &= \frac{n}{nG - F^2} \end{aligned}$$

$$\boxed{\begin{aligned} s_b = s \cdot \sqrt{\sum_{j=1}^{n} \left(\frac{\partial b}{\partial y_j}\right)^2} &= s \cdot \sqrt{\frac{n}{n\sum x_i^2 - \left(\sum x_i\right)^2}} \\ &= s \cdot \sqrt{\frac{1}{\sum x_i^2 - n\bar{x}^2}} \\ &= s \cdot \sqrt{\frac{1}{\sum \left(x_i - \bar{x}\right)^2}} \end{aligned}} \tag{4.12}$$

Dies ist die **Standardabweichung der Steigung** unserer Ausgleichgeraden, die wir als Maß für die Unsicherheit eben dieser Steigung benutzen wollen. Die drei letzten Gleichungen sind äquivalent, man benutzt diejenige, mit der das Rechnen im Einzelfall am einfachsten geht. (Für die "zu Fuß"-Berechnung empfiehlt sich die letzte Gleichung, da man hierbei größere Rundungsfehler vermeidet. Bei Ausnutzung der Statistikfunktionen eines Taschenrechners wird man eher die erste Gleichung wählen.)

Völlig analog läuft der Rechengang für die Berechnung des Fehlers des Achsenabschnitts:

$$\begin{aligned} a &= \frac{\sum x_i^2 \sum y_i - \sum x_i \sum x_i y_i}{n\sum x_i^2 - \left(\sum x_i\right)^2} \\ \frac{\partial a}{\partial y_j} &= \frac{\sum x_i^2 - x_j \sum x_i}{n\sum x_i^2 - \left(\sum x_i\right)^2} = \frac{G - Fx_j}{nG - F^2} \end{aligned}$$

mit den gleichen Substitutionen F und G wie oben:

$$\begin{aligned}
\left(\frac{\partial a}{\partial y_j}\right)^2 &= \frac{G^2 - 2GFx_j + F^2 x_j^2}{(nG - F^2)^2} \\
\sum_{j=1}^{n}\left(\frac{\partial a}{\partial y_j}\right)^2 &= \frac{nG^2 - 2GFF + F^2 G}{(nG - F^2)^2} \\
&= \frac{nG^2 - GF^2}{(nG - F^2)^2} \\
&= \frac{G}{nG - F^2}
\end{aligned}$$

und somit ist

$$\boxed{\begin{aligned}
s_a = s \cdot \sqrt{\sum_{j=1}^{n}\left(\frac{\partial a}{\partial y_j}\right)^2} &= s \cdot \sqrt{\frac{\sum x_i^2}{n\sum x_i^2 - \left(\sum x_i\right)^2}} \\
&= s \cdot \sqrt{\frac{1}{n} \cdot \frac{\sum x_i^2}{\sum x_i^2 - n\bar{x}^2}} \\
&= s \cdot \sqrt{\frac{1}{n} + \frac{\bar{x}^2}{\sum x_i^2 - n\bar{x}^2}} \\
&= s \cdot \sqrt{\frac{1}{n} + \frac{\bar{x}^2}{\sum (x_i - \bar{x})^2}}
\end{aligned}} \tag{4.13}$$

Dies ist die **Standardabweichung des Achsenabschnitts** unserer Ausgleichgeraden, die wir als Maß für die Unsicherheit eben dieses Achsenabschnitts benutzen wollen. Die vier letzten Gleichungen sind wieder äquivalent. (Auch hier ist die letzte Gleichung wieder am besten geeignet für die "zu Fuß"-Berechnung.)

Wieder sollte man die Analogie zum Fall einer einzelnen Messgröße sehen, den wir im vorigen Kapitel behandelt haben: Dort hatten wir aus der Messreihe *einen* Parameter $\overline{x}$ und dessen Fehler $s_{\overline{x}}$ bestimmt; hier haben wir *zwei* Parameter a und b sowie *deren* Fehler s_a und s_b bestimmt. Und ganz analog funktioniert das gleiche Verfahren auch, wenn auch mit immer komplexer werdenden Formeln, wenn man es mit Funktionen $y = f(x)$ hat, die drei oder mehr Parameter besitzen. Solange die Funktion $f(x)$ in den Parametern linear ist, ist die formale Verallgemeinerung (die wir hier dennoch nicht diskutieren werden) ein Kinderspiel. Ist die Funktion in den Parametern nicht linear, so lässt sich die Lösung nicht mehr analytisch formulieren, man muss numerische, iterative Verfahren anwenden. Hierzu wird auf die einschlägige Literatur verwiesen (z.B. [BeR]).

Exemplarische Datenauswertung

Natürlich soll hier auch noch anhand unseres eingangs gezeigten Beispiels, in dem wir die Schwingungsdauer eines Federpendels gemessen hatten, gezeigt werden, wie man diese Rechengänge explizit anwendet. Wir nehmen dazu die Daten aus unserer Messtabelle und erweitern diese um einige zusätzliche Spalten (s. Tab. 4.2).

Tabelle 4.2: Beispiel einer Ausgleichsgeradenauswertung

x_i	y_i	$y_i - \bar{y}$	$x_i - \bar{x}$	x_i^2	$x_i \cdot y_i$	v_i	$v_i^2/10^{-4}$
m/g	T^2/s^2	$\frac{T^2 - \overline{T^2}}{s^2}$	$\frac{m - \bar{m}}{\mathrm{g}}$	m^2/g^2	$\frac{mT^2}{\mathrm{g\,s}^2}$	$\frac{T^2 - bm - a}{\mathrm{s}^2}$	
100	0,220	-0,3104	-200	$1{\cdot}10^4$	22,0	0,0150	2,250
200	0,340	-0,1904	-100	$4{\cdot}10^4$	68,0	-0,0277	7,673
300	0,549	0,0186	0	$9{\cdot}10^4$	164,7	0,0186	3,460
400	0,679	0,1486	100	$16{\cdot}10^4$	271,6	-0,0141	1,988
500	0,864	0,3336	200	$25{\cdot}10^4$	432,0	0,0082	0,672
$\bar{m}/\mathrm{g}$	$\overline{T^2}/\mathrm{s}^2$						
$\bar{x}$	$\bar{y}$	$\sum(y_i - \bar{y})$	$\sum(x_i - \bar{x})$	$\sum x_i^2$	$\sum x_i y_i$	$\sum v_i$	$\sum v_i^2/10^{-4}$
300	0,5304	0	0	$55{\cdot}10^4$	958,3	0	16,043
		soll = 0	soll = 0			soll = 0	

Die ersten beiden Spalten stammen aus der ursprünglichen Messtabelle. In den folgenden vier Spalten wurden jeweils die Terme und Summen berechnet, die wir für die Berechnung der Steigung und des Achsenabschnitts nach Gln. 4.7 und 4.8 benötigen. Zur Kontrolle haben wir auch die Summen der Abweichungen vom jeweiligen Mittelwert sowohl für die Masse als auch für T^2 berechnet. Diese Summen sind nur dann *exakt* gleich Null, wenn man auch den jeweiligen Mittelwert numerisch *exakt* berechnet. Nimmt man weniger Stellen hinter dem Komma mit, dann gibt es hier bereits die ersten Rundungsfehler. Hätten wir z.B. den Mittelwert $\overline{T^2}$ nur auf drei Stellen hinter dem Komma angegeben (und bei der Berechnung der Differenzen in Spalte 3 benutzt), dann hätte sich die Summe der dritten Spalte zu 0,002 ergeben. Solche Rundungsfehler haben die Angewohnheit, sich zu akkumulieren und kommen i.d.R. in der letzten Stelle zum Tragen. Signifikant größere Abweichungen sind allerdings ein Indiz für zu starke Rundung oder für Rechenfehler. Dann hilft nur komplettes Nachrechnen!

Nun berechnen wir die Steigung der Geraden:

$$b = \frac{\sum x_i y_i - n\bar{x}\bar{y}}{\sum x_i^2 - n\bar{x}^2} = \frac{958,3\ \mathrm{g\,s}^2 - 5 \cdot 300\ \mathrm{g} \cdot 0{,}5304\ \mathrm{s}^2}{55 \cdot 10^4\ \mathrm{g}^2 - 5 \cdot (300)^2\ \mathrm{g}^2} = \frac{162{,}7\ \mathrm{g\,s}^2}{10 \cdot 10^4 \mathrm{g}^2} = 1{,}627\,\frac{\mathrm{s}^2}{\mathrm{kg}}$$

Dabei haben wir klammheimlich 1000 g durch 1 kg ersetzt, das bietet sich zur Vermeidung unnötig mitzuschreibender Zehnerpotenzen an. Generell hilft das Mitschreiben der Einheiten sehr viel, denn man sieht sofort, wenn irgendwo eine Inkonsistenz auftritt — ohne dass man überhaupt rechnen muss. Ganz abgesehen davon wäre die Gleichung schlichtweg falsch, ließen wir die Einheiten einfach weg. Nicht besonders überrascht uns, dass die berechnete Steigung relativ gut mit der zuvor grafisch bestimmten Steigung übereinstimmt. Die Berechnung der Federkonstanten aus der jetzt erhaltenen Steigung holen wir später nach.

Der Achsenabschnitt berechnet sich zu

$$a = \frac{\bar{y}\sum x_i^2 - \bar{x}\sum x_i y_i}{\sum x_i^2 - n\bar{x}^2} = \frac{0{,}5304\ \mathrm{s}^2 \cdot 55 \cdot 10^4\ \mathrm{g}^2 - 300\ \mathrm{g} \cdot 958{,}3\ \mathrm{g\,s}^2}{10 \cdot 10^4\ \mathrm{g}^2}$$
$$= \frac{0{,}423\ \mathrm{s}^2\mathrm{g}^2}{10\ \mathrm{g}^2} = 0{,}0423\ \mathrm{s}^2$$

Natürlich hätten wir auch jede andere Formel aus dem Gleichungssatz 4.9 benutzen können, insbesondere die letzte, relativ einfache Form zur Berechnung des Achsenabschnitts. Die hier verwendeten Formeln haben den Nachteil, dass man relativ viele Stellen mitnehmen muss, denn es tauchen überall Differenzen von sehr ähnlichen Zahlen auf, wie man oben, wenn man die Rechnung explizit nachvollzieht, leicht sehen kann. Kleine Rundungsfehler würden zwar die Ergebnisse nicht gleich signifikant falsch herauskommen lassen, aber die Werte für a und b werden gleich noch zur Berechnung der Standardabweichungen benötigt, und dort akkumulieren sich neue Rundungsfehler, wenn man hier schon zu lax ist.

Als letztes berechnen wir die Standardabweichungen. Hierzu benötigen wir die beiden letzten Spalten der obigen Tabelle. Die Standardabweichung der Einzelmessung ist

$$s = \sqrt{\frac{1}{n-2}\sum_{i=1}^{n}(y_i - bx_i - a)^2} = \sqrt{\frac{1}{n-2}\sum_{i=1}^{n} v_i^2} = \sqrt{\frac{1}{3} \cdot 16{,}043 \cdot 10^{-4}\ \mathrm{s}^4} = 0,023\ \mathrm{s}^2$$

Dieser Wert ist ein Maß dafür, wie weit die *einzelnen* aus den Messungen von T bestimmten Werte für T^2 um die Ausgleichsgerade herum streuen. Er sagt uns damit, wie genau denn diese Werte *durchschnittlich* gewesen sind.

Auch hier sei wieder angemerkt, dass die Werte für v_i und v_i^2 deutlich verfälscht worden wären, wenn wir im ersten Teil der Tabelle mit nur drei Stellen gerechnet hätten. Die Summe der vorletzten Spalte wäre signifikant (d.h. von gleicher Größenordnung wie die Werte v_i selbst) von Null verschieden gewesen.

Die Fehler der Anpassungsparameter berechnen wir zu

$$s_b = s \cdot \sqrt{\frac{1}{\sum x_i^2 - n\bar{x}^2}} = s \cdot \sqrt{\frac{1}{55 \cdot 10^4\ \mathrm{g}^2 - 5 \cdot (300)^2\ \mathrm{g}^2}}$$
$$= s \cdot 3{,}16 \cdot 10^{-3}\ \mathrm{g}^{-1}$$
$$= s \cdot 3{,}16\ \mathrm{kg}^{-1}$$
$$= 0{,}073\ \mathrm{s}^2/\mathrm{kg}$$

und

$$s_a = s \cdot \sqrt{\frac{1}{n} \cdot \frac{\sum x_i^2}{\sum x_i^2 - n\bar{x}^2}} = s \cdot \sqrt{\frac{1}{5} \cdot \frac{55 \cdot 10^4\ \mathrm{g}^2}{10 \cdot 10^4\ \mathrm{g}^2}} = s \cdot 1,05 = 0,024\ \mathrm{s}^2$$

Nun erst können wir sinnvolle Ergebnisse unserer Messreihe angeben:

$$b = (1,627 \pm 0,073)\ \mathrm{s}^2/\mathrm{kg} \quad \text{oder} \quad (1,63 \pm 0,07)\ \mathrm{s}^2/\mathrm{kg}$$
$$a = (0,042 \pm 0,024)\ \mathrm{s}^2 \quad \text{oder} \quad (0,04 \pm 0,03)\ \mathrm{s}^2$$

Für die Angabe des Endergebnisses für b würde man die hintere Schreibweise bevorzugen, für a dagegen die vordere. Warum ist das sinnvoll?

Aus der Steigung ist noch die Federkonstante zu berechnen, die wir jetzt ebenfalls mit einer Genauigkeitsangabe versehen können:

$$D = \frac{4\pi^2}{b} = (24,2 \pm 1,0)\ \frac{\mathrm{N}}{\mathrm{m}}$$

(Dabei haben wir das Gaußsche Fehlerfortpflanzungsgesetz benutzt und gleich einen der Spezialfälle angewandt: Wegen $D = \text{const}\ /b$ ist $s_D/D = s_b/b \approx 5\%$.)

An dieser Stelle haben wir im Prinzip das Ziel unserer Messung, die Richtkonstante der Feder zu bestimmen, erreicht. Allerdings interessieren wir uns noch dafür, was es mit dem Achsenabschnitt auf sich hat. Weil die y-Werte und somit auch der Achsenabschnitt das Quadrat von Schwingungsdauern darstellen, können wir aus a die Wurzel ziehen und erhalten (unter Zuhilfenahme des Gaußschen Fehlerfortpflanzungsgesetzes)

$$T\,(m=0) = \sqrt{a} = (0{,}20 \pm 0{,}06)\ \mathrm{s}$$

Mit anderen Worten: Aus dem positiven Achsenabschnitt ergibt sich eine endliche Schwingungsdauer auch für den Fall, dass *keine* Masse an die Feder gehängt wurde. Erst die Tatsache, dass dieses T signifikant von Null verschieden ist, erlaubt uns übrigens diesen Schluss zu ziehen. Wäre der Fehler nicht 0,06 s sondern z.B. 0,3 s, dann wäre das Ergebnis durchaus noch mit Null verträglich, und wir könnten diesen Schluss nicht ziehen (was nicht heißen muss, die Aussage wäre falsch; wir können sie lediglich nicht belegen). Dass auch für $m = 0$ eine endliche Schwingungsdauer vorliegen muss, weiß im Grunde jeder, denn auch eine Feder, an der nichts dran hängt, schwingt, wenn man sie anschubst. Ganz offensichtlich ist unser ursprünglicher Ansatz (Gl. 4.2), d.h. das theoretische Modell, von dem wir ausgegangen sind, falsch oder zumindest für die Messgenauigkeit, mit der wir das überprüfen können, zu ungenau. Hier spielt übrigens die Tatsache eine Rolle, dass eine Feder selbst eine endliche Masse hat. Wir wollen hier aber nicht weiter darauf eingehen, um nicht den Praktikumsversuchen vorzugreifen. Es ist hier bei diesem exemplarischen Experiment genau das aufgetreten, was einem Experimentator häufig begegnen wird: Der vermutete physikalische Zusammenhang erweist sich als verkehrt oder zumindest nicht ausreichend genau, um die beobachteten Phänomene zu erklären. Und so muss man denn ab und zu sein Modell oder seine Theorie verbessern oder revidieren.

Noch einmal Streuung der Messwerte

Wir hatten weiter oben zur Berechnung der Fehler der Anpassungsparameter a und b zunächst die Streuung s der Messwerte y_i (in unserem Beispiel T_i^2) um die Ausgleichsgerade berechnet. Dies geschah ganz analog zum vorherigen Kapitel, wo wir die Streuung der Messwerte x_i um das arithmetische Mittel $\bar{x}$ herum ausgerechnet hatten.

Nun hindert uns niemand daran, für einen beliebigen Wert x_i *mehrere* Messwerte y_{ij}, $j = 1, ..., n_i$, zu bestimmen und aus dieser separaten Messreihe einen Mittelwert $\bar{y}_i$ und eine Streuung s_i um diesen Mittelwert herum zu berechnen. Diese Standardabweichung könnten wir als unabhängiges Maß für die inhärente Unsicherheit σ_i eines Messwerts verwenden. Die gleiche Vorgehensweise hatten wir bei der Diskussion des gwichteten Mittels in Abschnitt 3.7 verfolgt. Diese Streuung sollte naturgemäß die zufälligen Fehler einer einzelnen Schwingungsdauermessung, bei unserer Darstellung umgerechnet auf deren Quadrat, widerspiegeln.

Ganz generell könnten wir eine unabhängige, d.h. separate Quelle für die Messgenauigkeit σ für das Quadrat der Schwingungsdauer haben. Sind dieses σ und das aus der Geradenanpassung bestimmte s daher identisch? Unterscheiden sie sich? Wenn ja, wodurch? (Genaugenommen müssen wir in Betracht ziehen, dass jeder Messpunkt eine individuelle Unsicherheit σ_i besitzt, d.h. von i abhängig sein kann. In diesem Fall kann zum Vergleich eine Art Mittelwert aus diesen herangezogen werden, wie schon im Abschnitt 3.7 über das gewichtete Mittel geschehen.)

Streuung und individuelle Unsicherheiten bei der Kurvenanpassung

Da die Genauigkeit σ bzw. σ_i und damit die Ursache der Streuung unserer Messwerte bei einem bestimmten x_i nicht davon abhängt, ob die Messung bei x_i im größeren Rahmen der Ausmessung eines vermuteten linearen Zusammenhangs steht oder nicht, erwarten wir im Prinzip, dass das Ergebnis für die Streuung s um die Ausgleichsgerade ebenfalls davon unabhängig ist. Nun sind allerdings beide Angaben meist statistische, in jedem Fall aber fehlerbehaftete Größen und stammen aus unabhängigen Daten bzw. Abschätzungen, so dass wir sicher nicht erwarten können, dass sie *exakt* gleich sind. Allerdings, wenn alles mit rechten Dingen zugeht, d.h. unsere Unsicherheit σ eine verlässliche Angabe und dazu die *alleinige* Ursache für die Streuung s ist, dann sollten diese beiden Streuungen, s und σ, in der Tat nicht ganz unähnlich sein.

Nehmen wir aber nun einmal an, dass wir Messwerte y_i erhalten hätten, die, wenn man sie grafisch aufträgt, eher z.B. einen exponentiellen Verlauf als Funktion von x_i denn einen linearen suggerieren. Dies ist in Abb. 4.2 illustriert. Die Messgenauigkeit σ_i einzelner Messpunkte für ein einzelnes x_i, und damit ihre Streuung s_i um den daraus gewonnen Mittelwert, sei nach wie vor die gleiche wie vorher. (Wir hatten diese zwar nicht individuell bestimmt, aber wir gehen davon aus, dass sie im Fall des "echten" linearen Zusammenhangs unseres Beispiels durch die Streuung um die Ausgleichsgerade gegeben ist, d.h. bei rund 0,02 s^2 liegt. Das ist wesentlich weniger als der Durchmesser der in Abb. 4.2 eingetragenen Symbole.) — Ein Versuch, an diese Werte eine Gerade anzupassen, liefert zwar irgendwelche Zahlen für Achsenabschnitt und Steigung, aber intuitiv verstehen wir, dass diese Gerade nicht vernünftig passen *kann*, sie wird allenfalls den exponentiellen Verlauf zweimal schneiden. Demzufolge liegen die Messpunkte stellenweise ziemlich weit (im Vergleich zu ihrer Unsicherheit) *neben* der Geraden.

Im Mittel weichen die Messwerte in diesem zweiten Fall (Abb. 4.2) also erheblich von der Ausgleichsgeraden ab, auch wenn diese aufgrund des oben dargestellten Verfahrens optimal errechnet wurde, und somit erhalten wir einen riesigen Wert für s, der weit *über* dem zugrundegelegten Wert für σ_i liegt. Was ist passiert?

Das Problem ist: Das Modell eines linearen Zusammenhangs ist in diesem Fall vermutlich schlichtweg falsch. Wir müssen unsere Feststellung über die Bedeutung der Standardabweichung s von S. 73 ein klein wenig korrigieren: Die Streuung s um die Ausgleichsgerade herum misst eben *nicht* nur die inhärente Streuung der Messwerte um ihren jeweiligen Mittelwert (alle beim *gleichen* x_i gemessen) sondern sie hängt auch davon ab, wie gut *die anderen* Messwerte bei *anderen* x_i mit dem angenommenen linearen Verlauf verträglich sind. Diese Streuung umfasst also ein deutlich schärferes Kriterium. Sie sagt uns nicht nur,

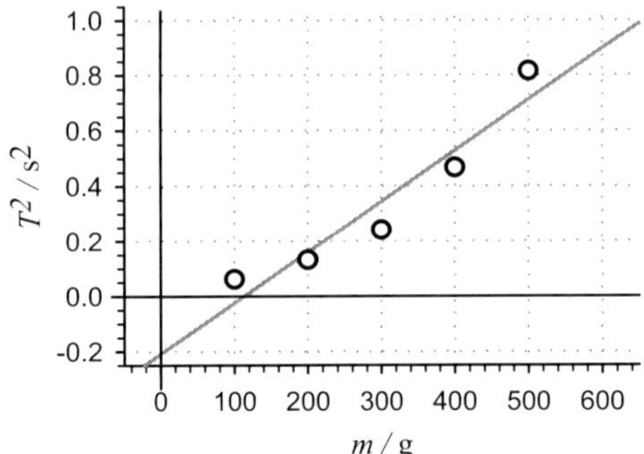

Abbildung 4.2: Vergeblicher Versuch, eine sinnvolle Gerade an Messwerte anzupassen, die eher einem exponentiellen Gesetz folgen. (Diese Daten sind rein fiktiv, die Schwingungsdauer eines Pendels macht so etwas nicht.)

wie weit Messwerte beim gleichen x_i unter sich streuen, sondern sie sagt uns auch noch, wie gut das theoretische Modell zur Gesamtheit unserer Messwerte passt. Demzufolge wird — rein theoretisch — diese Standardabweichung bestenfalls gleich groß wie die Unsicherheit σ eines Messpunkts (d.h. die ggf. individuell gemessene Streuung s_i) ausfallen, in der Regel aber größer sein, weil wir ja nicht mit dem Mittelwert *an einer Stelle* x_i vergleichen, sondern mit einem Ausgleichswert, der *auch durch die Nachbarpunkte* mit beeinflusst wird, und zwar entsprechend eines vorgegebenen physikalischen Zusammenhangs. Wenn dieser Zusammenhang nicht der Realität entspricht, so muss diese Beeinflussung zu falschen Ausgleichswerten führen, und die Abweichungen der Messwerte von dem Ausgleichswert müssen entsprechend zu groß ausfallen.

Die Situation wäre übrigens ganz anders, wenn — in unserem zweiten Beispiel mit dem scheinbar exponentiellen Velauf — die statistischen Unsicherheiten der einzelnen Messwerte nicht bei $0{,}02\,\mathrm{s}^2$ sondern z.B. bei $0{,}1\,\mathrm{s}^2$ oder mehr liegen würde. Dies ist in Abb. 4.3 anschaulich durch sog. **Fehlerbalken** (vertikale Balken, die vom Messpunkt aus je eine Standardabweichung s_i nach unten und oben reichen) illustriert. Dann wären die Abweichungen von der Ausgleichsgeraden etwa vergleichbar groß wie die Unsicherheiten der Messpunkte. In diesem Fall spräche nichts dafür, dass das lineare Modell nicht passt, wir müssten davon ausgehen, dass die Abweichungen von der Geraden *zufällig* sind und die Messwerte *zufällig* scheinbar einem exponentiellen Verlauf folgen. Es kommt also immer auf den *Vergleich* zwischen den Unsicherheiten σ_i der einzelnen Messpunkte und der Streuung s um die Ausgleichskurve an. Man zeichnet in derartige Grafiken daher immer Fehlerbalken ein, das erleichtert die visuelle Einschätzung der Streuung der Punkte im Vergleich zu ihrer Messgenauigkeit ungemein. Das ist besonders dann wichtig, wenn man für die Unsicherheiten σ_i unabhängige Daten hat. Andernfalls bleibt einem nichts weiter, als die Streuung s um die Ausgleichskurve selbst als Maß für die Fehler zu benutzen. Dann kann man natürlich keine Rückschlüsse auf die Qualität der Anpassung oder des zugrundeliegenden Modells ziehen, weil der Vergleich immer Übereinstimmung liefert und das Verhältnis σ/s definitionsgemäß gleich 1 ist.

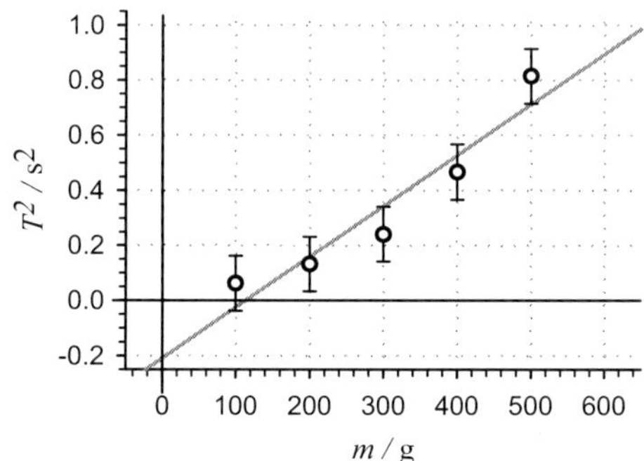

Abbildung 4.3: Gleiche Daten wie vorher, aber deutlich schlechtere Messgenauigkeit der einzelnen Messpunkte. Eine Ausgleichgerade macht in diesem Fall durchaus Sinn.

Andere Ursachen für "zu große" Streuung

Dass ein theoretischer Ansatz nicht "passt", kann natürlich mehrere Ursachen haben. Einmal kann das theoretische Modell einfach falsch oder zu ungenau sein, wie wir es eben diskutiert haben. Zum zweiten könnte es auch sein, dass in unserer Messreihe systematische Fehler verborgen sind. Diese könnten z.B. einen Kurvenverlauf "verbiegen" (z.B. weil sich ein unberücksichtigter Parameter während der Messung verändert hat) und sind in ihrer Wirkung meist nicht von einem falschen Modell zu unterscheiden. Aber auch ungenaue oder einfach falsche Daten über die *Messgenauigkeit* der einzelnen Messwerte könnten zu einem abstrusen Verhältnis zwischen diesen Daten und der Streuung um die Ausgleichskurve führen. Daher sei vor voreiligen Schlüssen gewarnt. Sicher ist indes nur, dass in solcherlei Fällen etwas faul und eine sorgfältige Überprüfung angesagt ist.

Auch in diesem Zusammenhang ist es wichtig, noch einmal darauf hinzuweisen, dass, selbst wenn wir Fehler in der unabhängigen Variablen mit dem hier beschriebenen Verfahren nicht explizit berücksichtigen, ihre Existenz von Bedeutung sein kann und sie in diesen Fällen in der Grafik darzustellen sind. Das kann so manche Diskrepanz zumindest qualitativ erklären.

Schlussfolgerung

Das Resumée dieses Verhaltens ist, soweit es im Rahmen eines Anfängerpraktikums durchaus von Bedeutung ist, dass wir aus einem einfachen Vergleich von s und einer davon unabhängigen Genauigkeitsangabe σ (z.B. einem in einer unabhängigen Messreihe für ein bestimmtes x_i gewonnenen s_i) Rückschlüsse darauf ziehen können, wie gut der angenommene funktionale Zusammenhang, in unserem Fall eine Gerade, tatsächlich zu den Messdaten passt. Daher wird man stets versuchen, sich unabhängige Daten für die Genauigkeit einzelner Messwerte zu beschaffen, und diese mit der Streuung s, die aus der Kurvenanpassung berechnet wird, vergleichen, um die Qualität der Übereinstimmung mit dem erwarteten Zusammenhang bewerten zu können. Das ist ein wertvoller Test für die Verwertbarkeit einer Messreihe im Zusammenhang mit einem erwarteten mathematischen Zusammenhang. Voraussetzung dabei ist allerdings, dass wir realistische Daten über die inhärente Messgenauigkeit in der Hand haben, dass also unsere Werte σ auch tatsächlich diese Genauigkeit widerspiegeln.

Dieser Frage gehen wir ausführlicher im übernächsten Abschnitt 4.4 nach, da wir dort auch den Fall einer gewichteten Geradenanpassung (nächster Abschnitt 4.3) mit erschlagen. Beide Abschnitte stellen Erweiterungen dar, die über das im Anfängerpraktikum Machbare meist hinausgehen, aber für ein grundlegendes Versändnis nützlich sind. Eine quantitative, theoretisch begründete Behandlung müssen wir auf den Abschnitt 7.1 verschieben, bis wir die wichtigsten Grundlagen der Statistik besprochen haben.

4.3 Lineare Regression bei Messpunkten mit unterschiedlichen Unsicherheiten [★]

Nicht ganz selten hat man es mit Datensätzen zu tun, in denen die Unsicherheit der y-Werte nicht konstant ist sondern über den untersuchten Bereich variiert. Ja, die Erfahrung spricht dafür, dass das eher die Regel ist. Ist die Variation verhältnismäßig gering, so liefert das bisherige Verfahren durchaus verlässliche Ergebnisse. Ist die Variation aber stärker und womöglich auch noch systematisch, dann müssen wir überlegen, ob wir dem auch quantitativ Rechnung tragen sollten und wie wir das tun könnten.

Intuitiv neigen wir dazu, wie schon bei der Berechnung des gewichteten Mittels (Abschnitt 3.7), Messwerte mit großer Unsicherheit weniger stark berücksichtigen zu wollen. Dort hatten wir gelernt, dass eine Wichtung proportional zum Kehrwert der Varianz der zu mittelnden Messwerte die Methode der Wahl war.

Nun ist im Zusammenhang mit der Berechnung von Ausgleichsgeraden (und letztlich auch im allgemeineren Fall der Anpassung beliebiger Funktionen an Datensätze) die Situation nicht prinzipiell anders. Wir können uns — ganz ähnlich wie bei der Herleitung des gewichteten Mittels — auch bei einem Datensatz, der aus Wertepaaren (x_i, y_i) besteht, jeden Messwert y_i vorstellen als Ergebnis einer Mittelung über n_i Einzel-Messwerte y_{ij}, von denen jeder die (gleiche) Standardabweichung $s_{ij} = s'_i$ besitzt, so dass $s_i = s'_i/\sqrt{n_i}$ bzw. $n_i = s_i'^2/s_i^2$. (Unsicherheiten in den x_i-Werten schließen wir auch hier zunächst wieder aus.) Und wir können diese fiktiven n_i wieder so anpassen, dass für alle Einzel-Messwerte y_{ji} diese Standardabweichungen identisch, d.h. alle gleich, also $s_{ij} = s'_i = s'$ sind. Dann diskutieren wir, völlig analog zur Verfahrensweise beim gewichteten Mittel, $n' = \sum n_i = (n_1+n_2+...)$ einzelne Messwerte, die alle die gleiche Unsicherheit s' besitzen.

Berechnung der Anpassungsparameter

Jetzt gehen wir durch die gleiche Geradenanpassungsprozedur wie vorher, indem wir eine ganz normale Ausgleichsgerade durch diese n' Punkte legen. Zum Besipiel berechnen wir die Steigung nach

$$b = \frac{n' \sum_{ij} x_{ij} y_{ij} - \sum_{ij} x_{ij} \sum_{ij} y_{ij}}{n' \sum_{ij} x_{ij}^2 - \left(\sum_{ij} x_{ij}\right)^2}$$

Die Summen laufen über i und j. Teilsummen bzgl. j können wir leicht zusammenfassen, da sie, bis auf den Faktor n_i, dem jeweiligen Mittelwert entsprechen (die x_{ij} sind ohnehin für jedes i alle gleich):

$$
\begin{array}{rcl}
\sum_j x_{ij} = n_i x_i & \text{bzw.} & \sum_{i,j} x_{ij} = \sum_i n_i x_i \\
\sum_j y_{ij} = n_i y_i & \text{bzw.} & \sum_{i,j} y_{ij} = \sum_i n_i y_i \\
\sum_j x_{ij}^2 = n_i x_i^2 & \text{bzw.} & \sum_{i,j} x_{ij}^2 = \sum_i n_i x_i^2 \\
\sum_j x_{ij} y_{ij} = x_i \sum_j y_{ij} = n_i x_i y_i & \text{bzw.} & \sum_{i,j} x_{ij} y_{ij} = \sum_i n_i x_i y_i \\
 & \text{und natürlich} & n' = \sum_i n_i
\end{array}
$$

Jetzt ersetzen wir wieder die n_i wieder durch s'^2/s_i^2 und erkennen, dass sich bei sämtlichen Brüchen (in den Gleichungen für a und für b) s'^2 herauskürzt. Damit erhalten wir für die Steigung der "gewichteten" Geraden

$$
\boxed{b = \frac{\sum_i \frac{1}{s_i^2} \sum_i \frac{1}{s_i^2} x_i y_i - \sum_i \frac{1}{s_i^2} x_i \sum_i \frac{1}{s_i^2} y_i}{\sum_i \frac{1}{s_i^2} \sum_i \frac{1}{s_i^2} x_i^2 - \left(\sum_i \frac{1}{s_i^2} x_i \right)^2}} \tag{4.14}
$$

Das bedeutet nichts anderes, als dass wir bei allen Summationen immer den Faktor $1/s_i^2$ mitnehmen müssen.

Normieren wir diese Faktoren auf 1, so sprechen wir wieder von "Gewichten" $g_i = (1/s_i^2)/(\sum 1/s_i^2)$ und können schreiben

$$
b = \frac{\sum_i g_i \sum_i g_i x_i y_i - \sum_i g_i x_i \sum_i g_i y_i}{\sum_i g_i \sum_i g_i x_i^2 - \left(\sum_i g_i x_i \right)^2}
$$

Wegen der Normierung ist die Summe $\sum g_i$ über die Gewichte allein gleich 1, so dass wir bei dieser Schreibweise diesen Faktor im Prinzip auch weglassen könnten.

Für den Achsenabschnitt verläuft der Rechengang völlig analog, so dass wir hier nur das Ergebnis angeben:

$$
\boxed{a = \frac{\sum_i \frac{1}{s_i^2} x_i^2 \sum_i \frac{1}{s_i^2} y_i - \sum_i \frac{1}{s_i^2} x_i \sum_i \frac{1}{s_i^2} x_i y_i}{\sum_i \frac{1}{s_i^2} \sum_i \frac{1}{s_i^2} x_i^2 - \left(\sum_i \frac{1}{s_i^2} x_i \right)^2}} \tag{4.15}
$$

bzw.

$$
a = \frac{\sum_i g_i x_i^2 \sum_i g_i y_i - \sum_i g_i x_i \sum_i g_i x_i y_i}{\sum_i g_i \sum_i g_i x_i^2 - \left(\sum_i g_i x_i \right)^2}
$$

Berechnung der Standardabweichungen

Am einfachsten gelangen wir wieder zum Ziel, wenn wir die Ausdrücke für a und b nach den y_i partiell differenzieren und die Quadrate jeweils multipliziert mit den Varianzen s_i für die y_i gemäß dem Gaußschen Fehlerfortpflanzungsgesetz aufaddieren — ganz so, wie wir es bei der Berechnung der Standardabweichungen des gewichteten Mittels gemacht haben. Wir erhalten

$$\frac{\partial b}{\partial y_i} = \frac{\frac{1}{s_i^2} x_i \sum_j \frac{1}{s_j^2} - \frac{1}{s_i^2} \sum_j \frac{1}{s_j^2} x_j}{\sum_j \frac{1}{s_j^2} \sum_j \frac{1}{s_j^2} x_j^2 - \left(\sum_j \frac{1}{s_j^2} x_j \right)^2}$$

In den Summen, in denen y_i vorkommt, bleibt beim Differenzieren nur ein Term (zum Index i) übrig. Alle übrigen Summen, die kein y_i enthalten, sind im Bezug auf die Differentiation nur konstante Faktoren. Zur Unterscheidung haben wir in letzteren den Summationsindex i durch j ersetzt.

Wir haben also zu berechnen

$$s_b^2 = \sum_i \left(\frac{\partial b}{\partial y_i} \right)^2 s_i^2 = \sum_i \frac{\left(\frac{1}{s_i^2} x_i \sum_j \frac{1}{s_j^2} - \frac{1}{s_i^2} \sum_j \frac{1}{s_j^2} x_j \right)^2}{\left(\sum_j \frac{1}{s_j^2} \sum_j \frac{1}{s_j^2} x_j^2 - \left(\sum_j \frac{1}{s_j^2} x_j \right)^2 \right)^2} s_i^2$$

Wir führen analog zum ungewichteten Fall wieder ganz ähnliche Abkürzungen ein:

$$E = \sum_j \frac{1}{s_j^2} \quad \text{und} \quad F = \sum_j \frac{1}{s_j^2} x_j \quad \text{und} \quad G = \sum_j \frac{1}{s_j^2} x_j^2$$

und erhalten dann

$$\begin{aligned}
s_b^2 &= \sum_i \frac{\left(\frac{1}{s_i^2} x_i E - \frac{1}{s_i^2} F \right)^2}{(EG - F^2)^2} s_i^2 \\
&= \sum_i \frac{\left(\frac{1}{s_i^4} x_i^2 E^2 - 2 \frac{1}{s_i^4} x_i EF + \frac{1}{s_i^4} F^2 \right)}{(EG - F^2)^2} s_i^2 \\
&= \frac{(GE^2 - 2F^2 E + EF^2)}{(EG - F^2)^2} = E \frac{EG - F^2}{(EG - F^2)^2} = \frac{E}{EG - F^2} \\
&= \frac{\sum_j \frac{1}{s_j^2}}{\sum_j \frac{1}{s_j^2} \sum_j \frac{1}{s_j^2} x_j^2 - \left(\sum_j \frac{1}{s_j^2} x_j \right)^2}
\end{aligned}$$

Völlig analog ergibt sich aus dem Ausdruck für a

$$\frac{\partial a}{\partial y_i} = \frac{\frac{1}{s_i^2} \sum_j \frac{1}{s_j^2} x_j^2 - \frac{1}{s_i^2} x_i \sum_j \frac{1}{s_j^2} x_j}{\sum_j \frac{1}{s_j^2} \sum_j \frac{1}{s_j^2} x_j^2 - \left(\sum_j \frac{1}{s_j^2} x_j \right)^2}$$

Damit erhalten wir für die Varianz von a

$$s_a^2 = \sum_i \left(\frac{\partial a}{\partial y_i}\right)^2 s_i^2 = \sum_i \frac{\left(\frac{1}{s_i^2}\sum_j \frac{1}{s_j^2}x_j^2 - \frac{1}{s_i^2}x_i \sum_j \frac{1}{s_j^2}x_j\right)^2}{\left(\sum_j \frac{1}{s_j^2}\sum_j \frac{1}{s_j^2}x_j^2 - \left(\sum_j \frac{1}{s_j^2}x_j\right)^2\right)^2} s_i^2$$

und damit, mit den gleichen Abkürzungen wie zuvor,

$$\begin{aligned}
s_a^2 &= \sum_i \frac{\left(\frac{1}{s_i^2}G - \frac{1}{s_i^2}x_i F\right)^2}{(EG-F^2)^2} s_i^2 \\
&= \sum_i \frac{\left(\frac{1}{s_i^4}G^2 - 2\frac{1}{s_i^4}x_i FG + \frac{1}{s_i^4}x_i^2 F^2\right)}{(EG-F^2)^2} s_i^2 \\
&= \frac{(EG^2 - 2F^2G + GF^2)}{(EG-F^2)^2} = G\frac{EG-F^2}{(EG-F^2)^2} = \frac{G}{EG-F^2} \\
&= \frac{\sum_j \frac{1}{s_j^2}x_j^2}{\sum_j \frac{1}{s_j^2}\sum_j \frac{1}{s_j^2}x_j^2 - \left(\sum_j \frac{1}{s_j^2}x_j\right)^2}
\end{aligned}$$

Die Standardabweichungen erhält man durch die Berechnung der Wurzeln dieser Ausdrücke:

$$s_b = \sqrt{\frac{\sum_j \frac{1}{s_j^2}}{\sum_j \frac{1}{s_j^2}\sum_j \frac{1}{s_j^2}x_j^2 - \left(\sum_j \frac{1}{s_j^2}x_j\right)^2}} = \sqrt{\frac{\sum_j g_j}{\sum_j g_j \sum_j g_j x_j^2 - \left(\sum_j g_j x_j\right)^2}\frac{1}{\sum_j \frac{1}{s_j^2}}} \quad (4.16)$$

$$s_a = \sqrt{\frac{\sum_j \frac{1}{s_j^2}x_j^2}{\sum_j \frac{1}{s_j^2}\sum_j \frac{1}{s_j^2}x_j^2 - \left(\sum_j \frac{1}{s_j^2}x_j\right)^2}} = \sqrt{\frac{\sum_j g_j x_j^2}{\sum_j g_j \sum_j g_j x_j^2 - \left(\sum_j g_j x_j\right)^2}\frac{1}{\sum_j \frac{1}{s_j^2}}} \quad (4.17)$$

In den jeweils letzten Ausdrücken mit den Gewichten g_j wurde der Faktor $\sum_j g_j$ explizit mitgenommen. Wenn die Gewichte auf 1 normiert sind, ist das im Prinzip wieder nicht notwendig, so aber gelten die Gleichungen für beliebige Normierungen. Der in dieser jeweils zweiten Form separat geschriebene Faktor $1/\sum_j(1/s_j^2)$ ist das Äquivalent der im ungewichteten Fall auftretenden Varianz s^2 der einzelnen Messung dividiert durch die Anzahl n der Messungen. Das kann man leicht mit dem Ansatz gleicher Standardabweichungen ($s_i = s$, das entspricht einer ungewichteten Anpassung einer Geraden) verifizieren. In diesem Fall könnten wir $1/s^2$ vor die jeweiligen Summen ziehen und ausklammern. Wir hätten damit die Gln. 4.12 und 4.13 reproduziert, dies nur zur Beruhigung. Im hier vorliegenden allgemeineren Fall skalieren die Unsicherheiten der Parameter nicht mit einem gemeinsamen, gleichen s, sondern es tritt der Ausdruck $\sqrt{n/\sum_j(1/s_j^2)}$ an seine Stelle, der einem mit $1/s_i^2$ gewichteten Mittelwert der Varianzen s_i^2 entspricht.

Der langen Rechnung kurzer Sinn: Wir haben gezeigt, dass wir die Ausdrücke, die wir schon von der normalen Ausgleichsgeradenrechnung her kennen, einfach nur dahingehend modifizieren müssen, dass wir in jede Summe (nicht zuletzt auch in den Ausdruck $n = \sum 1$) einen Gewichtsfaktor aufnehmen müssen, der mit $1/s_i^2$ skaliert und damit jeden einzelnen Beitrag mit dem Kehrwert der Varianz dieses Punktes wichtet. Das deckt sich komplett mit den Erkenntnissen, die wir beim einfachen gewichteten Mittel gewonnen hatten.

4.4 Summe der Fehlerquadrate, Streuung und Chi-Quadrat [★]

Eine Kleinigkeit haben wir im letzten Abschnitt noch nicht ausreichend berücksichtigt. Bei der einfachen Ausgleichgeraden (Abschnitt 4.2) hatten wir eine Standardabweichung s berechnet, die uns Auskunft gegeben hat über die “mittlere” Streuung der Messpunkte *um die Gerade* herum. (Genaugenommen haben wir einen Schätzwert für die Streuung um die “wahre” Gerade herum berechnet (das stellt der Faktor $n-2$ sicher), für die unsere nach dem Prinzip der kleinsten Fehlerquadrate angepasste, durch die Parameter a und b beschriebene Gerade wiederum eine optimale Schätzung darstellt.)

Im vorherigen Abschnitt haben wir — wie beim gewichteten Mittel — zur Berechnung der Unsicherheiten der Anpassungsparameter nur die uns aus separater Quelle bekannten Unsicherheiten der Eizelmessungen verwendet, *nicht* dagegen die Streuung der Messwerte um die Gerade herum. Sollten wir die nicht besser ebenfalls beachten?

Chi-Quadrat für eine Ausgleichsgerade

Im Zusammenhang mit dem gewichteten Mittel (Abschnitt 3.7) hatten wir gesehen, dass es, wenn man unabhängige Informationen über die Unsicherheiten σ_i der einzelnen Messungen besitzt, hilfreich ist, eine etwas modifizierte Summe zu berechnen, die wir als χ^2 bezeichnt hatten (s. Abschnitt 3.8).

Wir gehen hier exakt genau so vor und definieren in Analogie zu den Gln. 3.32 bzw. 3.33) für den erwarteten linearen Zusammenhang

$$\chi^2 = \sum_i \frac{1}{\sigma_i^2}(y_i - bx_i - a)^2 = \frac{n}{\sigma^2}\frac{\sum_i \frac{1}{\sigma_i^2}(y_i - bx_i - a)^2}{\sum_i \frac{1}{\sigma_i^2}} \quad \text{mit} \tag{4.18}$$

$$\frac{n}{\sigma^2} = \sum_i \frac{1}{\sigma_i^2}$$

Wir verwenden hier wieder zur leichteren Unterscheidung für die aus unabhäniger Quelle vorliegenden Unsicherheitsangaben die griechischen Symbole σ_i. Diese sind aber gleichbedeutend mit den im letzten Abschnitt verwendeten s_i, wo wir durch die Schreibweise symbolisieren wollten, dass diese Werte explizit aus individuellen Messreihen gewonnen wurden.

Ganz analog zum gewichteten Mittel ist bei der Summe der Fehlerquadrate jetzt nicht mehr die einfache Summe sondern die mit $1/\sigma_i^2$ gewichtete Summe maßgebend. Die Streuung der Messwerte um die Gerade herum ergibt sich dann zu

$$s^2 = \frac{\sigma^2}{n-2}\chi^2 \quad \text{wenn alle Unsicherheiten gleich sind, bzw.} \tag{4.19}$$

$$s^2 = \frac{1}{n-2}\chi^2 \frac{n}{\sum \frac{1}{\sigma_i^2}} \tag{4.20}$$

völlig analog zu den Gln. 3.34 bzw. 3.35. Da wir hier *zwei* Parameter aus den Daten berechnet haben, muss es jetzt wieder — im Gegensatz zum gewichteten Mittel — $n-2$ statt $n-1$ im Nenner heißen.

Wie man leicht erkennt, können wir für den Fall gleicher Gewichte, d.h. $\sigma_i^2 = \sigma^2$, sehen, dass dieser Ausdruck in den schon bekannten für die einfache Ausgleichsgerade (Abschnitt 4.2, Gl. 4.10) übergeht, da dann $\chi^2 = S/\sigma^2$ wird.

Die Interpretation ist hier exakt die gleiche wie in Abschnitt 3.8 dargestellt. Wenn die Unsicherheiten σ_i *allein* für die Streuung der Messpunkte um die Gerade herum verantwortlich sind, dann erwarten wir, dass χ^2 ungefähr bei $n-2$ liegen wird. Gibt es zusätzliche, evtl. systematische Fehler oder beschreibt unsere Funktion (z.B. eine Gerade) den wahren Verlauf nicht gut genug, dann wird die Streuung größer ausfallen.

Das bedeutet wieder, dass wir die tatsächliche Streuung mit derjenigen vergleichen sollten, die wir aufgrund der unabhängigen Fehlerangaben erwarten.

Modifizierte Fehlerangaben für Anpassungsparameter

Nun ist es auch ohne weitere Rechnung eigentlich völlig einsichtig, dass wir über die Berechnung der Unsicherheiten unserer Parameter noch einmal nachdenken müssen. Betrachten wir dazu ein konkretes Beispiel, nämlich einen Fall, in dem wir aufgrund der Streuung der Messpunkte ein χ^2 von $4(n-2)$ erhalten würden. Anschaulich bedeutet das, dass im Mittel alle Messpunkte doppelt so weit von der Geraden entfernt liegen, wie es aufgrund ihrer inhärenten Unsicherheitsdaten zu erwarten wäre. Oder anders formuliert, wir beobachten eine Streuung, die durch $s = 2\sigma$ zu beschreiben ist.

Wenn dies akzeptiert werden kann (s. dazu Abschnitt7.2) und nicht Anlass zu einer Revision des Experiments gibt, dann ist die Ausgleichsgerade also gar nicht so präzise definiert, wie es die Unsicherheiten der Messpunkte suggerieren, sondern es ist vernünftig, dieser größeren Streuung Rechnung zu tragen und die Unsicherheiten der Anpassungsparameter a und b entsprechend größer anzugeben. Die mittlere Unsicherheit der Messpunkte, die der Streuung um die Gerade herum entspricht, ist nämlich durch s, und nicht durch σ, bestimmt. Ist $s > \sigma$, dann haben wir bei der Herleitung der Gln. 4.16 und 4.17 im Grunde ein zu kleines σ_i^2 (dort mit s_i^2 bezeichnet) verwendet. Gemäß Gln. 4.19 bzw. 4.20 sind die zuvor berechneten Unsicherheiten s_a und s_b um genau den Faktor $\sqrt{\chi^2/(n-2)}$ zu klein, sie sind daher noch mit diesem Faktor zu multiplizieren, wenn wir eine faire Angabe machen wollen. Das gilt natürlich nur, wenn $\chi^2 > (n-2)$ Ist χ^2 kleiner, dann darf man diese Modifikation nicht vornehmen, denn die Unsicherheiten der Messpunkte begrenzen dann die Genauigkeit.

Ausblick

Wir werden die wichtigsten Fragen im Zusammenhang mit χ^2, insbesondere die Frage, wann wir einen zu großen Wert von χ^2 nicht akzeptieren sollten, quantitativ in Abschntt 7.2 diskutieren, nachdem wir die wichtigsten Grundlagen der Statistik besprochen haben.

Hier sei nur soviel vorweg genommen: Nach den einführenden Diskussionen, die wir sowohl bei der einfachen gewichteten Mittelung als auch beim nächstkomplizierteren Fall, der zuletzt diskutierten gewichteten Ausgleichsgeraden geführt haben, sollte sich die allgemeine Bedeutung der Größe χ^2 bereits abzeichnen. Haben wir also Angaben über die individuellen Unsicherheiten der Messwerte, dann können wir nach einer Anpassung einer Geraden (oder im allgemeinen Fall einer beliebigen Funktion) jederzeit diese Größe χ^2 berechnen. Das gilt auch für den Fall, dass die indivduellen Unsicherheiten zufällig alle gleich sind. (Dann hätten wir den Fall einer ungewichteten Anpassung.)

Anhand des Wertes für χ^2 können wir fast immer Indizien ableiten, ob der angepasste Kurvenverlauf mit unserem Datensatz verträglich ist. Dazu muss man etwas wissen über die Wahrscheinlichkeitsverteilung für derartige χ^2-Werte. Wie für jede sinnvolle statistische Funktion gibt es auch für χ^2 eine Wahrscheinlichkeitsfunktion (wer hätte es für möglich gehalten: die sog. χ^2-Verteilung), so dass man vernünftige Wahrscheinlichkeitsaussagen machen kann über das Auftreten bestimmter χ^2-Werte. Diese Funktion ist in ihrer Form abhängig von der Zahl ν der Freiheitsgrade (z.B. $\nu = n - 1$ bei der Bestimmung *eines* Wertes, $\nu = n - 2$ bei der Bestimmung einer Ausgleichsgeraden mit *zwei* Parametern). Sie hat für $\nu \geq 2$ ein Maximum bei $\chi^2_m = \nu - 2$ und fällt darüber mehr oder weniger schnell ab. Die relative Breite der Funktion wird mit wachsendem ν immer geringer. Je größer ν, desto schmaler wird die Verteilung und desto unwahrscheinlicher werden größere Abweichungen vom Erwartungswert. Genaueres werden wir in Abschnitt 7.1 vorstellen.

4.5 Fehler in der unabhängigen Variablen [★]

Ganz kurz und nur ansatzweise soll hier noch auf die Frage eingegangen werden, wie man den Fall von signifikanten Fehlern auch in der unabhängigen Variablen x handhabt. Wir wollen hier das Verfahren nicht im Detail diskutieren, weil im Rahmen eines Anfängerpraktikums die Anwendung aus Zeitgründen praktisch ausscheidet. Wir sollten aber wenigstens eine Vorstellung davon gewinnen, wie man in solchen Fällen vorgeht.

Direkt vergleichen kann man Fehler in x und y natürlich nicht, denn das hieße Äpfel mit Birnen zu vergleichen. Jedoch ist jede Unsicherheit in x mit einer entsprechenden Auswirkung auf y verknüpft, nämlich über die Steigung:

$$s_{y,\,\text{wegen}\ s_x} = |b| \cdot s_x$$

Daher macht es Sinn, zumindest im nachhinein, wenn die Auswertung abgeschlossen und die Steigung der Geraden bekannt ist, nachzusehen, ob Fehler in x, multipliziert mit dem Betrag der Steigung, klein gegen die Fehler in y sind, wie wir es angenommen haben. Damit lässt sich in so manchen Versuchen eine sonst nicht ganz verständliche Diskrepanz verstehen.

Im Grunde kann man nach dieser Vorschrift generell Fehler in x in entsprechende Fehler in y umrechnen und so, z.B. über ein Anpassungsverfahren, das eine Wichtung der Messpunkte zulässt wie oben beschrieben), eine korrekte Anpassung vornehmen. Die Gewichte skalieren dann, unter der Annahme, dass die Fehler in x und in y unabhängig voneinander sind, gemäß

$$g_i \propto \frac{1}{s_y^2 + b^2 s_x^2}$$

Das einzige Problem, dem man sich jetzt noch gegenüber sieht, ist, dass die Steigung ja zunächst gar nicht bekannt ist. Es bleibt einem daher nichts anderes übrig, als anfangs eine grob geschätzte Annahme über die Steigung zu machen, damit zu rechnen, und dann mit der so gewonnenen Steigung erneut von vorne anzufangen. Man muss also ein iteratives Rechenverfahren anwenden, das aber mit Hilfe von Computern praktisch beliebig schnell zum Ergebnis führt, nicht zuletzt deshalb, weil dieses Verfahren sehr schnell konvergiert. Das bedeutet, dass bereits nach wenigen Iterationsschritten (in der Praxis zwei bis drei) die optimale Anpassung ausreichend gut berechnet ist.

4.6 Schlussbemerkung

Es kann nicht oft genug betont werden, dass die in diesem und dem vorherigen Kapitel dargestellten Verfahren sowie alle weitergehenden Methoden der Datenauswertung hinsichtlich der Unsicherheiten und damit der Signifikanz der Ergebnisse *nur dann* ehrliche Daten liefern, wenn *keine unerkannten systematischen* Fehler vorhanden sind. Diese Annahme ist, wie die meisten Annahmen, die man beim Experimentieren oder bei der Modellierung physikalischer Zusammenhänge macht, leider sehr oft nicht gerechtfertigt.

Das beginnt im Praktikum, wo man eben doch nicht alle experimentellen Randbedingungen in der Hand hat, und setzt sich später im Forschungslabor fort, wo genau dieses zunehmend schwieriger wird. Häufig offenbart erst die sorgfältige Berechnung der statistischen Unsicherheiten, dass die Streuung der Ergebnisse eben doch nicht allein durch jene bestimmt wird, dass demnach noch andere Fehlerquellen eine Rolle spielen, die man nicht berücksichtigt hat und vielleicht hätte berücksichtigen können.

Z.B. kommt es gelegentlich vor, dass die statistische Streuung von Messpunkten merkwürdigerweise erheblich kleiner ausfällt als erwartet. Bei einer großen Anzahl von Messpunkten (im Labor meist in der Größenordnung vieler Hundert oder Tausend) kann so etwas schon ziemlich unwahrscheinlich sein. Ein solcher Fall ist daher ein wichtiges Indiz für einen schweren systematischen Messfehler. Hier könnte die Ursache sein, dass man z.B. bei Zählexperimenten jedes Ereignis mehrfach gezählt hat: dann passt die theoretisch erwartete Streuung nicht mehr zur tatsächlichen (vgl. Poissonverteilung im Kapitel über Wahrscheinlichkeitsverteilungen).

Sehr viel häufiger aber streuen die gewonnenen Messergebnisse viel stärker, als es die rein statistischen Unsicherheiten erwarten lassen. Bei einer Kurvenanpassung äußert sich das in einem stark vergrößerten Quotienten der aus der Anpassung berechneten Varianz s^2 und der aus der (separat bestimmten oder geschätzten) mittleren Unsicherheit der einzelnen Messwerte berechnetenVarianz σ^2, was sich, wie schon einige Male angedeutet, sinnvoll durch die Größe χ^2 untersuchen lässt. In gewissen Grenzen ist das durchaus nicht unerwartet, wie wir später sehen werden. Das hängt damit zusammen, dass die Varianz s^2, die wir aus einer Messreihe berechnen, selbst eine statistische Unsicherheit besitzt (s. Abschnitt 7.1), was bei Messreihen mit wenigen Einzelmessungen die zulässige Erwartung an die Streuung der Messwerte ein wenig dämpft (s. Abschnitt 7.3).

Problematischer sind Messergebnisse, die unter Variation eines Parameters gewonnen wurden und die dabei einem "weichen" Kurvenverlauf folgen sollten, die aber sprunghafte Wertänderungen von Punkt zu Punkt zeigen, die deutlich größer sind als man es aufgrund ihrer Genauigkeit erwartet. Typische Ursachen sind z.B. Messbereichswechsel bei den verwendeten Geräten oder die Ignoranz mechanischer Unzulänglichkeiten wie etwa ein toter Gang.

All diese Fälle belegen, dass in physikalischen (und generell in naturwissenschaftlichen) Experimenten die große Kunst darin besteht, die systematischen Fehler möglichst gut in den Griff zu bekommen; sei es durch sorgfältige Suche nach Fehlerquellen beim Messen, sei es durch die Verifizierung *aller*, noch so trivial erscheinender Annahmen, die man über die Randbedingungen seines Experiments macht, sei es durch Hinterfragung der Modellannahmen, die der Datenanalyse zugrunde liegen. Nur wenn man sich nicht verleiten lässt, allein aufgrund geringer statistischer Fehler seine Ergebnisse zu hoch zu bewerten, ist man wirklich offen für neue, noch unentdeckte Phänomene, die sich oft in derartigen Diskrepanzen offenbaren.

5 Kleine Einführung in die Grundlagen der Wahrscheinlichkeitstheorie

Ultimatives Ziel der Messungen in einem Experiment ist es, möglichst genau den "wahren" Wert einer physikalischen Größe (unter den jeweiligen Randbedingungen und ggf. in Abhängigkeit von weiteren zu messenden Größen) zu bestimmen. Nach Möglichkeit sollte dazu ein Maß für die "wahre", d.h. die zu erwartende Unsicherheit für den so erhaltenen Bestwert bestimmt werden. Aus solchen Ergebnissen oder daraus extrahierten physikalischen Zusammenhängen wollen wir im Grunde in die Lage versetzt werden, eine generelle Voraussage machen oder ggf. auch eine Theorie entwickeln zu können. In bestimmten Fällen ist das relativ einfach: Fragen wir z.B. nach der Größe aller Studenten in einem bestimmten Hörsaal, so könnten wir einfach eines jeden Größe messen (mit einer von uns festzulegenden Genauigkeit) und dann sowohl eine Vorhersage über die mittlere Größe dieser Personen als auch über die zu erwartende Streuung der Ergebnisse treffen. Wir können weiterhin ganz leicht Wahrscheinlichkeiten für das Vorkommen einer bestimmten Größe oder, besser, dafür, dass eine Größe innerhalb eines bestimmten Intervalls liegt, angeben. Wir haben also die *Gesamtheit* aller für die Fragestellung relevanten Größen untersucht und damit das komplette Wissen über diese Gesamtheit zusammengetragen.

Die meisten Fragestellungen der Physik lassen sich jedoch leider nicht dadurch vollständig untersuchen, dass wir die Gesamtheit aller Ergebnisse erfragen. Jeder Messvorgang liefert uns ein Ergebnis aus einer unendlich großen Gesamtheit von möglichen Ergebnissen. Wir können allenfalls einige wenige Messungen (selbst wenn es 1000 oder 1000000 sind) durchführen — und sind damit noch unendlich weit von der Untersuchung der Gesamtheit entfernt. Um etwa eine wirklich verlässliche Aussage über die Wahrscheinlichkeit, beim Würfeln eine "6" zu erhalten, machen zu können, müssten wir alle Würfe mit einem Würfel seit dessen Erfindung bis in alle Zukunft hinein untersuchen — ein Ding der Unmöglichkeit. Ganz ähnlich geht es uns, wenn wir etwa nach der Wahrscheinlichkeit fragen, mit der eine bestimmte Sorte radioaktiver Nuklide innerhalb einer Minute zerfällt. Im Grunde müssten wir alle Nuklide dieses Typs, die im Universum vorkommen, hinsichtlich ihres Zerfallszeitpunkts analysieren, was weder aufgrund der räumlichen und zeitlichen Dimensionen noch aufgrund der Vielzahl dieser Kerne besonders leicht fallen dürfte.

In seiner Not macht der Naturwissenschaftler etwas, was Bevölkerungsstatistiker ständig tun, obwohl die es allenfalls mit ein paar Millionen Individuen innerhalb einer typischen Gesamtheit zu tun haben: sie machen *Stichproben.* Man führt nur einige wenige Messungen durch und versucht, anhand der Eigenschaften der wenigen Messergebnisse Rückschlüsse auf die Eigenschaften der Gesamtheit zu ziehen. Eine Messung oder die Ergebnisse einer Messreihe sind nichts anderes als eine Stichprobe aus der Gesamtheit möglicher Messergebnisse (eines bestimmten Messverfahrens), und unser Ziel sollte es sein, bereits aus solchen Stichproben verlässliche Rückschlüsse auf die Eigenschaften der Gesamtheit zu ziehen, also z.B. den "wahren" Wert einer Messgröße und die "wahre" Streuung möglichst präzise vorherzusagen oder wenigstens Wahrscheinlichkeiten dafür anzugeben, dass der wahre Wert z.B. nicht weiter als einen bestimmten Betrag vom gemessenen Wert (oder Mittelwert) entfernt liegt. Hierzu verwenden wir wohletablierte Methoden der Statistik.

Einige dieser Methoden haben wir in den beiden vorangegangenen Kapiteln besprochen. Wir hatten gezeigt, dass diese Verfahren sinnvoll sind und zu plausiblen Resultaten führen. Um aber die wirkliche Bedeutung begreifen zu können, müssen wir noch ein klein wenig in die theoretischen Grundlagen der Wahrscheinlichkeitstheorie einsteigen. Wir müssen zunächst einige Begriffe definieren, damit klar ist, was genau wir meinen, wenn wir bestimmte Aussagen machen, und wir müssen uns mit der Bedeutung solcher Aussagen vertraut machen. In den ersten drei Abschnitten dieses Kapitels werden wir uns damit auseinandersetzen. In den restlichen Abschnitten stellen wir einige der wichtigsten Wahrscheinlichkeitsverteilungen im Detail vor, soweit sie für ein physikalisches Anfängerpraktikum von Bedeutung sind.

5.1 Wahrscheinlichkeit

Wir haben gelegentlich schon den Begriff der Wahrscheinlichkeit benutzt, einfach weil wir aus dem täglichen Leben und Sprachgebrauch eine gewisse intuitive Vorstellung davon haben, was wir damit meinen könnten. Wir müssen diesen Begriff jetzt aber etwas systematischer und formaler definieren.

Relative Häufigkeiten

Im dritten Kapitel hatten wir eine Messreihe durchgeführt, in der wir eine bestimmte Größe x 30-mal gemessen hatten. Wir hatten dabei 8 verschiedene Messwerte erhalten, jeden mit einer unterschiedlichen Häufigkeit. Das entsprechende Histogramm ist hier noch einmal in Abb. 5.1 dargestellt. Das Ergebnis einer solchen Messreihe können wir generell durch die Angabe der verschiedenen Messwerte und deren Häufigkeiten spezifizieren:

Messwerte:	$x_1, x_2, x_3, \dots x_r$	$i = 1, \dots, r$	
Häufigkeiten:	$H_1, H_2, H_3, \dots H_r$	$i = 1, \dots, r$	$\sum\limits_{i=1}^{r} H_i = n$
			$n =$Anzahl der Messungen

Die Häufigkeit eines bestimmten Ergebnisses würde man also durch die Angabe des entsprechenden Wertes H_i spezifizieren. Leider sagt einem diese Häufigkeit noch nicht allzu viel, wenn man nicht zusätzlich die Anzahl der Messungen, n, angibt. Nur so lässt sich beurteilen, ob das Ergebnis tatsächlich besonders häufig aufgetreten ist oder nicht.

Davon kann man sich frei machen, indem man nicht die *absoluten* Häufigkeiten angibt, sondern sogenannte *relative* Häufigkeiten, die wir dadurch definieren, dass wir die absolute Häufigkeit einfach durch die Anzahl der Messungen dividieren, also

$$h_i = \frac{H_i}{n} \qquad \text{oder} \qquad h(x_i) = \frac{H(x_i)}{n}$$

Die Auflistung der Messergebnisse lautet dann

Messwerte:	$x_1, x_2, x_3, \dots x_r$	$i = 1, \dots, r$	
relative Häufigkeiten:	$h_1, h_2, h_3, \dots h_r$	$i = 1, \dots, r$	$\sum\limits_{i=1}^{r} h_i = 1$

Relative Häufigkeiten sind stets auf 1 normiert. Sie geben damit den jeweiligen "Anteil" eines bestimmten Ergebnisses an der Gesamtheit der Messergebnisse an. Anschaulich bedeutet das, dass wir jetzt sagen können, ein bestimmter Wert komme z.B. in 1/5 aller

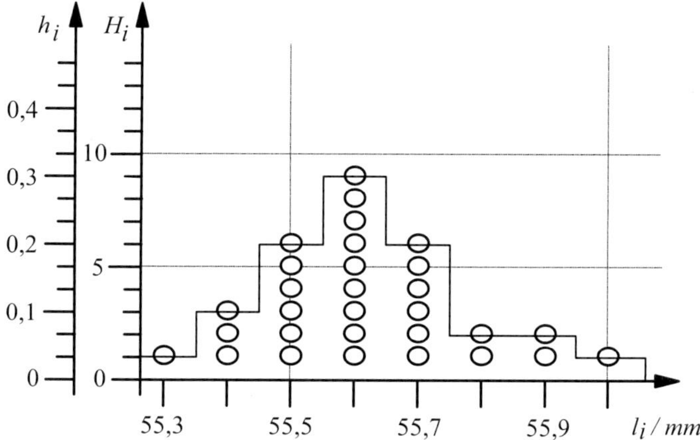

Abbildung 5.1: Häufigkeitsverteilung der Ergebnisse einer Längenmessung mit einem Lineal aus Kapitel 3.2 (vgl. Grafiken in Kapitel 3.3)

Fälle vor (wie in unserem Beispiel die Messwerte 55,5 oder 55,7 mm). Dies ist eine quantitative Aussage, mit der wir einiges anfangen können, ohne dass wir an den Umfang einer Stichprobe gebunden wären. Für unsere Grafik bedeutet das, dass wir eine neue Skala anbringen müssen (in Abb. 5.1 ist das bereits geschehen), mit Hilfe derer wir nicht mehr die absoluten, sondern die relativen Häufigkeiten spezifizieren.

Wahrscheinlichkeiten

Untersucht man das Verhalten solcher Stichproben, so macht man zwei wichtige Beobachtungen:

- Wiederholt man ganze Messreihen, so sehen die Verteilungen im Grunde relativ ähnlich aus. Sowohl die Lagen der Schwerpunkte der Verteilungen als auch ihre Breiten (in denen sich ja die Messgenauigkeit widerspiegelt) werden relativ ähnlich, aber nicht unbedingt gleich sein, d.h. die einzelnen relativen Häufgkeiten unterscheiden sich i.d.R. etwas, sie sind selbst zufällige Ergebnisse. *Verschiedene Messreihen führen also zu verschiedenen relativen Häufigkeiten.*
- Vergleicht man Messreihen mit *größerer* Anzahl n von Einzelmessungen, so unterscheiden sich die relativen Häufigkeiten weniger, d.h. die Schwankungen fallen *geringer* aus, die relativen Häufigkeiten werden mit wachsendem n immer ähnlicher.

Dieses Verhalten erlaubt uns, den Limes der relativen Häufigkeit für $n \to \infty$ zu bilden (formal mathematisch handelt es sich um den '*Limes nach Wahrscheinlichkeit*'):

$$\boxed{\lim_{n\to\infty} h(x_i) = P(x_i)} \tag{5.1}$$

Diesen Grenzwert wollen wir als die **Wahrscheinlichkeit für das Auftreten des Messwerts** x_i bezeichnen. Diese Definition ist mit unserer intuitiven Vorstellung sehr gut vereinbar. Sie ist insbesondere auch mit unserer Vorstellung von *endlichen* Gesamtheiten vereinbar, wo wir nicht einmal den Limes nach ∞ benötigen, sondern einfach nur *alle* Elemente der Gesamtheit abfragen müssen. Wir wollen weiterhin die Menge aller Wertepaare

$$\boxed{\{x_i,\, P(x_i)\,;\, i = 1, ..., r\}} \tag{5.2}$$

als die **Wahrscheinlichkeitsfunktion** für die Größe x bezeichnen. Hier handelt es sich um eine diskrete Wahrscheinlichkeitsfunktion, sie ist auf einem diskreten Wertebereich definiert. Diese Funktion ist außerdem auf 1 **normiert**, d.h.

$$\boxed{\sum_{i=1}^{r} P(x_i) = 1} \tag{5.3}$$

Die Messgröße x bezeichnet man als **Zufallsvariable**, da die Werte, die sie im Einzelfall annehmen wird, den Gesetzen des Zufalls unterliegen sollen.

Ein typisches Beispiel für eine diskrete Wahrscheinlichkeitsfunktion hat man beim Würfeln: Wir haben 6 verschiedene Messwerte, $x_i = 1, 2, 3, 4, 5, 6$, und die Wahrscheinlichkeiten für diese Messwerte sind, wie wir wissen, alle gleich $P(x_i) = 1/6$, es sei denn, der Würfel ist manipuliert. Dass die Messung einer Länge in unserem vorherigen Beispiel ebenfalls zu einer diskreten Funktion führte, ist dagegen eher verwunderlich: Längen können jeden positiven reellen Wert der Dimension einer Länge annehmen. Dennoch können wir das leicht erklären. Wir hatten ja alle Messergebnisse nur auf 1/10 mm genau abgelesen. Mit anderen Worten, wir haben nicht unterschieden zwischen z.B. 55,67 und 55,72 mm: Beide Werte haben wir dem Messwert 55,7 mm zugeteilt und damit eigentlich festgelegt, dass wir sie in einen Topf mit allen Messwerten zwischen 55,65 und 55,75 mm werfen. Wir haben also eine *'Klasseneinteilung'* unseres im Grunde kontinuierlichen Wertebereichs vorgenommen. Neuhochdeutsch bezeichnet man diesen Vorgang auch als *'Binning'*. Er wird in der Praxis relativ häufig bewusst angewandt, aber eben auch automatisch immer dann, wenn wir bei Messwerten aus einer kontinuierlichen Werteskala mit einer endlichen Ablesegenauigkeit arbeiten.

Kontinuierliche Verteilungen, Wahrscheinlichkeitsdichte

Bleiben wir noch einen Moment bei dieser diskreten Verteilungsfunktion, die wir grafisch immer als Stufenfunktion darstellen können. Sehen wir uns noch einmal die Darstellung der relativen Häufigkeiten in Abb. 5.1 an. Würden wir die Ablesegenauigkeit erhöhen, also z.B. eine Stelle mehr ablesen, so erhielten wir entsprechend feinere Intervalle Δx und Stufen, bei einer Dezimalstelle mehr um den Faktor 10 feiner. (Wir behalten dabei im Hinterkopf, dass, solange wir nicht auch ein besseres Messverfahren anwenden, sich dabei nichts an der Messgenauigkeit ändert, also die charakteristische Breite der Funktion, d.h. der Streubereich der Messergebnisse, in etwa die gleiche bleibt.) Lagen also vorher im Intervall 55,65 ... 55,75 mm 20% aller Messwerte, so haben wir den selben Bereich jetzt mit 10 Intervallen abzudecken, und die relative Häufigkeit, eines dieser neuen Intervalle zu treffen, dürfte in der Größenordnung von $1/10 \cdot 20\%$, also bei ungefähr 2% liegen. Zwar kommen nun rund 10-mal mehr verschiedene Messwerte und dazugehörige relative Häufigkeiten vor, aber diese Häufigkeiten sind durchweg alle um rund den Faktor 10 kleiner als vorher. Die Kurve wird also dramatisch flacher, wenn man nicht den Maßstab ändert. Daran würde sich auch nichts ändern, wenn wir 10-mal mehr Messungen machen würden (das wäre in diesem Fall ohnehin empfehlenswert), weil wir ja *relative* Häufigkeiten aufgetragen haben.

Treiben wir dies noch weiter, so landen wir schließlich bei einer *kontinuierlichen* Häufigkeitsverteilung, jedoch werden beim Grenzübergang $\Delta x \to 0$ alle relativen Häufigkeiten exakt gleich Null! Das gilt natürlich genauso auch für den Grenzfall $n \to \infty$, d.h. auch für die Wahrscheinlichkeiten gilt

$$P(x) \equiv 0 \quad \text{für alle } x \qquad \text{(kontinuierliche Verteilung)}$$

Die Kurve ist auf die Abszisse kollabiert. Das macht Sinn, denn es ist, wie man sich leicht vorstellen kann, die Wahrscheinlichkeit dafür, *exakt* einen ganz bestimmten (durch unendlich viele Dezimalstellen definierten) Messwert zu erhalten, sicherlich Null. Erst wenn man ein endlich großes Intervall zulässt, gibt es dafür auch eine endliche Wahrscheinlichkeit. Die Frage, ob jemand *exakt* 1,800000... m groß ist, muss demnach mit einem uneingeschränkten 'Nein' beantwortet werden, während es für das Auftreten einer Größe zwischen 1,7995 und 1,8005 m durchaus eine endliche Wahrscheinlichkeit gibt.

Es macht daher Sinn, unsere Grafiken, die solche Sachverhalte illustrieren sollen, ein klein wenig abzuwandeln. Und zwar wollen wir eine Art der Auftragung wählen, in der die relative Häufigkeit bzw. die Wahrscheinlichkeit nicht mehr durch die *Höhe* der Kurve, sondern durch die *Fläche* unter der Kurve gekennzeichnet ist. Soll also $h(x_i)$ durch die Fläche gegeben sein, so müssen wir den Quotienten $h(x_i)/\Delta x$ als Ordinate verwenden. Dann ist die Fläche unter einer Stufe durch das Produkt

$$\frac{h(x_i)}{\Delta x} \cdot \Delta x = h(x_i)$$

gegeben, ganz so, wie wir es wollten. Das ist in Abb. 5.2 anhand der schon mehrfach benutzten Daten unserer Längenmessung aus Kapitel 3.2 illustriert.

Verkleinert man nun die Intervallbreite Δx, so wird, wie wir vorher gesehen haben, $h(x_i)$ ungefähr in gleichem Maße kleiner. Der Quotient aus beiden aber, $h(x_i)/\Delta x$, behält (im Mittel) seinen vorherigen Wert bei. Das ist in Abb. 5.3 mit einer Halbierung der Intervallbreite anschaulich dargestellt. Man erkennt, dass sich die Zahl der Intervalle verdoppelt hat. Dagegen haben sich die relativen Häufigkeiten (Flächen unter den einzelnen Stufen) im Durchschnitt halbiert. Die Höhe der Kurve bleibt dabei im Wesentlichen erhalten.

Dieses Verhalten ändert sich auch beim Grenzübergang zu einer kontinuierlichen Verteilung nicht, also für $\Delta x \to 0$. Wir haben demnach jetzt eine Größe gefunden, die die Verteilungsfunktion mit vernünftigen Zahlen charakterisiert, deren Werte aber nicht mehr von der gewählten Intervallbreite abhängen und die sich daher leicht auch auf den Fall einer kontinuierlichen Verteilungsfunktion verallgemeinern lässt.

Diese Betrachtung am Beispiel einer Häufigkeitsverteilung gilt völlig analog für Wahrscheinlichkeitsfunktionen, denn diese sind ja als Grenzfall von Häufigkeitsverteilungen eingeführt worden. Wir tragen also zweckmäßigerweise nicht mehr die Wahrscheinlichkeiten P(x_i) selbst sondern die Quotienten $P(x_i)/\Delta x$ auf und interpretieren folgerichtig die Fläche unter der Kurve für ein bestimmtes Intervall als die Wahrscheinlichkeit für das Auftreten eines Messwerts innerhalb dieses Intervalls. Das lässt sich ganz leicht auf

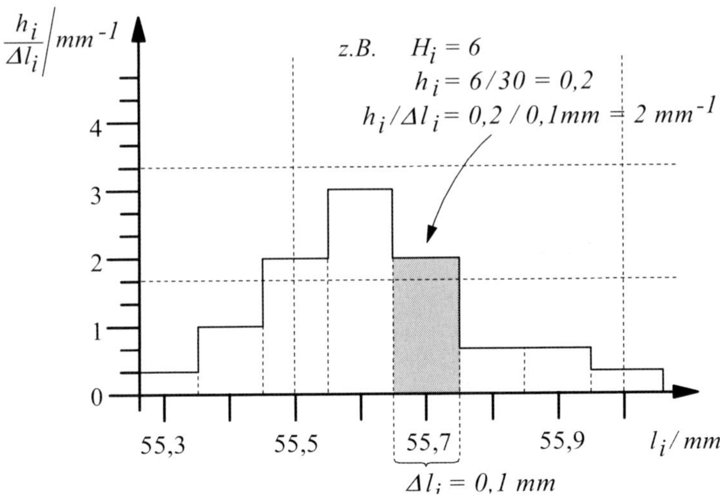

Abbildung 5.2: Häufigkeitsverteilung (aus Abb. 5.1) in modifizierter Auftragung: Hier wurde nicht die relative Häufigkeit, sondern der Quotient aus dieser und der Intervallbreite aufgetragen, so dass man eine Häufigkeits*dichte*-Verteilung erhält. Die relative Häufigkeit ist durch die *Fläche* unter der Kurve gegeben.

den kontinuierlichen Fall übertragen: Die Fläche wird dann durch das Integral über das interessierende Intervall berechnet.

Die so entstandenen Funktionen beziehen die Wahrscheinlichkeit auf ein Intervall der Messgröße, sie haben daher die Dimension des Kehrwerts der unabhängigen Variablen. Wie so häufig in der Physik oder Mathematik, wenn man eine Messgröße auf eine andere bezieht, mit der die erstere skaliert, spricht man von einer Dichtefunktion. (In der Physik betrifft dies z.B. alle extensiven Größen, die mit der untersuchten "Menge" einer Substanz skalieren.) Wir alle kennen z.B. die Massendichte als den Quotienten aus Masse und Volumen oder die Ladungsdichte als den Quotienten aus Ladung und Volumen eines Körpers. Wir sprechen z.B. auch von der elektrischen Stromdichte (Strom pro Querschnittsfläche eines Leiters) oder erkennen die Oberflächenspannung als Energiedichte einer Oberfläche. Ganz analog nennen wir die auf die Zufallsvariable bezogene Wahrscheinlichkeit **Wahrscheinlichkeitsdichte(funktion)** und bezeichnen sie meist mit einem kleinen "p", also

$$p(x_i) = \frac{P(x_i)}{\Delta x}$$

wobei man im kontinuierlichen Fall natürlich die Indizes i weglässt und genauer

$$\boxed{p(x) = \frac{\partial P(x)}{\partial x}} \tag{5.4}$$

schreiben muss.

Kennt man die Wahrscheinlichkeitsdichtefunktion für eine bestimmte Variable, so kann man daraus umgekehrt jederzeit Wahrscheinlichkeiten für beliebige Intervalle einfach

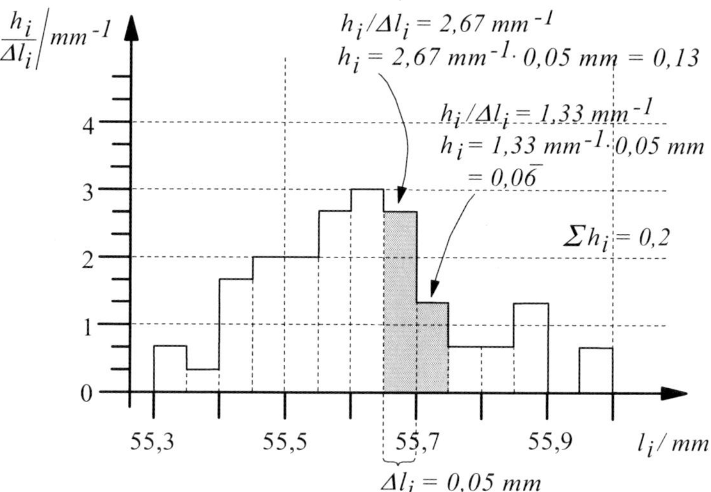

Abbildung 5.3: Häufigkeitsdichteverteilung für eine Längenmessung in Anlehnung an Abb. 5.2, jedoch mit nur halb so großer Intervallbreite. Man erkennt, dass zwar die Wahrscheinlichkeiten der einzelnen Intervalle entsprechend kleiner sind, die "Höhe" der Kurve aber im Prinzip unverändert und damit unabhängig von der Intervallbreite ist.

durch Integration berechnen:

$$\boxed{P\left(x_a \leq x \leq x_b\right) = \int_{x_a}^{x_b} p\left(x\right) \mathrm{d}x} \tag{5.5}$$

Das gilt gleichermaßen auch für diskrete Verteilungen. Formal mathematisch sind diskrete Wahrscheinlichkeitsdichtefunktionen dann eine Reihe von δ-Funktionen, Wahrscheinlichkeiten dagegen, wie wir schon gesehen hatten, Treppenfunktionen. Die Integrale lassen sich in diesem Fall auch wieder als Summen schreiben:

$$\boxed{P\left(x_a \leq x \leq x_b\right) = \sum_{x_a}^{x_b} p\left(x_i\right) \Delta x} \tag{5.6}$$

Integriert man nur über genau *eine* Stufe, so bleibt ein einfaches Produkt übrig:

$$P\left(x_i\right) = p\left(x_i\right) \cdot \Delta x$$

wie wir das ja schon bei den relativen Häufigkeiten im obigen Beispiel gesehen hatten.

Es soll nicht unerwähnt bleiben, dass dies alles auch für den Fall gilt, dass die Intervalle auf der Abszisse unterschiedliche Größe besitzen. Man hat dann statt mit einem festen Δx mit einem variablen Δx_i zu rechnen, ansonsten bleibt alles beim alten. Im Übrigen macht es gerade in diesen Fällen Sinn, mit Wahrscheinlichkeitsdichten zu arbeiten, um sich von der aktuellen Intervallteilung frei zu machen.

In mathematischen Tabellensammlungen findet man oft Wahrscheinlichkeiten für bestimmte wichtige Wahrscheinlichkeitsfunktionen aufgelistet. Um diese möglichst allgemein zu halten, wird dabei i.d.R. die sog. **kumulative Wahrscheinlichkeit** tabelliert, das ist die Wahrscheinlichkeit für das Auftreten eines Wertes zwischen dem unteren Ende des Wertebereichs (das ist in den meisten Fällen 0 oder -∞) und der Stelle x, also

$$\boxed{P(x) = P\left(x' \leq x\right) = \int\limits_{x_{\min}}^{x} p\left(x'\right) \mathrm{d}x'} \tag{5.7}$$

Wahrscheinlichkeiten für beliebige Intervalle lassen sich daraus leicht durch Differenzbildung berechnen. Die Wahrscheinlichkeits*dichte* kann man durch Differenzieren berechnen. Mit dieser Definition hat $P(x)$ die folgenden wichtigen Eigenschaften

$0 \leq P(x) \leq 1$ für $x_{\min} \leq x \leq x_{\max}$,
dabei ist x eine Zufallsvariable mit dem Wertebereich $x_{\min} \ldots x_{\max}$.
$P(x_{\min}) = 0$
$P(x_{\max}) = 1$
d.h. die Wahrscheinlichkeit ist auf 1 normiert.

Das sind die wichtigsten formalen Eigenschaften einer jeden Wahrscheinlichkeitsfunktion. Wahrscheinlichkeiten sind also stets reelle Zahlen zwischen 0 und 1. Wahrscheinlichkeitsdichten dagegen sind Größen der Dimension des Kehrwerts der Zufallsvariablen (Messwerte). Weiterhin hatten wir gesehen, dass

$P(x) \equiv 0$ für alle x bei kontinuierlichen Wahrscheinlichkeitesverteilungen,
dagegen ist $P(x \text{ in } [x \ \ldots \ x + \Delta x])$ endlich und (für *kleine* Intervalle) $\approx p(x) \cdot \Delta x$

5.2 Erwartungswerte

Wir gehen im Folgenden davon aus, dass wir eine Zufallsvariable x mit bekannter Wahrscheinlichkeitsfunktion $P(x)$ oder Wahrscheinlichkeitsdichtefunktion $p(x)$ vorliegen haben. Ganz analog zur Verfahrensweise bei einer Stichprobe (mit ihrer gemessenen Häufigkeitsverteilung) können wir auch mit Hilfe von Wahrscheinlichkeitsverteilungen Mittelwerte berechnen, z.B.

$$\begin{aligned}
&\text{Häufigkeitsverteilung:} & \overline{x} &= \sum_{i=1}^{r} h(x_i)\, x_i & \\
&\text{Wahrscheinlichkeitsverteilung:} & \mu = \langle x \rangle &= \sum_{i=1}^{r} P(x_i)\, x_i & \text{diskret} \\
& & &= \int_{x_{\min}}^{x_{\max}} p(x)\, x \,\mathrm{d}x & \text{kontinuierlich}
\end{aligned} \tag{5.8}$$

Diese aus Wahrscheinlichkeiten berechneten Mittelwerte liefern im Gegensatz zu den Mittelwerten aus Stichproben immer das gleiche Ergebnis, denn sie basieren ja nicht auf zufälligen Stichproben-Messergebnissen und den damit verbundenen zufälligen Schwankungen, sondern auf einer *wohlbekannten* Wahrscheinlichkeitsverteilung. Solche Mittelwerte machen daher präzise Vorhersagen darüber, was man denn im Experiment (im

Mittel) erwarten kann. Daher nennt man solche Mittelwerte, die mit Hilfe einer Wahrscheinlichkeitsverteilung gebildet werden, auch **Erwartungswerte**. Wir verwenden spitze Klammern ($\langle ... \rangle$), um diese besondere Art von Mittelwert zu kennzeichnen.

Der einfachste Fall ist der oben bereits angegebene Erwartungswert μ der Zufallsvariablen (bzw. eines Messwerts), er wird auch als **Populations-Erwartungswert** bezeichnet. Ganz generell können wir Erwartungswerte aber für jede beliebige Funktion $f(x)$ der Zufallsvariablen berechnen:

$$\begin{aligned} &\text{Mit} \quad y = f(x) && \text{ist somit} \\ &\langle y \rangle = \langle f(x) \rangle &= \sum_{i=1}^{r} P(x_i) \cdot f(x_i) && \text{diskret} \\ &\langle y \rangle = \langle f(x) \rangle &= \int_{x_{\min}}^{x_{\max}} p(x) \cdot f(x)\, \mathrm{d}x && \text{kontinuierlich} \end{aligned} \tag{5.9}$$

Im ersten Fall besitzt die Zufallsvariable einen diskreten Wertebereich, nämlich x_i, $i = 1, ..., r$, und die Wahrscheinlichkeitsfunktion $P(x_i)$ ist bekannt, im anderen Fall liegt ein kontinuierlicher Wertebereich $x_{\min}$ ... $x_{\max}$ vor und wir benutzen eine bekannte Wahrscheinlichkeitsdichtefunktion $p(x)$.

Aus der Vielzahl von solchen Erwartungswerten sind für die Statistik von Messwerten im Wesentlichen nur zwei von herausragender Bedeutung. Der eine ist der bereits oben als Beispiel genannte Populations-Erwartungswert $\langle x \rangle$ der Zufallsvariablen x, den wir mit dem "wahren" Wert einer physikalischen Größe assoziieren. Der zweite ist der Erwartungswert der Streuung der Zufallsvariablen oder, präziser, der Erwartungswert des Quadrats der Abweichungen $\varepsilon = x - \mu = x - \langle x \rangle$ vom Erwartungswert der Variablen:

$$\sigma^2 = \left\langle \varepsilon^2 \right\rangle = \left\langle (x-\mu)^2 \right\rangle = \left\langle (x - \langle x \rangle)^2 \right\rangle \tag{5.10}$$

Diese Größe bezeichnen wir, ganz analog zur Berechnung bei der Stichprobe, als **Varianz**. Entsprechend ziehen wir auch hier die positive Wurzel und bezeichnen

$$\sigma = +\sqrt{\sigma^2}$$

als die **Standardabweichung**. Die Berechnung erfolgt gemäß der Definition von Erwartungswerten mit Hilfe der Gleichungen

$$\begin{aligned} &\sigma^2 &= \sum_{i=1}^{r} P(x_i) \cdot (x_i - \mu)^2 && \text{diskret} \\ \text{oder} \quad &\sigma^2 &= \int_{x_{\min}}^{x_{\max}} p(x) \cdot (x-\mu)^2\, \mathrm{d}x && \text{kontinuierlich} \end{aligned} \tag{5.11}$$

Die Ähnlichkeit zur Berechnung der Varianz einer Stichprobe bezüglich ihres arithmetischen Mittels fällt sofort auf. Um trotz der gleichen Namen für diese Größen in den beiden Fällen eine klare Unterscheidung zu treffen, werden experimentelle Standardabweichungen (d.h. aus einer Stichprobe gewonnene) mit dem lateinischen Buchstaben s bezeichnet, während man im Fall einer bekannten Wahrscheinlichkeitsverteilung das griechische Äquivalent, σ (Sigma), benutzt. Auch für den Erwartungswert der Zufallsvariablen hat sich der griechische Buchstabe μ (mü) eingebürgert, während gelegentlich der Mittelwert aus einer Stichprobe analog auch mit m bezeichnet wird. Da uns in der Physik häufig die Buchstaben ausgehen und große Verwechslungsgefahr mit anderen Größen besteht, bleibt der Physiker allerdings oft lieber bei der Schreibweise in spitzen Klammern oder mit dem Mittelungsstrich.

Eine kleine Ergänzung sei an dieser Stelle noch angebracht. In vielen Fällen ist die Berechnung der Varianz nach der obigen Vorschrift etwas unpraktisch. Die Definitionsgleichung (Gl. 5.10) lässt sich jedoch noch etwas umformen, und die Varianz auf etwas andere Weise berechnen, es gilt nämlich

$$\boxed{\left\langle (x - \langle x \rangle)^2 \right\rangle = \langle x^2 \rangle - \langle x \rangle^2} \tag{5.12}$$

Das lässt sich leicht nachrechnen:

$$\begin{aligned}
\sum_{i=1}^{r} P(x_i) \cdot (x_i - \mu)^2 &= \sum_{i=1}^{r} P(x_i) \cdot \left(x_i^2 - 2\mu x_i + \mu^2\right) \\
&= \sum_{i=1}^{r} P(x_i)\, x_i^2 - 2\mu \sum_{i=1}^{r} P(x_i)\, x_i + \mu^2 \sum_{i=1}^{r} P(x_i) \\
&= \sum_{i=1}^{r} P(x_i)\, x_i^2 - \mu^2
\end{aligned}$$

Soweit der diskrete Fall; für den kontinuierlichen Fall geht der Rechengang ganz analog:

$$\begin{aligned}
\int p(x) \cdot (x - \mu)^2 \, \mathrm{d}x &= \int p(x) \cdot \left(x^2 - 2\mu x + \mu^2\right) \mathrm{d}x \\
&= \int p(x)\, x^2 \mathrm{d}x - 2\mu \int p(x)\, x \mathrm{d}x + \mu^2 \int p(x)\, \mathrm{d}x \\
&= \int p(x)\, x^2 \mathrm{d}x - \mu^2
\end{aligned}$$

In beiden Fällen haben wir kurz μ anstelle von $\langle x \rangle$ geschrieben. Wir werden obige Identität im Folgenden noch einige Male benutzen.

Ein weiterer Hinweis darf hier nicht fehlen: Ein Erwartungswert sagt uns nicht etwa, welches Messergebnis wir *im Einzelfall* erwarten dürfen. Naturgemäß streuen die Ergebnisse ja — eben entsprechend der zugrundeliegenden Wahrscheinlichkeitsfunktion. Er besagt lediglich, was wir *im Mittel* zu erwarten haben. Sehen wir uns z.B. ein Würfelexperiment an: Den Wertebereich bilden die ganzen Zahlen 1, 2, 3, 4, 5, 6, die Wahrscheinlichkeit für jede einzelne ist 1/6, d.h. der Erwartungswert $\langle x \rangle$ ist gleich

$$\langle x \rangle = \frac{1}{6}(1 + 2 + 3 + 4 + 5 + 6) = 3,5$$

Natürlich wird man niemals eine "3,5" würfeln, dies ist lediglich der Mittelwert, den man erwartet, wenn man sehr viele Würfe macht.

Ähnlich ist es mit der Streuung: Die Varianz in unserem Beispiel ist

$$\sigma^2 = \left\langle \varepsilon^2 \right\rangle = 1/6 \cdot 2 \cdot \left(0,5^2 + 1,5^2 + 2,5^2\right) = 2,91\overline{6}$$

und die Wurzel daraus, die Standardabweichung = 1,7078..., sagt uns, mit welcher Abweichung vom Erwartungswert wir *im Mittel* rechnen können. In jedem Einzelfall kommt diese Abweichung natürlich entweder zu 0,5, 1,5 oder 2,5 heraus.

5.3 Eigenschaften und Bedeutung von Wahrscheinlichkeitsverteilungen

Unser Ziel ist es, möglichst Informationen über die "wahren" Werte von Messgrößen und deren Unsicherheiten oder, im Sinne der Statistik, über deren Wahrscheinlichkeits(dichte)-funktionen und Erwartungswerte zu erhalten. Mit dieser Kenntnis könnte man optimal genaue Vorhersagen über zukünftige Messergebnisse machen. Wir wollen daher in diesem Abschnitt einige wichtige Eigenschaften zusammentragen.

Zentrale Momente

Zur Charakterisierung einer Verteilungsfunktion kann man deren sog. **zentrale Momente** benutzen. Dies sind alle Erwartungswerte der Form

$$c_k = \left\langle (x - \langle x \rangle)^k \right\rangle = \text{k. zentrales Moment}$$

Diese Bezeichnungsweise ist in der Physik geläufig. Wir stellen uns z.B. einen drehbar gelagerten Hebelarm vor, an dem in Abständen $x_i - \overline{x}$ von der Drehachse Gewichte der Größe $P(x_i)$ angehängt sind. Jedes Gewicht übt ein Drehmoment $(x_i - \overline{x})P(x_i)$ aus. Ist die Lage der Drehachse bei $\overline{x}$ identisch mit dem Schwerpunkt (und genau das suggeriert die Bezeichnung $\overline{x}$), so ist die Summe aller dieser (ersten) Momente gleich Null, der Balken ist im Gleichgewicht.

Ähnlich berechnet sich z.B. das Trägheitsmoment eines dünnen "masselosen" Stabs um eine Achse durch $\overline{x}$, an dem an den Positionen x_i Massen der Größe $P(x_i)$ angebracht sind, als die Summe über $(x_i - \overline{x})^2 P(x_i)$, d.h. die Summe der zweiten Momente. Auch höhere Momente spielen gelegentlich in der Physik eine Rolle.

Im Grunde ist jede Wahrscheinlichkeitsfunktion durch die Angabe ihrer (unendlich vielen) zentralen Momente eindeutig definiert. Zwei Beispiele haben wir im letzten Abschnitt kennengelernt:

$$\begin{aligned} c_1 &= \langle x - \langle x \rangle \rangle &&= 1.\ \text{Moment} &&= 0 \\ c_2 &= \left\langle (x - \langle x \rangle)^2 \right\rangle &&= 2.\ \text{Moment} &&= \sigma^2 \end{aligned}$$

Das erste zentrale Moment ist immer gleich Null, es definiert uns aber gerade dadurch indirekt den Erwartungswert der Messwerte — in gleicher Weise, wie es den Schwerpunkt eines Waagebalkens definiert. Das zweite Moment haben wir bereits als Varianz kennengelernt.

In der Praxis der physikalischen Messtechnik sind höhere Momente von Häufigkeits- oder Wahrscheinlichkeitsverteilungen meist ohne Bedeutung. Man hat es in vielen Fällen mit solchen Funktionen zu tun, bei denen alle höheren Momente nicht mehr unabhängig voneinander sind, sondern sich z.B. aus dem Mittelwert und/oder der Varianz berechnen lassen. Für symmetrische Funktionen sind zumindest die ungeraden Momente gleich Null. Der Vollständigkeit halber sollen hier aber noch die beiden nächsten Momente kurz angesprochen werden. Sie werden gelegentlich zur Charakterisierung von Verteilungsfunktionen herangezogen, die eher empirischen Charakter haben. Es sind

$$\begin{aligned} c_3 &= \left\langle (x - \langle x \rangle)^3 \right\rangle &&= 3.\ \text{Moment} &&\Rightarrow S = \text{Schiefe} \\ c_4 &= \left\langle (x - \langle x \rangle)^4 \right\rangle &&= 4.\ \text{Moment} &&\Rightarrow K = \text{Kurtosis} \end{aligned}$$

Wir werden Schiefe und Kurtosis, die im Wesentlichen aus den jeweiligen Momenten berechnet werden, erst im nächsten Abschnitt genau definieren. Qualitativ haben diese

Momente die folgenden Bedeutungen: Die **Schiefe** berücksichtigt aufgrund der ungeraden Potenz das *Vorzeichen* der Ablage eines Messwerts vom Erwartungswert. Positive Schiefe bedeutet daher, dass sich die Wahrscheinlichkeitsfunktion weiter zu positiven Werten hin erstreckt als zu negativen. Die Verteilungsfunktion ist demnach zwangsläufig asymmetrisch. Umgekehrt können asymmetrische Verteilungsfunktionen aber durchaus die Schiefe Null haben.

Die **Kurtosis** unterscheidet wiederum nicht im Vorzeichen, aber wegen der hohen Potenz des 4. Moments werden Wahrscheinlichkeiten in Bereichen, die sehr weit ab vom Erwartungswert liegen, stark überbewertet. Eine Funktion also, die in der Mitte hoch und schmal ist, aber relativ weitreichende Flügel besitzt, wird eine größere Kurtosis aufweisen als eine, die in der Mitte eher breit, aber insgesamt kompakter ist.

Wir kommen später bei der Diskussion spezieller Wahrscheinlichkeitsfunktionen noch einmal auf diese Punkte zurück. Dabei wird sich zeigen, dass man die Gaußverteilung als eine Art Norm ansehen kann und daher die Definitionen von Schiefe und Kurtosis dahingehend festlegt, dass man sie auf die Ergebnisse der jeweiligen Momente für die Gaußverteilung bezieht. Alle Momente werden daher zunächst auf σ^k normiert, damit werden die Ausdrücke dimensionslos. Von den geraden Momenten wird zudem noch ein bestimmter Betrag abgezogen. Damit haben z.B. Verteilungen, die kompakter sind als eine Gaußfunktion, eine negative Kurtosis, solche, die in den Außenbereichen weiter hinausreichen, eine positive.

Analogie zwischen Gesamtheiten und Stichproben

In der Praxis genügt tatsächlich meist die Kenntnis der ersten beiden Momente, um eine gesuchte Verteilungsfunktion anzugeben. Die Untersuchung von Messgrößen in Stichproben dient denn ja auch im Wesentlichen dazu, die durch die ersten beiden Momente definierten Größen des Erwartungswerts der Messwerte (= "wahrer" Wert der Messgröße) und der Varianz bzw. der Standardabweichung (= Maß für die "erwartete" Streuung der Messwerte) möglichst genau in Erfahrung zu bringen. Da wir die Wahrscheinlichkeit, die eine *Gesamtheit* beschreibt, als Grenzfall relativer Häufigkeiten, die eine *Stichprobe* beschreiben, abgeleitet hatten, sollten wir davon ausgehen können, dass die aus einer Messreihe (Stichprobe) gewonnenen Mittelwerte, speziell das arithmetische Mittel und die Stichproben-Varianz "gute" Schätzwerte für die wahren Erwartungswerte eines Messwerts und der Varianz der Gesamtheit (von Messwerten) darstellen.

Im Wesentlichen sind dazu zwei Punkte sicherzustellen. Zum einen kann man sehr leicht nachvollziehen, dass die Stichprobengrößen gegen die entsprechenden Größen der Gesamtheit konvergieren sollten. Das bedeutet, dass, wenn wir unendlich viele Messungen durchführen würden, die relativen Häufigkeiten den Wahrscheinlichkeiten entsprechen, das arithmetische Mittel gegen den Erwartungswert der Messwerte und die Varianz der Stichprobe gegen die theoretische Varianz konvergiert. Da wir die Wahrscheinlichkeit als Grenzwert für $n \to \infty$ eingeführt hatten und gewisse einfache Regeln für das Berechnen von Grenzwerten gelten, ist leicht einzusehen, dass z.B.

$$\lim_{n\to\infty} \overline{x} = \lim_{n\to\infty} (\sum_{i=1}^{r} x_i h_i) = \sum_{i=1}^{r} x_i \lim_{n\to\infty} h_i = \sum_{i=1}^{r} x_i P_i = \langle x \rangle = \mu \tag{5.13}$$

ist. Das gleiche Verhalten kann man auch für das Grenzverhalten der Stichprobenvarianz zeigen, es ist

$$\begin{aligned}\lim_{n\to\infty} s^2 &= \lim_{n\to\infty}\left(\frac{n}{\nu}\sum_{i=1}^{r}(x_i-\overline{x})^2 h_i\right) = \lim_{n\to\infty}\left(\frac{n}{\nu}\right)\sum_{i=1}^{r}(x_i-\lim_{n\to\infty}\overline{x})^2\lim_{n\to\infty}h_i \\ &= \sum_{i=1}^{r}(x_i-\mu)^2 P_i = \left\langle (x-\mu)^2\right\rangle = \sigma^2 \end{aligned} \tag{5.14}$$

wobei wir zur Abkürzung $\nu = n-1$ gesetzt haben. Dieses Verhalten experimentell bestimmter Schätzwerte bezeichnet man als **konsistent**. Es sei angemerkt, dass es für den Grenzübergang und damit die *Konsistenz* der Definition der Varianz keine Rolle spielt, ob wir $\nu = n-1$ (wie im ersten Teil dieses Skripts dargelegt) oder $\nu = n$ benutzt haben.

Davon unterschieden werden muss andererseits die Frage danach, ob denn die Erwartungswerte der Schätzwerte aus den Stichproben mit den Erwartungswerten der entsprechenden Größen übereinstimmen. Mit anderen Worten, ist der Erwartungswert des arithmetischen Mittels von Stichproben-Messwerten gleich dem Erwartungswert der Messwerte? Dieses Verhalten experimenteller Schätzwerte bezeichnet man als **erwartungstreu** (engl. '*unbiased*'). Für das *arithmetische Mittel* ist das wiederum leicht nachzuvollziehen:

$$\langle\overline{x}\rangle = \left\langle \frac{1}{n}\sum_{i=1}^{n}x_i\right\rangle = \frac{1}{n}\sum_{i=1}^{n}\langle x_i\rangle = \frac{1}{n}n\,\langle x\rangle = \mu \tag{5.15}$$

Für die *Varianz* ist dieser Aspekt ein wenig ausführlicher zu diskutieren, weil das Ergebnis nicht so ganz offensichtlich ist, wir es aber — ohne genaue Begründung — in Kapitel 3 schon vorweg genommen haben. Auch für die Varianz wollen wir, damit wir eine aussagekräftige Größe berechnen, Erwartungstreue verlangen, d.h.

$$\left\langle s^2\right\rangle = \left\langle \frac{1}{\nu}\sum_{i=1}^{n}(x_i-\overline{x})^2\right\rangle = \ldots = \sigma^2 \tag{5.16}$$

Wir hatten seinerzeit die Varianz der Stichprobe als

$$s^2 = \frac{1}{\nu}\sum_{i=1}^{n}{v_i}^2 = \frac{1}{\nu}\sum_{i=1}^{n}(x_i-\overline{x})^2 \tag{5.17}$$

in der Weise festgelegt, dass wir für ν den Wert $n-1$ eingesetzt hatten. Verschiedene Plausibilitätsargumente hatten uns davon überzeugt, dass diese Wahl nicht so ganz verkehrt sein konnte. Jetzt sind wir in der Lage, formal die Frage klären, warum das *richtig* ist. Lassen wir zunächst aber den Wert für ν offen.

Ziel der Rechnung ist es, aus der Stichprobe einen "Schätzwert" oder "Bestwert" für die Varianz der Messwerte einer Gesamtheit

$$\sigma^2 = \left\langle\varepsilon^2\right\rangle = \left\langle (x-\mu)^2\right\rangle = \left\langle (x-\langle x\rangle)^2\right\rangle \tag{5.18}$$

zu gewinnen. Dabei sind

$$\varepsilon_i = x_i - \mu = x_i - \langle x\rangle$$

die Abweichungen der Messwerte vom "wahren" Wert. Der Mittelwert $\overline{x}$ weicht i.d.R. selbst vom wahren Wert ab, und zwar um:

$$e = \overline{x} - \mu = \frac{1}{n} \sum_i \varepsilon_i \tag{5.19}$$

Für die Berechnung der Varianz der Messwerte einer Stichprobe können wir aber nur die Abweichungen $v_i = x_i - \overline{x}$ vom arithmetischen Mittel benutzen, da uns weder die ε_i noch e bekannt sind. Da diese Größen aber miteinander in Beziehung stehen, können wir Gl. 5.17 unter Verwendung dieser Größen umformen; wir interessieren uns dabei für den Erwartungswert:

$$\begin{aligned} \langle s^2 \rangle &= \frac{1}{\nu} \left\langle \sum_{i=1}^{n} v_i^2 \right\rangle = \frac{1}{\nu} \left\langle \sum_{i=1}^{n} (\varepsilon_i - e)^2 \right\rangle \\ &= \frac{1}{\nu} \left\langle \sum_{i=1}^{n} \varepsilon_i^2 - 2e \sum_{i=1}^{n} \varepsilon_i + ne^2 \right\rangle \\ &= \frac{1}{\nu} \left\langle \sum_{i=1}^{n} \varepsilon_i^2 - ne^2 \right\rangle \\ &= \frac{n}{\nu} \left(\langle \varepsilon^2 \rangle - \langle e^2 \rangle \right) \end{aligned} \tag{5.20}$$

Den ersten Term erkennen wir sofort als die Varianz der Messwerte einer Gesamtheit (Gl. 5.18). Der zweite Term ist, da er sich auf die Abweichung des arithmetischen Mittels vom wahren Wert bezieht, nichts anderes als der Erwartungswert der Varianz des arithmetischen Mittels:

$$\sigma_{\overline{x}}^2 = \langle e^2 \rangle = \left\langle (\overline{x} - \mu)^2 \right\rangle = \left\langle (\overline{x} - \langle x \rangle)^2 \right\rangle \tag{5.21}$$

Wir können also Gl. 5.20 als Differenz zweier Varianzen schreiben, einmal der für x und einmal der für $\overline{x}$:

$$\langle s^2 \rangle = \frac{n}{\nu} \left(\sigma^2 - \sigma_{\overline{x}}^2 \right) \tag{5.22}$$

Hätten wir früher bei der Definition der Stichproben-Varianz, wie es vielleicht naheliegend erschien, $\nu = n$ verwendet, so sähe man hier sofort, dass diese Abschätzung um den Betrag $\sigma_{\overline{x}}^2$ zu klein ausfällt. Wir hatten dort ja auch schon gesehen, dass die Stichproben-Varianz bzgl. des arithmetischen Mittels minimal sein muss, somit war damals schon klar, dass die Varianz bzgl. des wahren Werts größer sein musste. Insofern haben wir bis jetzt noch keine allzu weitreichende neue Erkenntnis gewonnen.

Die Frage bleibt, wie groß denn dieser Fehlbetrag $\sigma_{\overline{x}}^2$ ist. Den Wert dieses Ausdrucks hatten wir schon einmal hergeleitet, wenn auch nur für die Stichproben-Varianzen. Allerdings basierte diese Herleitung nur darauf, dass wir das arithmetische Mittel als $\frac{1}{n} \sum_{i=1}^{n} x_i$ und somit als Funktion der einzelnen Messwerte der Zufallsvariablen definiert hatten. Daran hat sich nichts geändert, und es ist demnach

$$\boxed{\sigma_{\overline{x}}^2 = \frac{1}{n} \sigma^2} \tag{5.23}$$

Damit wird

$$\langle s^2 \rangle = \frac{n}{\nu} \left(\sigma^2 - \frac{1}{n}\sigma^2 \right) = \frac{n}{\nu}\sigma^2 (\frac{n-1}{n}) = \frac{n-1}{\nu}\sigma^2 \tag{5.24}$$

Wie man nun ganz klar sieht, ist dieser Ausdruck genau dann gleich σ^2, wie wir es gefordert hatten, wenn $\nu = n - 1$ gewählt wird. Mit dieser Wahl wird also sichergestellt, dass der Erwartungswert der so definierten Varianz der Messwerte einer Stichprobe mit der Varianz der Gesamtheit übereinstimmt. Damit ist dann auch die Benutzung der ersteren als *erwartungstreuer* Schätzwert für letztere gerechtfertigt.

Die Argumentation hinsichtlich der Varianz des arithmetischen Mittels kann man auch noch etwas formaler führen: Die Varianz des arithmetischen Mittels bzgl. des wahren Werts ist (gem. Gl. 5.21) der Erwartungswert der quadratischen Abweichung des arithmetischen Mittels von μ:

$$\sigma^2 = \langle e^2 \rangle = \langle (\overline{x} - \mu)^2 \rangle$$

e^2 lässt sich gemäß Gl. 5.19 schreiben als

$$e^2 = \frac{1}{n^2} \left(\sum_i \varepsilon_i \right)^2 = \frac{1}{n^2} \sum_i \varepsilon_i^2 + \frac{1}{n^2} \sum_{k \neq j} \sum_{j=1}^{n} \varepsilon_j \varepsilon_k$$

und der Erwartungswert wird damit

$$\langle e^2 \rangle = \frac{1}{n^2} \left\langle \left(\sum_i \varepsilon_i \right)^2 \right\rangle = \frac{1}{n^2} \left\langle \sum_i \varepsilon_i^2 \right\rangle + \frac{1}{n^2} \left\langle \sum_{k \neq j} \sum_{j=1}^{n} \varepsilon_j \varepsilon_k \right\rangle$$

Der letzte Term verschwindet. Das liegt anschaulich daran, dass die gemischten Terme wechselndes Vorzeichen haben, und im Mittel gleich viele positive wie negative Beiträge enthalten sind, weil alle ε_i unabhängig voneinander sind. Formal kann man aber auch leicht sehen, dass

$$\left\langle \frac{1}{n} \sum_{j=1}^{n} \varepsilon_j \varepsilon_k \right\rangle = 0 \quad \text{für jedes einzelne } k$$

ist, was auf der Eigenschaft des arithmetischen Mittels basiert, dass dessen Erwartungswert gleich μ ist (Gl. 5.15). Somit wird

$$\sigma_{\overline{x}}^2 = \frac{1}{n^2} \left\langle \sum_i \varepsilon_i^2 \right\rangle = \frac{1}{n} \langle \varepsilon^2 \rangle = \frac{1}{n}\sigma^2$$

Zusammenfassend können wir also eine vollständige Analogie zwischen den (zu ergründenden) Parametern einer (praktisch unzugänglichen) Gesamtheit und den aus dem Experiment bestimmbaren Parametern einer Stichprobe erkennen. Die folgende Tabelle veranschaulicht diese Analogie, soweit sie die bisher diskutierten Begriffe betrifft.

Gesamtheit	**Stichprobe**
Zufallsvariable x	Messwert x
Wahrscheinlichkeit $P(x)$	rel. Häufigkeit $h(x)$
Populationserwartungswert	arithmetisches Mittel
$\mu = \langle x \rangle = \sum P(x_i)x_i$	$\overline{x} = \frac{1}{n}\sum_{i=1}^{n} x_i = \sum_{j=1}^{r} h_j x_j$
Varianz $\sigma^2 = \sum P(x_i)(x_i - \overline{x})^2$	Varianz $s^2 = \frac{1}{n-1}\sum_{i=1}^{n}(x_i - \overline{x})^2 = \frac{n}{n-1}\sum_{j=1}^{r} h_j(x_j - \overline{x})^2$
Standardabweichung $\sigma = \sqrt{\sigma^2}$	Standardabweichung $s = \sqrt{s^2}$

Für die Gesamtheit erstreckt sich die Summe über *alle möglichen* Werte von x_i. Bei Stichproben haben wir die Wahl, ob wir einfach über alle Messergebnisse x_i, $i = 1, ..., n$, oder alle *verschiedenen* Ergebnisse x_j, $j = 1, ..., r$, summieren wollen. Im letzteren Fall müssen wir dann jeweils mit den relativen Häufigkeiten multiplizieren. Die angegebenen Formeln gelten jeweils für den Fall einer diskreten Verteilung. Für kontinuierliche Wahrscheinlichkeitsverteilungen sind entsprechend Integrale über die Wahrscheinlichkeitsdichten zu benutzen.

Vertrauensbereiche

Wir hatten weiter oben schon gesehen, dass Erwartungswerte uns zwar genaue Vorhersagen über das Verhalten der Ergebnisse *im statistischen Mittel* angeben, aber keine Vorhersage eines *einzelnen* Ergebnisses gestatten. Nichtsdestotrotz, wenn wir die Wahrscheinlichkeitsfunktionen kennen, können wir natürlich Aussagen treffen über die *Wahrscheinlichkeit* des Auftretens bestimmter Messwerte, oder besser für das Auftreten von Messwerten in bestimmten *Bereichen*. Diese Wahrscheinlichkeiten lassen sich leicht durch Integration der Wahrscheinlichkeitsdichtefunktion über den interessierenden Bereich berechnen. Es hat sich eingebürgert, im Zusammenhang mit der Frage nach Messfehlern ganz *bestimmte* Bereiche zu untersuchen, die sich in ihrer Größe an der Standardabweichung orientieren und in vielen Fällen ein ganzzahliges Vielfaches einer Standardabweichung darstellen und die um den Populations-Erwartungswert zentriert sind. Die häufigsten Fälle sind daher Angaben über

$$
\begin{aligned}
P(\mu - \sigma \leq x \leq \mu + \sigma) &= ? \\
P(\mu - 2\sigma \leq x \leq \mu + 2\sigma) &= ? \\
P(\mu - 3\sigma \leq x \leq \mu + 3\sigma) &= ?
\end{aligned}
$$

Solche Intervalle nennt man Vertrauensbereiche, das "Vertrauen" wird dabei durch die jeweilige Wahrscheinlichkeit angegeben. Hat man also z.B. $P(\mu - \sigma \leq x \leq \mu + \sigma) = 60\%$, so bedeutet das, dass man ein Vertrauen von 60% darin haben kann, dass ein Messwert innerhalb eines Bereichs von ± 1 Standardabweichung um den Erwartungswert μ auftritt. Mit abnehmender Größe eines Vertrauensbereichs wird die Wahrscheinlichkeit und damit das Vertrauen allerdings immer kleiner, das muss so sein. Ganz generell kann man sagen: Absolutes Vertrauen gibt es nicht, aber je präziser wir ein Ergebnis festlegen wollen, desto geringer wird die Wahrscheinlichkeit dafür ausfallen. Umgekehrt wird die Wahrscheinlichkeit desto größer, je weniger wir den Bereich einengen. Man muss also immer einen angemessenen Kompromiss machen. Wir werden im Folgenden einige solcher Aussagen quantitativ kennenlernen.

Die Tschebyscheffsche Ungleichung

Die Tschebyscheffsche Ungleichung ist ein einfaches, aber zugleich bedeutsames Beispiel für die Angabe von Vertrauensbereichen. Sie macht Aussagen darüber, wie groß die Wahrscheinlichkeit dafür *mindestens* ist, dass Zufallsvariablen (Messwerte) in einen bestimmten Bereich fallen. Die Schärfe dieser Aussagen ist nicht gerade dramatisch hoch, aber die Ungleichung hat dennoch eine sehr fundamentale Bedeutung, weil überhaupt keine Voraussetzungen über die Gestalt der Wahrscheinlichkeitsverteilung gemacht werden: Die folgende Aussage gilt für jede *beliebige*, noch so obskure Wahrscheinlichkeitsverteilung! In Fällen, in denen deren Form tatsächlich nicht bekannt ist, können dann immer noch vernünftige Rückschlüsse gezogen werden.

Die Tschebyscheffsche Aussage lautet

$$\begin{aligned} P(\mu - h\sigma \leq x \leq \mu + h\sigma) &\geq 1 - \frac{1}{h^2} \\ \text{oder} \qquad P(|x-\mu| \geq h\sigma) &\leq \frac{1}{h^2} \end{aligned} \tag{5.25}$$

Um eine Vorstellung zu erhalten, was das anschaulich bedeutet, seien hier einige Fälle herausgegriffen:

h	Bereich	minimales $P(x$ in Bereich$)$
1	$\mu \pm \sigma$	0
1,5	$\mu \pm 1,5\sigma$	44 %
2	$\mu \pm 2\sigma$	75 %
3	$\mu \pm 3\sigma$	91 %
10	$\mu \pm 10\sigma$	99 %

Man sieht, dass zwar für einen Vertrauensbereich von einer Standardabweichung noch keine Aussage getroffen werden kann, aber bereits zumindest fast die Hälfte aller Ereignisse in einen nur 50 % größeren Bereich fallen müssen. Mindestens 3/4 aller Fälle liegen innerhalb von 2 Standardabweichungen und über 90 % innerhalb von 3 Standardabweichungen. Und das ist, wie gesagt, *unabhängig* von der individuellen Form der Verteilungsfunktion!

Diese Ungleichung lässt sich natürlich auch beweisen. Dazu schreiben wir die Varianz in ihrer allgemeinen Definition auf und unterteilen das Integral in drei Abschnitte:

$$\begin{aligned} \sigma^2 &= \int_{x_{\min}}^{x_{\max}} (x-\mu)^2 p(x)\,\mathrm{d}x \\ &= \int_{x_{\min}}^{\mu-h\sigma} (x-\mu)^2 p(x)\,\mathrm{d}x + \int_{\mu-h\sigma}^{\mu+h\sigma} (x-\mu)^2 p(x)\,\mathrm{d}x + \int_{\mu+h\sigma}^{x_{\max}} (x-\mu)^2 p(x)\,\mathrm{d}x \end{aligned}$$

Wenn wir im ersten und im letzten Term den Ausdruck $(x-\mu)^2$ durch $h^2\sigma^2$ ersetzen, so erhalten wir in beiden Fällen etwas kleineres, da innerhalb des Integrationsbereichs stets $|x-\mu| \geq h\sigma$

ist. Lassen wir den mittleren Term auch noch außer acht, so kommt etwas noch kleineres heraus. Demnach können wir schreiben

$$\sigma^2 \geq h^2\sigma^2 \int_{x_{\min}}^{\mu-h\sigma} p(x)\,\mathrm{d}x + h^2\sigma^2 \int_{\mu+h\sigma}^{x_{\max}} p(x)\,\mathrm{d}x$$

Die beiden Integrale stellen jeweils die Wahrscheinlichkeit dafür dar, dass $x \leq \mu - h\sigma$ bzw. $x \geq \mu + h\sigma$ ist, d.h.

$$\begin{aligned}\sigma^2 &\geq h^2\sigma^2 \left[P(x-\mu \leq -h\sigma) + P(x-\mu \geq +h\sigma)\right] \\ &\geq h^2\sigma^2\, P(|x-\mu| \geq h\sigma)\end{aligned}$$

Wenn $\sigma \neq 0$ (das ist die Regel), so folgt daraus

$$P(|x-\mu| \geq h\sigma) \leq \frac{1}{h^2}$$

Für $\sigma = 0$ gilt ohnehin $P(x = \mu) = 1$, sodass auch hier die Aussage richtig ist. Q.e.d.

Der konkrete Zusammenhang zwischen Vertrauen und Breite des Vertrauensbereichs ist von der jeweiligen Wahrscheinlichkeitsverteilung abhängig. Für asymmetrische Verteilungen wird u.U. einen Vertrauensbereich i.d.R. nicht mehr unbedingt symmetrisch wählen, es können verschiedene links- und rechtsseitige Grenzen sinnvoll sein. Die Tschebyscheffsche Ungleichung stellt für den symmetrischen Fall jedoch stets eine Minimalbedingung dar.

6 Ausgewählte Verteilungsfunktionen

6.1 Spezielle Verteilungsfunktionen: Die Gauß- oder Normalverteilung

Verteilung von Messfehlern

Die Gaußfunktion hatten wir bereits kurz kennengelernt, als wir uns darüber Gedanken gemacht hatten, wie denn eine Häufigkeitsverteilung aussehen würde, wenn wir die Ablesegenauigkeit, d.h. die Auflösung oder das Raster, mit dem wir physikalische Messwerte erhalten, immer weiter verfeinern (und dabei die Anzahl der Messungen entsprechend vergrößern) würden. Als Grenzfall unendlich hoher Auflösung hatten wir dabei eine glatte Funktion erhalten, die um das arithmetische Mittel zentriert war und nach beiden Seiten hin symmetrisch abfiel. In dem Sinne, in dem wir Wahrscheinlichkeiten als Grenzfall relativer Häufigkeiten eingeführt hatten, ist diese Funktion denn auch *genau die* Wahrscheinlichkeitsdichtefunktion, die in außerordentlich vielen Fällen die Wahrscheinlichkeitsverteilung für das Auftreten von Messwerten in der Natur beschreibt. Darin besteht ihre fundamentale Bedeutung. In ihrer Normalform, und korrekt auf 1 normiert, lautet die Funktion

$$\boxed{p(x) = \frac{1}{\sqrt{2\pi}\sigma}\,\mathrm{e}^{-\dfrac{x^2}{2\sigma^2}} \quad \text{für den Wertebereich } x = -\infty \ldots + \infty} \qquad \text{Wahrscheinlichkeitsdichte} \tag{6.1}$$

$$P(x) = \frac{1}{\sqrt{2\pi}\sigma}\int_{-\infty}^{x} \mathrm{e}^{-\dfrac{x'^2}{2\sigma^2}}\,\mathrm{d}x' \qquad \text{kumulative Wahrscheinlichkeit} \tag{6.2}$$

Die Zufallsvariable x beschreibt dabei die Messfehler, d.h. die Abweichungen ε eines Messwerts von seinem Erwartungswert μ. Um eine allgemeine Funktion zu erhalten, die die Verteilung *der Messwerte selbst* beschreibt, müssen wir noch eine Variablentransformation $x \rightarrow x - \mu$ durchführen, die Funktion lautet dann, wie man leicht einsehen kann,

$$\boxed{p(x) = \frac{1}{\sqrt{2\pi}\sigma}\,\mathrm{e}^{-\dfrac{(x-\mu)^2}{2\sigma^2}}} \tag{6.3}$$

Sie ist nicht mehr bei Null, sondern bei μ zentriert, wie wir es erwarten.

Einige Beispiele der Normalverteilung für verschiedene Werte von σ sind in Abb. 6.1 zusammen mit ihren kumulativen Verteilungsfunktionen dargestellt.

Der zentrale Grenzwertsatz

Neben dieser rein empirischen Feststellung kann man zeigen, dass die Gaußfunktion praktisch *immer* als limitierende Verteilungsfunktion des Gesamtfehlers herauskommt, wenn viele unterschiedliche unabhängige Fehler zusammenwirken. Dies ist eine wesentliche Aussage des sog.

zentralen Grenzwertsatzes

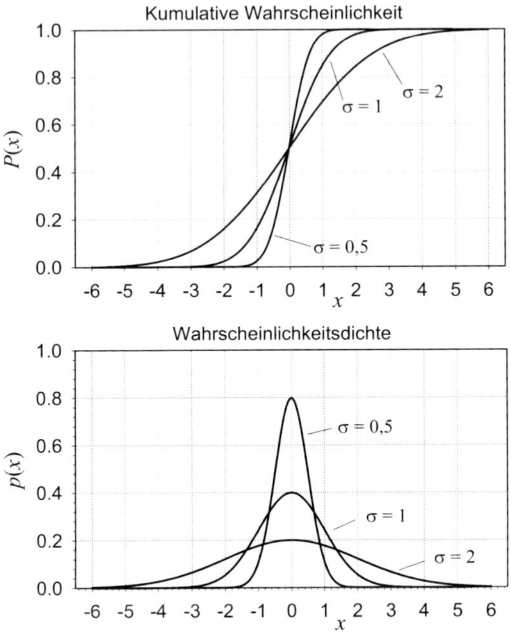

Abbildung 6.1: Einige Gauß- oder Normalverteilungen (unten) sowie die dazugehörigen kumulativen Wahrscheinlichkeitsverteilungen (oben). Alle Wahrscheinlichkeitsdichtefunktionen besitzen das gleiche Integral, d.h. die gleiche Fläche und sind somit gleichermaßen auf 1 normiert.

auf den wir hier aber nicht weiter im Detail eingehen können. Wir wollen dieses Verhalten lediglich qualitativ anhand eines Beispiels nachvollziehen. Wir bemühen dazu wieder einen Würfel und untersuchen, wie die Wahrscheinlichkeitsverteilung der Ergebnisse aussieht, wenn man die Anzahl der Würfel schrittweise erhöht. Die Basisverteilung für die Anzahl der gewürfelten Augen bei Verwendung *eines* Würfels ist eine Gleichverteilung, d.h. jedes Ergebnis ist gleich wahrscheinlich. Benutzt man 2 Würfel, so erhält man für die Summe der Augen bereits eine dreieckförmige Verteilung: Jeder, der einmal 'Die Siedler von Catan' gespielt hat, weiß, dass im Mittel die 7 die häufigste Zahl ist, während die Randzahlen 2 und 12 viel seltener sind. (Die Wahrscheinlichkeiten für die Zahlen 2...12 wachsen zuerst linear von 1/36 bis 1/6 an und nehmen danach wieder linear von 1/6 auf 1/36 ab.) Mit 3 Würfeln erhält man schon einen Verlauf, der sowohl in den "Flügeln" als auch im Bereich des Maximums merklich gekrümmt ist. Mit nur wenigen Würfeln mehr erhält man bereits einen Verlauf, der innerhalb realistischer Experimente nicht mehr von dem einer Gaußverteilung unterschieden werden kann. Diese allmähliche Veränderung ist in Abb. 6.2 illustriert. Zum Vergleich ist ab $n = 2$ auch die passende Gaußverteilung eingetragen. Unmengen von Computersimulationen mit Zufallszahlen zeigen das gleiche Bild, wobei es tatsächlich *nicht* darauf ankommt, wie die Basisverteilungen der einzelnen Zufallsvariablen aussehen: Das Ergebnis konvergiert *immer* früher oder später gegen eine

Gaußverteilung. Dieses Verhalten ist auch formal beweisbar. — In diesem Sinne liegt auch die Vermutung nahe, dass häufig für das Zustandekommen eines normalverteilten Messfehlers viele Ursachen zusammenwirken, so dass das Ergebnis nicht ganz überraschend wäre.

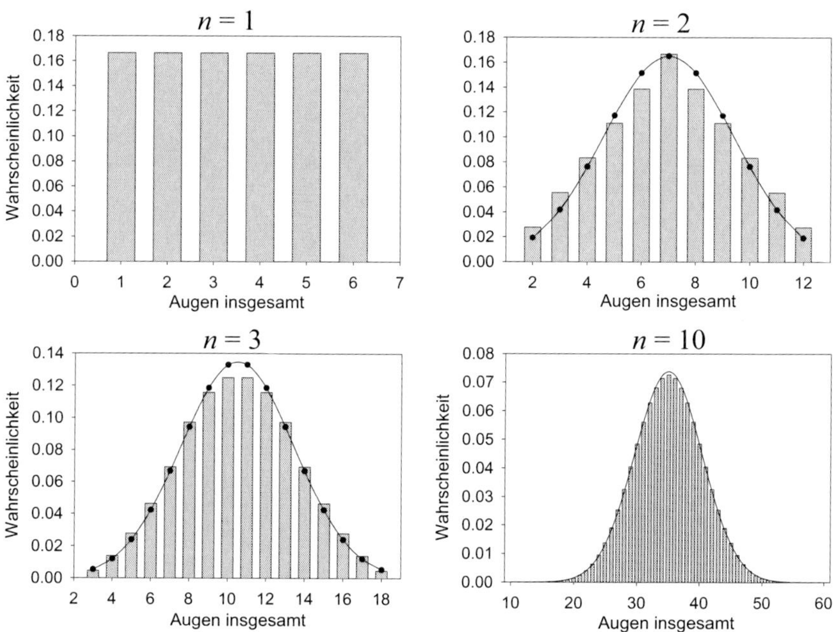

Abbildung 6.2: Wahrscheinlichkeitsverteilungen (Balkendiagramme) der erreichbaren Zahl der Augen mit 1, 2, 3, und 10 Würfeln. Ab $n = 2$ ebenfalls eingetragen ist eine Gaußverteilung mit dem gleichen Mittelwert und der gleichen Standardabweichung (durchgezogene Kurven mit Punkten). Bei $n = 10$ ist diese kaum noch von der tatsächlichen Verteilung zu unterscheiden, und selbst bei $n = 2$ oder 3 sind die Unterschiede nicht sonderlich groß.

Sonderformen

Da das Integral (Gl. 6.2) nicht so ohne weiteres auswertbar ist, hat man die Verteilung tabelliert; man findet sie in vielen Büchern, mathematischen Formel- und Tabellensammlungen. Dabei macht es natürlich keinen Sinn, Tabellen für eine Unzahl von verschiedenen Standardabweichungen σ aufzuschreiben. Man tabelliert daher die sog. **Standard-Normalverteilung**, das ist die Funktion für den Sonderfall $\sigma = 1/\sqrt{2}$:

$$p(x) = \frac{1}{\sqrt{\pi}} \mathrm{e}^{-x^2} \tag{6.4}$$

Die o.g. allgemeinere Form erhält man daraus leicht durch die Substitution

$$x \to \frac{x}{\sqrt{2}\sigma}$$

Dabei muss man allerdings darauf achten, dass man die Normierung der Funktion aufrecht erhält. Darauf ist der zusätzliche Faktor $1/(\sqrt{2}\sigma)$ vor der Exponentialfunktion in der allgemeineren Form (Gl. 6.1) zurückzuführen. Die zugehörige Integralform (kumulative Wahrscheinlichkeit)

$$\frac{1}{\sqrt{\pi}} \int_{-\infty}^{x} \mathrm{e}^{-x'^2} \,\mathrm{d}x'$$

lässt sich ebenfalls leicht tabellieren, jedoch wird meist das doppelte, einseitige Integral unter der Bezeichung '**Error Function**' auf Taschenrechnern und in Programmbibliotheken verwendet:

$$\mathrm{erf}(x) = \frac{2}{\sqrt{\pi}} \int_{0}^{x} \mathrm{e}^{-x'^2} \,\mathrm{d}x' \tag{6.5}$$

Eigenschaften der Gaußverteilung

Normierung:

Die Normierungsbedingung verlangt, dass das Integral über den Wertebereich der Zufallsvariablen

$$\frac{1}{\sqrt{2\pi}\sigma} \int_{-\infty}^{\infty} \mathrm{e}^{-\dfrac{x^2}{2\sigma^2}} \,\mathrm{d}x' = 1 \tag{6.6}$$

wird. Das Grundintegral

$$\int_{-\infty}^{\infty} \mathrm{e}^{-x^2} \,\mathrm{d}x = \sqrt{\pi}$$

kann man in Formelsammlungen nachsehen, oder auch selbst durch geeignete Variablentransformationen berechnen. Die restlichen Faktoren ergeben sich aus den Regeln der Differentialrechnung und den konstanten Vorfaktoren.

Mittelwert:

Der Erwartungswert der Zufallsvariablen $\langle x \rangle$ muss folgender Gleichung genügen

$$\frac{1}{\sqrt{2\pi}\sigma} \int_{-\infty}^{\infty} \mathrm{e}^{-\dfrac{(x-\mu)^2}{2\sigma^2}} \, x \,\mathrm{d}x = \mu \tag{6.7}$$

was man auf ähnliche Weise verifizieren kann.

Varianz:

In gleicher Weise kann man auch nachrechnen, dass

$$\frac{1}{\sqrt{2\pi}\sigma} \int_{-\infty}^{\infty} \mathrm{e}^{-\dfrac{(x-\mu)^2}{2\sigma^2}} (x-\mu)^2 \,\mathrm{d}x = \sigma^2 \tag{6.8}$$

Wendepunkte:

Die Kurve besitzt Wendepunkte genau an den Stellen $x = \mu \pm \sigma$. Diese und andere Charakteristika der Gaußfunktion sind in Abb. 6.3 illustriert.

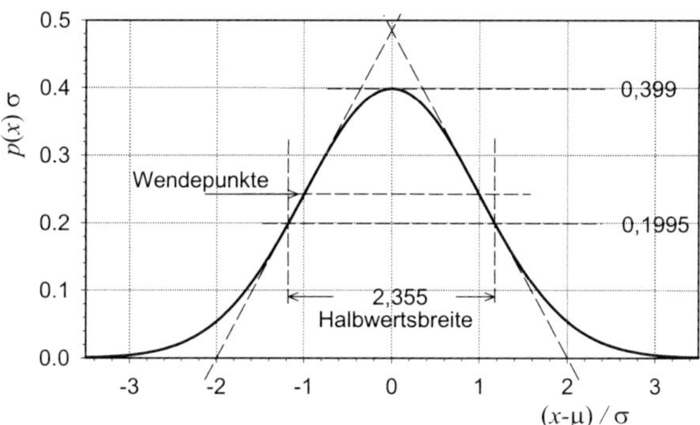

Abbildung 6.3: Einige Charakteristika der Gaußfunktion (Die im Diagramm eingetragenen charakteristischen Zahlenwerte sind gerundet.)

Höhere Momente: Schiefe, Kurtosis:

Auch wenn es für die Fehleranalyse im Praktikum von untergeordneter Bedeutung ist, wollen wir hier ganz kurz die nächsten beiden höheren zentralen Momente der Gaußfunktion diskutieren. Man erhält

$$c_3 = \frac{1}{\sqrt{2\pi}\sigma} \int_{-\infty}^{\infty} \mathrm{e}^{-\dfrac{(x-\mu)^2}{2\sigma^2}} (x-\mu)^3 \,\mathrm{d}x = 0$$

$$\text{und} \qquad c_4 = \frac{1}{\sqrt{2\pi}\sigma} \int_{-\infty}^{\infty} \mathrm{e}^{-\dfrac{(x-\mu)^2}{2\sigma^2}} (x-\mu)^4 \,\mathrm{d}x = 3\sigma^4$$

Es ist ganz leicht einzusehen, dass wegen der Symmetrie der Gaußfunktion *alle* ungeraden Momente verschwinden müssen (das gilt für alle symmetrischen Verteilungen).

Da grundsätzlich alle Momente c_k die gleiche Dimension haben wie σ^k, dividiert man sie meist durch diesen Betrag, um zu dimensionslosen Zahlen und damit zu Größen zu gelangen, deren Bedeutung auch bei unterschiedlichen Verteilungen vergleichbar ist. Schiefe und Kurtosis beliebiger Verteilungsfunktionen werden daher wie folgt definiert:

$$\text{Schiefe} \quad S = \frac{1}{\sigma^3} \int_{-\infty}^{\infty} P(x) \cdot (x-\mu)^3 \,\mathrm{d}x \tag{6.9}$$

$$\text{und Kurtosis} \quad K = \left[\frac{1}{\sigma^4} \int_{-\infty}^{\infty} P(x) \cdot (x-\mu)^4 \,\mathrm{d}x \right] - 3 \tag{6.10}$$

Da man auch die geraden Momente gerne auf etwas "normales" oder "natürliches" wie die Gaußfunktion beziehen möchte, zieht man von dem Ausdruck in eckigen Klammern bei der Kurtosis noch den Wert 3 ab, weil das gerade der Wert des normierten Integrals für die Gaußfunktion ist. Für die Gaußverteilung wird auf diese Weise

$$S = 0 \qquad \text{und} \qquad K = 0 \tag{6.11}$$

Ein von Null verschiedener Wert der Kurtosis deutet somit auf eine Abweichung von "normalen" Verhältnissen hin. Ein positiver Wert bedeutet, dass sich die Funktion weiter nach außen erstreckt als eine Gaußfunktion, ein negativer Wert, dass sie eher im zentralen Teil konzentriert ist.

Extrapolation:

Die Tangenten in den Wendepunkten schneiden die x-Achse genau in den Punkten $x = \mu \pm 2\sigma$. Dies ist ebenfalls in Abb. 6.3 illustriert.

Halbwertsbreite:

In vielen Fällen ist es hilfreich, unterschiedliche Kurvenarten hinsichtlich ihrer Breite zu vergleichen. Da eine physikalisch sinnvolle Definition des Begriffs 'Breite' von der individuellen Kurvenform abhängt, benutzt man als Charakteristikum häufig die sog. Halbwertsbreite. Das ist die gesamte Breite der Funktion gemessen zwischen den Punkten, an denen sie links und rechts des zentralen Maximums die halbe Höhe durchschneidet. Für die Gaußfunktion bedeutet das, dass wir die beiden Punkte x_1 und x_2 finden müssen, bei denen

$$\mathrm{e}^{-\frac{x_i^2}{2\sigma^2}} = 1/2$$

ist, da die Exponentialfunktion im Maximum gerade den Wert 1 besitzt. Daraus ergibt sich sofort, dass

$$\begin{aligned} x_i &= \pm\sqrt{2\ln 2}\,\sigma \qquad\qquad \text{und damit} \\ \Delta x_{1/2} &= |x_2 - x_1| = 2\,\sqrt{2\ln 2}\,\sigma \approx 2,355\,\sigma \end{aligned} \tag{6.12}$$

Vertrauensbereiche:

Das wichtigste Ergebnis, gerade in Hinblick auf die Anwendbarkeit der Gaußfunktion für die Verteilung von Messfehlern, sind Angaben über die Vertrauensbereiche. Dabei interessieren wir uns wieder sinnvollerweise für Intervalle, die symmetrisch um den Erwartungswert μ herum liegen und durch Vielfache h der Standardabweichung σ gekennzeichnet sind. Man kommt zu folgenden Ergebnissen:

h	Gaußverteilung	zum Vergleich: nach Tschebyscheff
	$P(\lvert x-\mu\rvert \le h\sigma)$	
1	68,3 %	0
1,5	86,6 %	44 %
2	95,4 %	75 %
3	99,7 %	91 %

Die Bedeutung dieser Zahlen ist so wichtig, dass wir dieses Ergebnis hier noch einmal in Worten zusammenfassen:

Für eine Gaußverteilung gilt, dass

- gut zwei Drittel aller Messwerte innerhalb eines Bereichs von $\pm\sigma$ um den Erwartungswert herum streuen sollten,
- nur knapp 5 % aller Messergebnisse außerhalb eines Bereichs von $\pm 2\sigma$ liegen sollten,
- nur 3 von 1000 Messergebnissen außerhalb eines Bereichs von $\pm 3\sigma$ liegen sollten.

Der erste Punkt läßt nun auch verständlich werden, warum wir die Standardabweichung σ als sinnvolles Maß für die Spezifizierung von Messunsicherheiten ansehen. Sie stellt einen typischen Betrag dar, den wir als charakteristische Fehlerspanne ansehen können, wobei rund 2/3 der Messwerte in diesem Bereich enthalten sein sollten. Möchte man Fehlerangaben mit einem höheren *Vertrauen* machen, so ist es aber auch durchaus üblich, dass man Fehlerspannen von $\pm 2\sigma$ oder $\pm 3\sigma$ spezifiziert. Insbesondere bei einem Bereich von 3σ kann man bei einer typischen Messreihe mit nicht allzu vielen Messpunkten i.d.R. davon ausgehen, dass *praktisch alle* Messwerte in diesem Bereich enthalten sein sollten. Wichtig ist allerdings, dass man stets genau spezifiziert, welchen Bereich man angegeben hat.

Die Vertrauensbereiche, die sich an Vielfachen einer Standardabweichung orientieren, sind im Zusammenhang mit der Spezifizierung von Unsicherheiten die weitaus gängisten. Dennoch sei hier der Hinweis erlaubt, dass es im Grunde beliebig viele Möglichkeiten gibt, Vertrauensbereiche zu konstruieren. Wir könnten etwa, statt die Intervallbreite vorzugeben und nach dem Vertrauen zu fragen, auch das Vertrauen, das wir fordern, spezifizieren und nach der dazugehörigen Intervallbreite fragen. Das ist speziell dann ein verbreitetes Verfahren, wenn man entscheiden möchte, ob man in einen bestimmten, individuellen Wert, sei es einen einzelnen Messwert oder einen aus einer Messreihe berechneten Parameter, noch genug Vertrauen setzen kann, dass er *nur aufgrund statistischer Streuung* so weit "daneben" liegt. Wir könnten also z.B. vorgeben, dass wir einem individuellen Messwert dann "vertrauen", wenn die Wahrscheinlickeit für seine Ablage vom Erwartungswert nicht unter 5 oder 10% sinkt. Für die Gaußverteilung lassen sich daraus die Breiten der jeweiligen Intervalle (Vertrauensbereiche für 95 bzw. 90%) leicht berechnen. Ein paar übliche Beispiele sind in Tab. 6.1 zusammengefasst. Wir werden auf diese Methodik im letzten Kapitel noch einmal zurück kommen.

Tabelle 6.1: Breite von Vertrauensbereichen bei gegebenen Grenzwahrscheinlichkeiten für das Auftreten von Messwerten, die eine Ablage ε besitzen und einer Gauß-Verteilung folgen.

$\lvert\varepsilon_{\text{grenz}}\rvert$	für $\nu =$	Gauß
	$P = 1\%$	2,58
	$P = 2\%$	2,33
	$P = 5\%$	1,96
	$P = 10\%$	1,65

Ein Vertrauen von 95% ergibt sich demnach, wenn wir ein Intervall von $\mu \pm 1,96\,\sigma$ zulassen. Die Chance, dass Messwerte, weiter "daneben" liegen, ist bei einer rein statistischen Ursache dann nur noch 5%. Das könnte man als Kriterium verwenden, um zu entscheiden, ob man einen Messwert akzeptieren möchte, oder ob man ihn z.B. verwerfen möchte.

Ebenso könnte man z.B. entscheiden, ob es — aus rein statistischer Sicht — eine vertretbare Übereinstimmung zwischen dem Ergebnis einer eigenen Messung und einem Wert gibt, der aus einer anderen Quelle stammt (z.B. Literaturwert).

Ein dringendes Wort zur Vorsicht sei hier aber angebracht. Die Gaußverteilung eignet sich nur bedingt zu solchen Vorhersagen, wenn ihre Parameter (insbesondere ihre Standardabweichung) aus Stichproben von geringem Umfang berechnet wurden. Das hängt damit zusammen, dass die Varianz, auch wenn sie ein konsistenter und erwartungstreuer Schätzwert für die "wahre" Varianz ist, selbst eben doch auch eine Unsicherheit besitzt, die in solchen Fällen relativ groß werden kann. Man muss daher etwas genauer hinsehen und diesem Umstand Rechnung tragen. Genau das werden wir im letzten Kapitel näher beleuchten.

Bedeutung der Gaußverteilung

Die weitaus häufigste Anwendung der Gaußfunktion in der naturwissenschaftlichen Messtechnik besteht darin, dass man aus Stichproben Mittelwert $\overline{x}$ und Varianz s^2 bestimmt, diese als Schätzwerte (Ersatz-, Bestwerte) für die richtigen Erwartungswerte $\langle x \rangle = \mu$ und $\langle \varepsilon^2 \rangle = \langle (x-\mu)^2 \rangle = \sigma^2$ benutzt und damit eine Näherung für die zugrundeliegende Wahrscheinlichkeitsverteilung etabliert. Damit sind dann Vorhersagen über die Häufigkeitsverteilung der Fehler zukünftiger Messwerte und somit über die charakteristischen Unsicherheiten des betrachteten Messverfahrens möglich. Dies stellt letztlich die grundlegende Berechtigung dar, die statischen Rechenmethoden, die wir in den Kapiteln 3 und 4 im Detail besprochen hatten, zum Zweck der Fehleranalyse anwenden zu dürfen.

6.2 Spezielle Verteilungsfunktionen: Die Gleichverteilung

Wir erwähnen diesen Fall nicht, weil es hierbei etwa um eine physikalisch interessante Verteilungsfunktion geht, sondern weil man damit in technologisch wichtigen Bereichen häufiger in Berührung kommt. Für uns wichtigstes Beispiel ist die Angabe von Toleranzen bei Bauteilen oder auch die Angabe von Anzeigegenauigkeiten elektrischer Messgeräte.

Wie der Name schon andeutet, handelt es sich um eine Wahrscheinlichkeitsdichteverteilung, die innerhalb eines gewissen Bereichs einen konstanten Wert und außerhalb dieses Bereichs den Wert Null besitzt:

$$p(x) = \begin{cases} \text{const} = \dfrac{1}{2\delta_{\max}} & \text{für } \mu - \delta_{\max} \leq x \leq \mu + \delta_{\max} \quad \text{und} \\ 0 & \text{sonst} \end{cases} \tag{6.13}$$

Diese Funktion ist in Abb. 6.4 dargestellt. Wegen ihrer Gestalt spricht man gelegentlich auch von einer Rechteckverteilung.

Eigenschaften

Normierung, Erwartungswerte, Varianz:

Wie man leicht erkennt, ist diese Funktion auf 1 normiert, wie wir das von einer Wahrscheinlichkeitsverteilung verlangen müssen. Ebenso offensichtlich ist, dass die Funktion einen Erwartungswert $\langle x \rangle = \mu$ liefert.

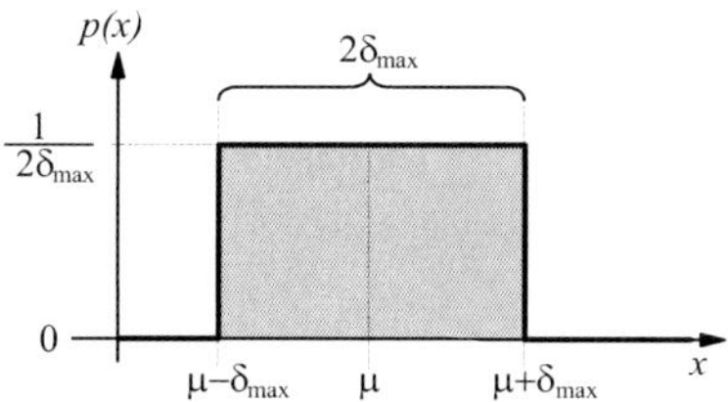

Abbildung 6.4: Schaubild einer kontinuierlichen Gleichverteilung (Rechteckverteilung)

Die Funktion ist ansonsten relativ langweilig, aber in der Produktion von Teilen und Geräten werden bei der Kontrolle i.d.R. einfach diejenigen aus der Serie genommen, die die o.g. scharfen Grenzwerte nicht einhalten. Während der Herstellungsbetrieb sicher detailliertere Informationen über die Häufigkeitsverteilung innerhalb des Toleranzbereichs hat, dringt solche Information normalerweise nicht nach außen. Daher bleibt einem nichts weiter übrig als von einer konstanten Verteilung auszugehen. Mehr garantiert der Hersteller auch nicht. Das jedenfalls ist gemeint, wenn die Toleranzangabe eines elektrischen Widerstands z.B. 5% oder die Anzeigegenauigkeit eines Strommessgeräts '1,5% vom Skalenendwert' lautet.

Für uns ist allerdings von Interesse, wie wir diese Angaben quantitativ in unserer Fehleranalyse berücksichtigen. Wir haben uns inzwischen angewöhnt, nicht einen *maximalen* Fehler (so etwas gibt es, außer bei einer Gleichverteilung oder ähnlich begrenzten Verteilungsfunktionen, nicht), sondern einen *"typischen"* oder *mittleren* Fehler anzugeben, den wir zweckmäßigerweise durch die Standardabweichung charakterisieren. Daher macht es Sinn, auch für die Gleichverteilung die Standardabweichung σ zu berechnen:

$$\begin{aligned}
\sigma^2 &= \int_{\mu-\delta_{\max}}^{\mu+\delta_{\max}} p(x)(x-\mu)^2 \mathrm{d}x \\
&= \frac{1}{2\delta_{\max}} \int_{-\delta_{\max}}^{+\delta_{\max}} p(\mu+\varepsilon)\varepsilon^2 \mathrm{d}\varepsilon \\
&= \frac{1}{2\delta_{\max}} 2\frac{\delta_{\max}^3}{3} = \frac{\delta_{\max}^2}{3}
\end{aligned}$$

und damit

$$\boxed{\sigma = \frac{\delta_{\max}}{\sqrt{3}} \approx \frac{1}{2}\delta_{\max}} \tag{6.14}$$

Wir sehen also, dass wir, wenn wir mit dem in solchen Fällen spezifizierten *maximalen* Fehler $\delta_{\max}$ rechnen, den Einfluß eines typischen Fehlers aus statistischer Sicht überbewerten.

Vertrauensbereiche:

In einer Fehleranalyse, in die solche Unsicherheiten eingehen, sollte man demnach nicht den meist angegebenen maximalen Fehler $\delta_{\max}$, sondern nur gut die Hälfte dieses Wertes ansetzen. Da man sowieso meist mit σ^2 (oder bei empirisch aus einer Stichprobe bestimmten Unsicherheiten mit s^2) arbeitet (z.B. im Gaußschen Fehlerfortpflanzungsgesetz) fällt es leicht, anstelle von σ^2 den Zahlenwert $\delta_{\text{max}}^2/3$ zu benutzen. Es ist klar, dass man damit nicht den Fall erschlägt, dass dieser maximale Fehler oder ein beliebiger anderer auftritt, aber es soll ja, im Sinne einer statistischen Betrachtung, auch nur eine Art "mittlerer" Fehler angegeben werden. Das ist bei einer Gaußverteilung nicht anders. Die tatsächlichen Fehler sind sowohl kleiner als auch größer als dieser Wert. Die Wahrscheinlichkeit dafür, dass der Fehler tatsächlich größer als σ ist, ist nicht so sehr hoch, sie beträgt rund 42 %. Mit anderen Worten, für den Vertrauensbereich $\mu \pm \sigma$ beträgt die Wahrscheinlichkeit 58 %:

$$P(|x-\mu| \leq h\sigma) = 58\,\% \quad \text{für } h = 1 \quad \text{bzw. } h\sigma = 0{,}58\,\delta_{\text{max}}$$

Das ist etwas weniger als bei einer Gaußverteilung. Für die ganz konservativen, die gerne auch bei einer Gleichverteilung von einem Vertrauen von 68,3 % wie bei einer Gaußverteilung ausgehen möchten, muss man den Vertrauensbereich leicht vergrößern:

$$P(|x-\mu| \leq h\sigma) = 68{,}3\,\% \quad \text{für } h = 1{,}18 \quad \text{bzw. } h\sigma = 0{,}683\,\delta_{\text{max}}$$

aber mit solchen Korrekturen übertreibt man die Präzision, die man in einer gängigen Fehleranalyse aufbringen muss, schon erheblich.

Höhere Momente:

Auch hier noch ein kurzer Blick auf die höheren Momente, mehr zu Demonstrationszwecken, weniger weil es wichtig wäre: Die Schiefe ist wieder gleich Null, da es sich auch hier um eine symmetrische Verteilung handelt. Die Kurtosis können wir leicht berechnen:

$$\begin{aligned}\int_{\mu-\delta_{\text{max}}}^{\mu+\delta_{\text{max}}} p(x)(x-\mu)^4 \mathrm{d}x &= \frac{1}{2\delta_{\text{max}}} 2 \frac{\delta_{\text{max}}^5}{5} = \frac{\delta_{\text{max}}^4}{5} = \frac{9}{5}\sigma^4 \qquad \text{und damit} \\ K &= \frac{9}{5} - 3 = -1{,}2\end{aligned}$$

Das negative Vorzeichen bedeutet, dass ein höherer Anteil der Messwerte (bei gleicher Standardabweichung) in den inneren Bereichen der Verteilungsfunktion auftreten werden als bei einer Gaußverteilung, und dass entsprechend weniger in der Flügeln der Verteilung erwartet werden. Das ist natürlich auch leicht anhand der Schaubilder der beiden Funktionen zu erkennen: Die Gleichverteilung besitzt überhaupt keine Flügel, sie ist dagegen sehr kompakt.

6.3 Spezielle Verteilungsfunktionen: Die Binomialverteilung

Während die beiden bisher diskutierten Verteilungsfunktionen die häufigsten sind, die man in Form einer kontinuierlichen Wahrscheinlichkeitsverteilung für Messergebnisse antrifft, wollen wir uns jetzt einer ganz anderen, aber nicht minder wichtigen Situation zuwenden. Im Folgenden geht es um sog. *Zählexperimente*. Während wir bisher nach der *Quantität* einer Größe gefragt hatten, die wir auf einer kontinuierlichen Maßskala einordnen konnten, fragen wir jetzt nur nach einer *Qualität*:

- Trifft eine bestimmte Aussage zu oder nicht?
- Liegt eine bestimmte Eigenschaft vor oder nicht?
- Hat ein bestimmtes Ereignis stattgefunden oder nicht?

Dabei wiederholen wir das einzelne Experiment n-mal und suchen eine Antwort auf die Frage, wie groß die Wahrscheinlichkeit dafür ist, dass dabei x-mal die betreffende Aussage zutrifft. Die Wahrscheinlichkeit dafür, dass bei einem einzelnen Experiment die Aussage zutrifft, sei durch die Zahl p $(0 \leq p \leq 1)$ gegeben.

Diese Situation ist in der modernen Physik oder Chemie sehr häufig gegeben. In vielen Fällen registrieren wir Teilchen (Ionen, Elektronen, Elementarteilchen, γ-Quanten, Photonen, etc.) über bestimmte Zeiträume und als Funktion verschiedenster anderer experimenteller Parameter und interessieren uns für die Frage, wieviele Teilchen dabei in vorgegebenen Zeitintervallen auftreten.

Auch die immer häufigere Digitalisierung moderner Messtechnik führt uns oft zu der Frage, wieviele Ereignisse unter bestimmten (meist variablen) Bedingungen registriert wurden. Wenn auch die Gesamtinformation aus solchen Experimenten eher in die bisher behandelte Kategorie fällt, so unterliegt die einzelne Zählrate gelegentlich der im Folgenden zu besprechenden Zählstatistik. Z.B. ist schon allein die Bestimmung der Verteilung von Einzel-Messergebnissen auf die möglichen Werte, wie wir es zu Beginn der Elementaren Fehlerrechnung diskutiert haben, im Grunde ein Zählexperiment, bei dem man zählt, wie oft ein bestimmter Messwert in ein bestimmtes Intervall ('Binning') fällt. In diesem Sinne kann auf jeden einzelnen Häufigkeitswert einer solchen Stichprobenverteilung all das angewandt werden, was im Folgenden besprochen wird! Das gilt ganz besonders für Experimente, bei denen die einzelne Häufigkeit für ein bestimmtes Werte-Intervall eher niedrig ist und wir somit die Näherung der Poisson-Verteilung benutzen können, praktisch *der* Standard-Fall in der modernen Messtechnik.

Ausgangspunkt ist also ein Experiment, das nur zwei mögliche Ergebnisse besitzt, "ja" oder "nein", jeweils mit der Wahrscheinlichkeit p bzw. $q = 1 - p$. Wir fragen danach, wie oft wir, wenn wir n Experimente durchführen, die Antwort "ja" erhalten. Wie man leicht sieht, haben wir es hier mit einer diskreten Wahrscheinlichkeitsverteilung und mit einer Zufallsvariablen x zu tun, deren Wertebereich die ganzen Zahlen von 0 bis n sind.

Beispiele

Zur Illustration wollen wir uns wieder einem Beispiel zuwenden, das wir, in Variationen, schon öfter zu Rate gezogen haben: Das Spiel mit einem Würfel. Nur stellen wir jetzt eine etwas andere Frage als sonst, wir fragen etwa nach der Wahrscheinlichkeit, in n Würfen x-mal eine "6" zu würfeln — eine typische 'Mensch-ärgere-dich-nicht'-Frage. Solange die Unabhängigkeit gewahrt ist, spielt es dabei keine Rolle, ob man einen Würfel n-mal oder n Würfel in einem Wurf wirft.

Wir alle wissen mittlerweile, dass die Wahrscheinlichkeit in einem Wurf eine "6" zu werfen $p = 1/6$ beträgt. Für den Fall von $n = 2$ Würfeln wollen wir das Problem hier im Detail analysieren: Es gibt drei mögliche Ergebnisse: $x = 0, 1, 2$. Die Wahrscheinlichkeiten dazu sind

$$\begin{aligned}
P_{2,1/6}(0) &= \tfrac{5}{6} \cdot \tfrac{5}{6} &&= \tfrac{25}{36} = 0,69\overline{4} &&\approx 69\,\% \\
P_{2,1/6}(1) &= \tfrac{1}{6} \cdot \tfrac{5}{6} \cdot 2 &&= \tfrac{10}{36} = 0,2\overline{7} &&\approx 28\,\% \\
P_{2,1/6}(2) &= \tfrac{1}{6} \cdot \tfrac{1}{6} &&= \tfrac{1}{36} = 0,02\overline{7} &&\approx 3\,\%
\end{aligned}$$

Die grafische Darstellung dieser speziellen Wahrscheinlichkeitsfunktion ist in Abb. 6.5

gezeigt. Berechnen wir noch schnell die Erwartungswerte des Messwerts und die Varianz:

$$\mu = \langle x \rangle = \sum_{x=0}^{2} P_{2,1/6}(x) \cdot x = \frac{10}{36} + \frac{2}{36} = \frac{1}{3} = 0,\overline{3}$$

$$\sigma^2 = \langle x^2 \rangle - \mu^2 = \sum_{x=0}^{2} P_{2,1/6}(x) \cdot x^2 - \mu^2 = \frac{10}{36} + \frac{4}{36} - \frac{1}{9} = \frac{10}{36} \approx 0,2\overline{7}$$

$$\text{und damit} \quad \sigma = \sqrt{\frac{10}{36}} \approx 0,527$$

Wir erwarten also (nicht etwa 0,333... Sechser, sondern) dass im Mittel 1/3 aller Augen

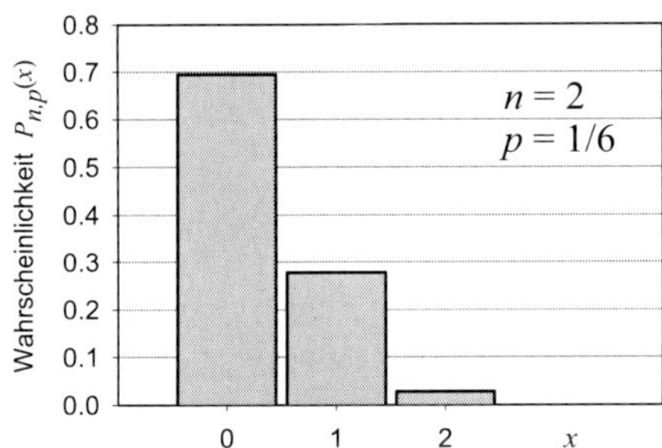

Abbildung 6.5: Binomialverteilung für das Auftreten von x Sechsen beim Würfeln mit 2 Würfeln

eine "6" ergibt. Erhöhen wir die Anzahl der Würfel, so wird μ immer größer, bei $n = 3$ sind es z.B. schon die Hälfte aller Augen. Weitere Fälle sind in Abb. 6.6 (links) dargestellt. Man sieht z.B., dass die Wahrscheinlichkeit, genau *eine* "6" zu erhalten, erst ab $n = 5$ Würfeln mit der Wahrscheinlichkeit für *gar keine* Sechsen gleichzieht.

Zwei weitere Beispiele seien noch erwähnt: Eines ist ein bei Statistikern gern zitiertes Experiment, bei dem eine Reißzwecke viele Male hochgeworfen wird, und man danach fragt, wie oft sie dabei auf dem Rücken liegend zur Ruhe kommt, ein nur schwer berechenbares Problem. Ein anderes Beispiel begegnet uns in der Physik sehr häufig, wenn wir etwa beim radioaktiven Zerfall danach fragen, wieviele Kerne innerhalb einer bestimmten Zeit zerfallen, wenn wir n Kerne haben und die Wahrscheinlichkeit für den Zerfall eines einzelnen gleich p ist. Wir kommen darauf später noch zurück.

Die Binomialverteilung

Wie lässt sich nun die Wahrscheinlichkeit für unser Zählexperiment analytisch in allgemeiner Form aufschreiben? Die Wahrscheinlichkeit, dass gerade die ersten x Experimente die Antwort "ja" liefern und die restlichen $n-x$ Experimente die Antwort "nein", ist ganz einfach das Produkt der x Einzelwahrscheinlichkeiten für das einzelne "ja"-Ergebnis, multipliziert mit dem Produkt der $n-x$ Einzelwahrscheinlichkeiten für das 'nein'-Ergebnis:

$$P\,(\text{Ergebnisse } 1, ..., x = \text{ ``ja''}, x+1, ..., n = \text{ ``nein''}) = p^x q^{n-x}$$

(Dies gilt, solange die einzelnen Ergebnisse unabhängig voneinander sind. Das können wir beim Würfeln wie auch in allen anderen Fällen, auf die wir die Zählstatistik anwenden wollen, voraussetzen.) Da wir aber nicht an der *Reihenfolge*, sondern nur an der *Anzahl* solcher Ergebnisse interessiert sind, müssen wir noch alle Permutationen zusammenzählen, die zum gleichen Wert für x führen. Dies sind gerade

$$\binom{n}{x} = \frac{n!}{x!(n-x)!}$$

Die gesuchte Wahrscheinlichkeit für x "ja"-Ereignisse in n Einzelexperimenten mit einer Einzelwahrscheinlichkeit von p beträgt demnach

$$\boxed{P_{n,p}(x) = \binom{n}{x} p^x q^{n-x}} \tag{6.15}$$

Dies ist die sog. **Binomialverteilung.** Sie hat ihren Namen daher, dass ihre Koeffizienten $\binom{n}{x}$ gerade *die* Koeffizienten sind, die man bei einer Binomialentwicklung von Ausdrücken des Typs $(a+b)^n$ erhält.

Diese Wahrscheinlichkeitsverteilung ist, wie eingangs schon erwähnt, eine *diskrete* Verteilung mit dem Wertebereich $x = 0, ..., n$, und sie besitzt genau *zwei Parameter*, nämlich die Einzelwahrscheinlichkeit p sowie die Anzahl n der Einzelexperimente. In Abb. 6.6 sind einige Beispiele gezeigt. Links sind Verteilungen für $p = 1/6$ entsprechend den Verhältnissen bei einem Würfelexperiment dargestellt, rechts sind die gleichen Fälle für den symmetrischen Fall, d.h. mit $p = 1/2$ dargestellt.

Eigenschaften der Binomialverteilung

Wir wollen wieder, wie bisher bei allen Wahrscheinlichkeitsverteilungen, die wichtigsten Eigenschaften zusammenstellen bzw. überprüfen:

Normierung:

Ganz leicht lässt sich nachrechnen, dass

$$\sum_{x=0}^{n} P_{n,p}(x) = \sum_{x=0}^{n} \binom{n}{x} p^x q^{n-x} = (p+q)^n = 1$$

ist. Dabei haben wir die Definition von q sowie die allseits bekannte Binomialformel verwendet.

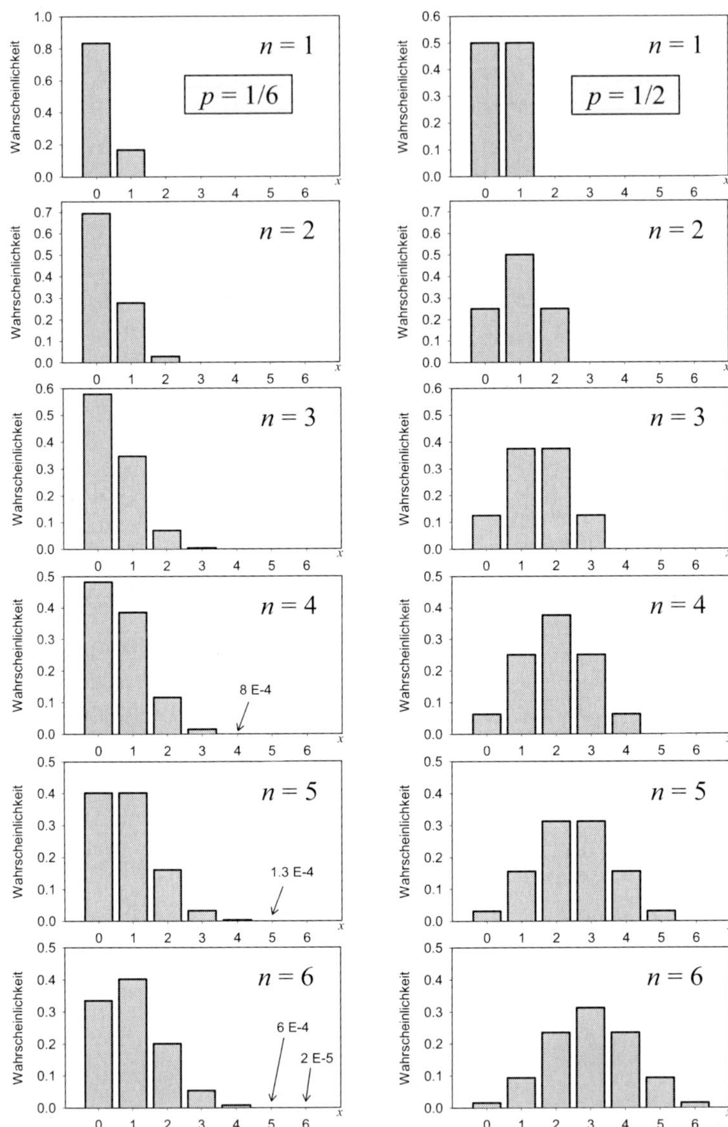

Abbildung 6.6: Beispiele einiger Binomialverteilungen, links: für $p = 1/6$ entsprechend dem Beispiel eines Würfels, rechts für $p = 1/2$ als Beispiel einer symmetrischen Verteilung

Erwartungswert des Ergebnisses:

$$\begin{aligned}
\langle x \rangle &= \sum_{x=0}^{n} P_{n,p}(x) \cdot x = \sum_{x=0}^{n} \frac{x \cdot n!}{x!(n-x)!} p^x q^{n-x} \\
&= \sum_{x=1}^{n} \frac{x \cdot n!}{x!(n-x)!} p^x q^{n-x} \qquad \text{(wir beginnen die Summe bei 1 statt bei 0)} \\
&= \sum_{\xi=0}^{\eta} \frac{n \cdot \eta!}{\xi!(\eta-\xi)!} p \cdot p^{\xi} q^{\eta-\xi} \qquad \text{(wir benutzen } \xi = x-1 \text{ und } \eta = n-1\text{)} \\
&= n \cdot p \cdot \underbrace{\sum_{\xi=0}^{\eta} \frac{\eta!}{\xi!(\eta-\xi)!} p^{\xi} q^{\eta-\xi}}_{=1}
\end{aligned}$$

Damit wird der gesuchte Erwartungswert

$$\boxed{\mu = \langle x \rangle = n \cdot p} \tag{6.16}$$

Varianz:

Bei der Berechnung der Varianz müssen wir etwas trickreicher vorgehen. Wir wollen

$$\sigma^2 = \left\langle (x - \langle x \rangle)^2 \right\rangle = \left\langle x^2 \right\rangle - \langle x \rangle^2$$

berechnen. Wie man erst am Ende der Rechnung leicht einsieht, ist es zweckmäßig, zuerst einen etwas anderen Ausdruck zu berechnen, nämlich

$$\left\langle x^2 \right\rangle - \langle x \rangle = \langle x(x-1) \rangle$$

(Das hat natürlich mit der Struktur des Ausdrucks für die Binomialverteilung zu tun.) Dabei gehen wir im Prinzip aber ganz genauso vor wie vorher: Wir setzen im ersten Schritt den unteren Summationsindex auf 2 (hier sind die ersten *beiden* Summanden = 0), im zweiten Schritt machen wir wieder eine Substitution, dieses Mal $\xi = x - 2$ und $\eta = n - 2$. Die dabei neu entstehenden konstanten Faktoren werden wieder vor die Summe gezogen, und der Rest stellt gerade wieder die Normierungsbedingung dar:

$$\begin{aligned}
\langle x(x-1) \rangle &= \sum_{x=0}^{n} P_{n,p}(x) \cdot x(x-1) = \sum_{x=0}^{n} x(x-1) \frac{n!}{x!(n-x)!} p^x q^{n-x} \\
&= \sum_{x=2}^{n} x(x-1) \frac{n!}{x!(n-x)!} p^x q^{n-x} \qquad \text{(wir beginnen die Summe bei 2)} \\
&= \sum_{\xi=0}^{\eta} \frac{n \cdot (n-1) \cdot \eta!}{\xi!(\eta-\xi)!} p^2 \cdot p^{\xi} q^{\eta-\xi} \qquad \text{(wir benutzen } \xi = x-2 \text{ und } \eta = n-2\text{)} \\
&= n \cdot (n-1) \cdot p^2 \cdot \underbrace{\sum_{\xi=0}^{\eta} \frac{\eta!}{\xi!(\eta-\xi)!} p^{\xi} q^{\eta-\xi}}_{=1}
\end{aligned}$$

Somit haben wir

$$\begin{aligned}\left\langle x^2\right\rangle - \langle x\rangle &= n\cdot(n-1)\cdot p^2\\ &= (np)^2 - np^2\\ &= \langle x\rangle^2 - p\,\langle x\rangle\end{aligned}$$

Daraus ergibt sich sofort

$$\left\langle x^2\right\rangle - \langle x\rangle^2 = \langle x\rangle - p\,\langle x\rangle = q\cdot\langle x\rangle$$

Also ist die Varianz

$$\boxed{\sigma^2 = np\,q = np\,(1-p)} \tag{6.17}$$

Rekursionsformel:

Ein letztes Charakteristikum der Binomialverteilung wollen wir hier noch erwähnen, auch wenn es für das grundlegende Verständnis der Funktion nicht weiter von Bedeutung ist. Aber wir werden im nächsten Abschnitt sehen, dass uns die folgende Gleichung gute Dienste leisten kann.

Mit ein paar wenigen Handgriffen kann man zeigen, dass sich die Wahrscheinlichkeit für $x+1$ nach einer einfachen Formel aus der für x berechnen lässt, d.h. es gibt eine Rekursionsformel für $x \to x+1$:

$$\begin{aligned}\underline{P_{n,p}(x+1)} &= \binom{n}{x+1} p^{x+1} q^{n-x-1}\\ &= \frac{n!}{(x+1)!(n-x-1)!}\cdot\frac{p}{q}\cdot p^x q^{n-x}\\ &= \frac{n!}{(x+1)x!\cdot\dfrac{(n-x)!}{n-x}}\cdot\frac{p}{q}\cdot p^x q^{n-x}\\ &\underline{= \frac{n-x}{x+1}\cdot\frac{p}{q}\cdot P_{n,p}(x)}\end{aligned} \tag{6.18}$$

Zurück zu unserem Beispiel

An dieser Stelle wollen wir noch einmal auf unser Beispiel mit den Würfeln zurückkommen, einfach um zu sehen, wie sich denn die hier berechneten Formeln anwenden lassen. Wir hatten $n = 2$ und $p = 1/6$ für die Wahrscheinlichkeit eine "6" zu würfeln angenommen, so dass wir jetzt sofort mit den oben abgeleiteten Formeln den Erwartungswert und die Varianz berechnen können, ohne alles zu Fuß aufsummieren zu müssen, wie wir es eingangs getan hatten:

$$\begin{array}{llllllll}\mu &= \langle x\rangle &=& np &=& 2\cdot 1/6 &=& 1/3\\ \sigma^2 &= \langle (x-\langle x\rangle)^2\rangle &=& npq &=& 2\cdot\frac{1}{6}\cdot\frac{5}{6} &=& 10/36\end{array}$$

Beides stimmt selbstverständlich mit den vorher berechneten Werten überein.

6.4 Spezielle Verteilungsfunktionen: Die Poissonverteilung als Grenzfall der Binomialverteilung

An der Art des betrachteten Experiments wollen wir im Folgenden nichts mehr ändern, wir behandeln weiterhin Zählexperimente. Jedoch wollen wir nun eine Näherung betrachten, die für viele Fälle sinnvoll und letztlich auch notwendig ist. Die Näherung betrifft den Fall, in dem die Anzahl der Experimente n sehr groß wird, d.h. wir betrachten den Grenzfall $n \to \infty$. In diesem Fall ist leicht einzusehen, warum man eine Näherungsformel einführen muss: Ausdrücke wie $n!$ lassen sich sehr schnell nicht mehr auswerten, selbst ausgewachsene Mainframe-Computer sind früher oder später überfordert, da die Fakultätsfunktion sogar noch schneller als die Exponentialfunktion anwächst. Bei 254! streikt der Taschenrechner des Autors, diese Zahl übersteigt die Zahlendarstellungskapazität dieses Geräts von 10^{500}.

Wir wollen also n gegen unendlich gehen lassen, aber wir wollen dabei sicherstellen, dass der Erwartungswert $\langle x \rangle$ noch relativ klein und überschaubar bleibt. Mit anderen Worten: In dem Maße, in dem $n \to \infty$ geht, soll $p \to 0$ gehen, d.h. entsprechend klein werden. In dieser Näherung verlieren dann n und p ihre individuelle Bedeutung, jedoch bleibt der Erwartungswert μ eine "vernünftige" Größe:

$$\begin{aligned} n &\gg 1 \quad \text{und} \quad p \ll 1 \\ \text{aber } np &\sim \quad \text{von der Größenordnung } 1 \ll \infty \end{aligned} \tag{6.19}$$

Das hat zur Folge, dass wir für alle x, für die wir uns interessieren könnten, also jene, die nicht allzu viel größer sind als $\mu = \langle x \rangle$, näherungsweise schreiben können

$$n - x \approx n$$

Außerdem gilt

$$q \approx 1$$

Anschaulich bedeutet diese Näherung, dass wir Ergebnisse x, die weit oberhalb des Mittelwerts liegen und (gemäß der Binomialverteilung) eine verschwindende Wahrscheinlichkeit besitzen, einfach ignorieren. Natürlich ist diese Näherung für x-Werte nahe n (d.h. nahe unendlich!) beliebig schlecht, aber diese Werte liegen ohnehin weit außerhalb des Bereichs, in dem wir ernsthaft Messergebnisse erwarten. Die Wahrscheinlichkeiten für solche Werte sind unvorstellbar klein, und wir wollen die in dieser Näherung berechnete Funktion dort auch gar nicht anwenden.

Unter diesen Voraussetzungen können wir die Formel der Binomialverteilung ein wenig umformen.

- Wir beginnen mit der im vorigen Abschnitt abgeleiteten Rekusionsformel und benutzen gleich die beiden o.g. Näherungen:

$$P_{n,p}(x+1) = \frac{n-x}{x+1} \cdot \frac{p}{q} \cdot P_{n,p}(x) \approx \frac{n \cdot p}{x+1} \cdot P_{n,p}(x)$$

  Ganz analog lässt sich dann natürlich auch schreiben

$$P_{n,p}(x) \approx \frac{n \cdot p}{x} \cdot P_{n,p}(x-1) = \frac{\langle x \rangle}{x} \cdot P_{n,p}(x-1)$$

Setzen wir nun sukzessive für jedes $P_{n,p}$ das des nächstkleineren Arguments ein, so landen wir schließlich bei $x = 0$:

$$\begin{aligned} P_{n,p}(x) &= \frac{\langle x \rangle}{x} \cdot P_{n,p}(x-1) \\ &= \frac{\langle x \rangle^2}{x(x-1)} \cdot P_{n,p}(x-2) \\ &\vdots \\ &= \frac{\langle x \rangle^x}{x!} \cdot P_{n,p}(0) \end{aligned}$$

- Im zweiten Schritt nehmen wir uns die Normierungsbedingung her (die muss schließlich auch für die neue Wahrscheinlichkeitsverteilung gelten, die wir soeben ableiten) und setzen das obige Ergebnis ein:

$$\begin{aligned} \sum_{x=0}^{n} P_{n,p}(x) &= 1 = \sum_{x=0}^{n} \frac{\langle x \rangle^x}{x!} \cdot P_{n,p}(0) \\ &\approx \sum_{x=0}^{\infty} \frac{\langle x \rangle^x}{x!} \cdot P_{n,p}(0) \end{aligned}$$

  In der letzten Zeile haben wir noch den oberen Summationsindex auf ∞ gesetzt, was im Rahmen unserer Voraussetzungen erlaubt ist. $P_{n,p}(0)$ ist für die Summe eine Konstante, die wir vor die Summation ziehen können. Die verbleibende Summe erkennt man unschwer als die Reihenentwicklung für die Exponentialfunktion:

$$\sum_{x=0}^{\infty} \frac{\langle x \rangle^x}{x!} = \mathrm{e}^{\langle x \rangle}$$

  Damit wird

$$\begin{aligned} P_{n,p}(0) &= \mathrm{e}^{-\langle x \rangle} \qquad \text{und, wenn wir das oben einsetzen,} \\ P_{n,p}(x) &= \frac{\langle x \rangle^x}{x!} \mathrm{e}^{-\langle x \rangle} \end{aligned}$$

Formal müssen wir noch die Indices n und p, die als individuelle Parameter ihre Bedeutung verloren haben, durch den *einen* verbleibenden Parameter μ ersetzen:

$$\boxed{P_\mu(x) = \frac{\mu^x}{x!} \mathrm{e}^{-\mu}} \tag{6.20}$$

Die soeben abgeleitete Wahrscheinlichkeitsverteilung heißt **Poissonverteilung**. Sie beschreibt den Ausgang von Zählexperimenten, in denen die Anzahl der Einzelversuche sehr groß ist, die Wahrscheinlichkeit für ein einzelnes Ereignis aber so gering, dass der Erwartungswert μ bei Zahlen der Größenordnung 1 liegt. Beispiele solcher Poissonverteilungen für μ zwischen 0,25 und 4 sind in Abb. 6.7 dargestellt. Man erkennt, dass die Verteilung asymmetrisch ist (je kleiner die Erwartungswerte μ, desto deutlicher).

Ganz wichtig ist es, noch einmal festzuhalten, dass diese Verteilung nur noch *einen einzigen Paramter*, nämlich den Erwartungswert μ besitzt. Das hat zur Folge, dass die Varianz nicht mehr unabhängig von diesem Erwartungswert sein kann. Darauf kommen wir sofort zurück.

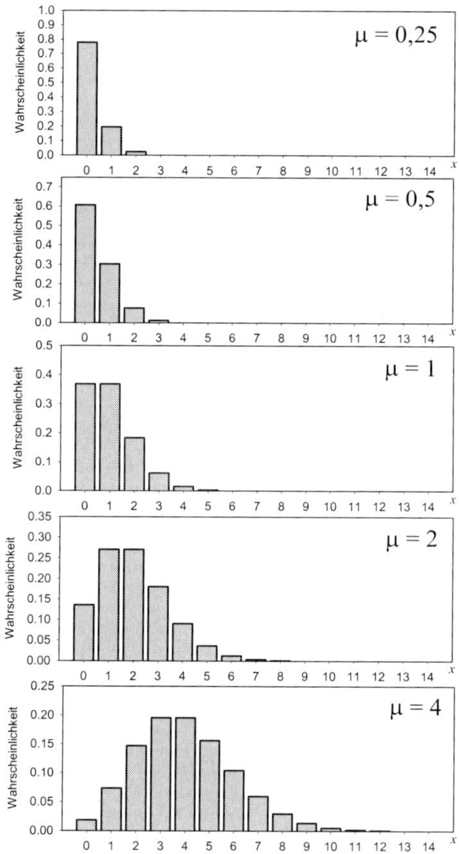

Abbildung 6.7: Beispiele einiger Poissonverteilungen. Der Wertebereich ist nach oben nicht beschränkt, die Funktionen erstrecken sich im Prinzip bis nach $+\infty$.

Eigenschaften

Untersuchen wir die wichtigsten Eigenschaften der Poissonverteilung. Über die **Normierung** und den Wert des **Erwartungswert**s brauchen wir uns allerdings keine Gedanken mehr zu machen, beides haben wir aus der Binomialverteilung übernommen und bei der Herleitung benutzt.

Wichtig dagegen ist die Frage nach der Größe der **Varianz**. Aber auch hier gehen wir natürlich vom Ergebnis der Binomialverteilung aus und führen dann die o.g. Näherung $q \approx 1$ durch. Damit wird

$$\sigma^2 = npq \approx np = \mu$$

bzw. die **Standardabweichung**

$$\boxed{\sigma = \sqrt{\mu}} \tag{6.21}$$

Die Varianz ist somit gleich dem Erwartungswert des Messwerts! Das ist eines der wichtigsten Ergebnisse für die Poissonverteilung.

Was bedeutet das für die Ergebnisse von Experimenten, denen diese Verteilungsfunktion zugrundeliegt? Es bedeutet, dass wir, wenn wir in einer Stichprobe den Mittelwert bestimmen und diesen als Schätzwert für den Erwartungswert benutzen, vorhersagen könne, in welchem Maß unsere Messwerte streuen, wie groß also die Standardabweichung einer einzelnen Messung sein sollte. Registrieren wir z.B. im Mittel 10 γ-Quanten (z.B. innerhalb einer Messzeit von einer Minute), so hat dieses Ergebnis — zwangsläufig — eine Genauigkeit von rund 3 Ereignissen, d.h. eine relative Genauigkeit von rund 30%. Zählen wir 100 Ereignisse, so wird $\sigma \approx 10$, d.h. die relative Genauigkeit beträgt 10%. Umgekehrt können wir auch relativ sicher voraussagen, wieviele Ereignisse wir in unserem Experiment akkumulieren müssen, um eine bestimmte vorgegebene statistische Genauigkeit zu erreichen!

Auch hier wieder ein Wort zu den höheren Momenten. *Ein* Grund diese zu untersuchen ist, dass die Poissonverteilung einfach ein schönes Beispiel für eine asymmetrische Verteilungsfunktion ist. Man findet

$$\begin{aligned} \text{Schiefe} \quad S &= 1/\sigma = 1/\sqrt{\mu} \qquad \text{und} \\ \text{Kurtosis} \quad K &= 1/\sigma^2 = 1/\mu \end{aligned} \tag{6.22}$$

Beide Größen sind positiv. Das bedeutet einerseits, dass die Poissonverteilung sich nach "rechts" weiter hinaus erstreckt als nach "links". Das ist offensichtlich, denn nach unten hin ist sie ja im Wertebereich begrenzt. Vor allem bei niedrigem Erwartungswert macht sich diese Tatsache deutlich bemerkbar. Die Begrenzung wird in dem Maße immer weniger relevant, in dem man zu immer höherem μ geht. Die positive Kurtosis bedeutet, dass die Funktion weniger kompakt ist als die Gaußfunktion, auch wenn das nicht so offensichtlich erscheint.

Im Hinblick auf die Diskussion im nächsten Abschnitt ist es ganz hilfreich — und das ist der zweite Grund —, sich die Entwicklung der Schiefe und der Kurtosis mit wachsendem μ anzusehen. Wir erkennen, dass beide immer kleiner werden und schließlich, wenn auch langsam, gegen Null konvergieren. Das sollten wir im Hinterkopf behalten, bis wir das Ergebnis der im Folgenden Abschnitt beschriebenen Näherung erhalten.

Ein Wort noch zum **Wertebereich** dieser Verteilungsfunktion: Wie bei der Binomialverteilung gilt natürlich auch hier, dass nur die nicht-negativen ganzen Zahlen zugelassen sind, jedoch entfällt aufgrund unserer Näherung jetzt die Beschränkung nach oben, der Wertebereich erstreckt sich bis ∞. Man sollte sich allerdings darüber im Klaren sein, dass es natürlich keinen Sinn macht, nach Wahrscheinlichkeiten für Werte zu fragen, die sehr groß werden, denn zum einen gibt die Poissonverteilung dafür nicht unbedingt korrekte Antworten, zum anderen sind die Wahrscheinlichkeiten in diesem Bereich so unvorstellbar klein, dass das auch gar keine Rolle spielt.

Beispiel

Eine typische Anwendung findet man in der Physik bei der Messung der Untergrundstrahlung, die aus γ-Quanten besteht, die meist aus der Höhenstrahlung (aus dem Weltall) oder auch aus geringen Mengen radioaktiver Stoffe aus der Umgebung herrührt. Da solche Strahlung bei der Untersuchung verschiedenster Strahlungsquellen i.d.R. mitgemessen wird und das Messergebnis daher verfälscht, muss sie separat bestimmt und ihr Beitrag von der Hauptmessung abgezogen werden.

Die typischen Zählraten bewegen sich meist in Bereichen der Größenordnung von 0,1–10 Ereignissen pro Sekunde und damit genau dort, wo das ideale Einsatzgebiet der Poissonverteilung liegt. Auch die Randbedingungen für die Gültigkeit der Poissonverteilung sind klar gegeben: Wir haben es mit einer riesigen Menge von Quanten zu tun ($n \to \infty$), aber die Wahrscheinlichkeit, dass eines davon unser Zählrohr trifft oder dass es einen seltenen Prozess auslöst, den wir detektieren könnten, ist verschwindend gering ($p \to 0$); dennoch, im Mittel sind es doch einige, die wir nachweisen können.

Messen wir diese Untergrundstrahlung also für eine bestimmte Zeit und registrieren dabei durchschnittlich 10 Ereignisse, so wissen wir jetzt, dass dieses Ergebnis nur auf ungefähr 30% genau ist. Eine höhere Genauigkeit errreicht man nur durch entsprechend längere Messzeiten und damit eine größere Anzahl registrierter Ereignisse oder häufiges Wiederholen der Messung, so dass man das arithmetische Mittel bilden und dessen Standardabweichung benutzen kann. Durch verbesserte Messverfahren, genauere Geräte etc. lässt sich diese inhärente Unsicherheit *prinzipiell nicht* reduzieren!

Eine Verbesserung der meist mageren Nachweisempfindlichkeit des Detektors kann natürlich zu einer Erhöhung der messbaren Zählrate führen, aber auch dann gelten immer noch die Gesetze der Poissonstatistik.

Wie man sich leicht klarmachen kann, spielt es auch überhaupt keine Rolle, ob man die Gesamtzahl von Ereignissen *in vielen kurzen Messungen* mit jeweils geringer Ereigniszahl oder *in einer einzigen Messung* mit der gleichen Gesamtzahl von Ereignissen erreicht. Das liegt daran, dass die Standardabweichung des Mittelwerts proportional zur Wurzel der Anzahl der Messungen (und damit eben auch der Gesamtzahl der registrierten Ereignisse, wie es die Poissonverteilung vorhersagt) anwächst. Das liegt eben in der Natur von Zählexperimenten.

Und noch ein Beispiel

Wie schon eingangs im Abschnitt der Binomialverteilung erwähnt, sind im Grunde sämtliche Experimente, bei denen man eine Messung mehrfach wiederholt und die Häufigkeitsverteilung der Ergebnisse bestimmt, derartige Zählexperimente. Die Häufigkeit für das Auftreten eines bestimmten Messwerts (Intervalls) ist selbst eine Zählgröße, die nach oben unbegrenzt ist, deren Werte in üblichen Stichproben aber eher relativ klein sind. Damit sind die Grundvoraussetzungen für die Anwendbarkeit einer Poissonverteilung gegeben.

Das bedeutet nichts anderes, als dass jeder gemessene Häufigkeitswert einer Poisson-Statistik gehorchen muss. Mit anderen Worten, die durch unsere gesamte Stichproben-Verteilungsfunktion zu zeichnende erwartete Verteilungsfunktion (meist eine Gaußverteilung) liefert an jeder Stelle, d.h. für jeden möglichen Messwert, den Erwartungswert für dessen Häufigkeit. Die tatsächlich im Experiment gemessende Häufigkeit *muss* entsprechend einer Poissonverteilung um diesen Wert herum streuen. Für eine ganz grobe Abschätzung kann man den aktuellen Häufigkeitswert als Schätzwert für den Erwartungswert benutzen; die Wurzel daraus muss dann in etwa die erwartete Streuung der Häufigkeitswerte wiedergeben.

Wie in fast allen Experimenten hat man aufgrund derartiger Überlegungen Kontrollmechanismen in der Hand, mit denen man zumindest die Plausibilität von Messergebnissen überprüfen kann; eine wichtige Hilfe bei der Vermeidung systematischer Fehler!

6.5 Spezielle Verteilungsfunktionen: Die Gauß- oder Normalverteilung als Grenzfall der Poissonverteilung

Kommen wir nun zur letzten Verteilungsfunktion, die wir uns im Rahmen dieses Kapitels ansehen müssen. Dabei bleiben wir bei unserem mit der Binomialverteilung eingeführten Zählexperiment, und wir gehen auch davon aus, dass die Näherungen, die uns zur Poissonverteilung geführt hatten, weiterhin Gültigkeit besitzen. Aber wir gehen jetzt noch einen Schritt weiter: Hatten wir bei der Ableitung der Poissonverteilung das Grenzverhalten $n \to \infty$ *so* durchgeführt, dass wir $\langle x \rangle \ll \infty$ sichergestellt hatten, so wollen wir jetzt zusätzlich noch $\langle x \rangle \gg 1$ fordern. Vorher konnten wir damit sehr große denkbare Messwerte ignorieren, weil deren Auftrittswahrscheinlichkeit extrem gering war, d.h. wir hatten Bereiche ausgeklammert, in denen $x \gg \langle x \rangle$ gilt. Jetzt können wir zusätzlich noch *solche* Bereiche, in denen $x \ll \langle x \rangle$ ist, außer acht lassen. Das ist immer dann zulässig, wenn der Erwartungswert $\langle x \rangle$ hinreichend groß, aber immer noch weit entfernt von n (d.h. von ∞) ist (die letztere Annahme hatten wir ja für die Herleitung der Poissonverteilung benötigt und können sie jetzt nicht fallen lassen), also

$$n \gg \mu = \langle x \rangle \gg 1 \tag{6.23}$$

Wir führen die relative Abweichung eines Messwerts von seinem Erwartungswert

$$\xi = \frac{x - \langle x \rangle}{\langle x \rangle} = \frac{x - \mu}{\mu} \tag{6.24}$$

ein, dann können wir den obigen im Text formulierten Sachverhalt auch in der Form

$$|\xi| \ll 1 \tag{6.25}$$

schreiben. Die Rechtfertigung liegt darin, dass es, je weiter wir uns mit einem Messergebnis vom Erwartungswert entfernen, desto unwahrscheinlicher wird, dass dieser Fall eintritt, wir uns also nicht ernsthaft mit dieser Möglichkeit auseinandersetzen müssen.

Unser Ziel wird es sein, einen weiteren Näherungsschritt (nach dem ersten von der Binomial- zur Poissonverteilung) durchzuführen, in dem wir von dieser Bedingung Gebrauch machen. Dieser Übergang zu immer größeren Erwartungswerten ist anschaulich in Abb. 6.8 dargestellt: Wir “schieben” die Verteilungsfunktion immer weiter nach rechts, bis wir links von ihrem zentralen Teil nur noch so geringe Wahrscheinlichkeiten finden, dass wir sie in diesem Bereich (wie vorher schon bei großen x-Werten) ebenfalls ignorieren können. Was kommt dabei heraus?

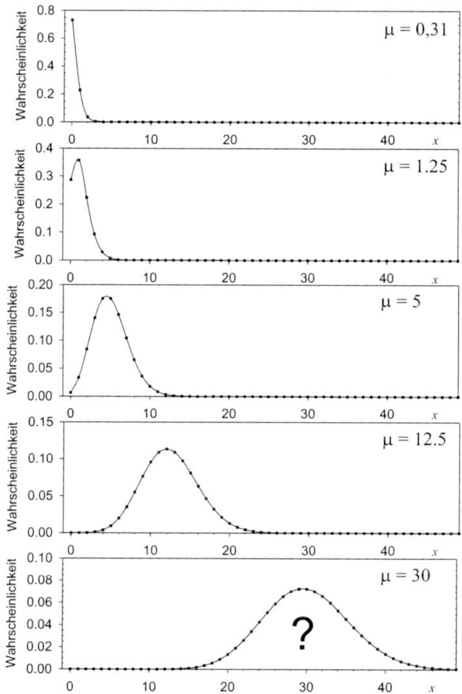

Abbildung 6.8: Entwicklung der Gestalt einer Wahrscheinlichkeitsverteilung, ausgehend von einer Poissonverteilung, mit stetig anwachsendem Erwartungswert μ

Um das zu sehen, gehen wir von der Poissonverteilung aus und machen zwei weitere Näherungen, die aufgrund der o.g. Randbedingungen erlaubt sind. Zum einen verwenden wir für die 'Fakultät' $x!$ die sog. *Stirling-Formel*

$$z! \approx \left(\frac{z}{e}\right)^z \sqrt{2\pi z}\ , \tag{6.26}$$

eine Näherung, die für große z gilt. Zum anderen werden wir den Ausdruck für die Poissonverteilung so umformen, dass wir ihn als Funktion von ξ schreiben und dann alle Terme, die ausreichend klein sind und schnell mit ξ variieren, vernachlässigen und nur diejenigen mitnehmen, die sich am schwächsten mit ξ verändern und damit die bedeutendsten sind.

Wir gehen aus von der Poissonfunktion (Gl. 6.20) und setzen als erstes die Stirling-Formel ein:

$$\begin{aligned} P_\mu(x) &= \frac{\mu^x}{x!}\mathrm{e}^{-\mu} \approx \left(\frac{\mathrm{e}}{x}\right)^x \frac{\mu^x}{\sqrt{2\pi x}}\mathrm{e}^{-\mu} \\ &= \frac{1}{\sqrt{2\pi x}}\left(\frac{\mu}{x}\right)^x \mathrm{e}^{-(\mu - x)} \end{aligned}$$

Im nächsten Schritt ersetzen wir die Variable x durch den entsprechenden Ausdruck in ξ ($x = \mu(1+\xi)$):

$$\begin{aligned} P_\mu(x) &= \frac{1}{\sqrt{2\pi x}} \left(\frac{\mu}{x}\right)^x \mathrm{e}^{-(\mu - x)} \\ &= \frac{1}{\sqrt{2\pi\mu(1+\xi)}} \left(\frac{1}{1+\xi}\right)^{\mu(1+\xi)} \mathrm{e}^{\mu\xi} \end{aligned}$$

Um jetzt etwas besser die Übersicht zu behalten, logarithmieren wir diesen Ausdruck:

$$\ln P_\mu(x) = -\frac{1}{2}\ln(2\pi\mu) - \frac{1}{2}\ln(1+\xi) - \mu(1+\xi)\ln(1+\xi) + \mu\xi$$

Als nächstes bedenken wir, dass ξ eine kleine Zahl ist, und wir daher für Funktionen von $1+\xi$, hier speziell für die Logarithmusfunktion, Reihenentwicklungen benutzen können, die wir nach dem zweiten Term abbrechen können, ohne einen signifikanten Fehler zu machen:

$$\begin{aligned} \ln P_\mu(x) &= -\frac{1}{2}\ln(2\pi\mu) - \frac{1}{2}\left(\xi - \frac{1}{2}\xi^2\right) - \mu(1+\xi)\left(\xi - \frac{1}{2}\xi^2\right) + \mu\xi \\ &= -\frac{1}{2}\ln(2\pi\mu) - \frac{1}{2}\xi + \frac{1}{4}\xi^2 - \mu\xi - \mu\xi^2 + \frac{1}{2}\mu\xi^2 + \frac{1}{2}\mu\xi^3 + \mu\xi \\ &= -\frac{1}{2}\ln(2\pi\mu) - \frac{1}{2}\xi - \frac{1}{2}\mu\xi^2 + \frac{1}{4}\xi^2 + \frac{1}{2}\mu\xi^3 \end{aligned}$$

Wir streichen nun alle Terme, die hinreichend schnell mit ξ variieren und damit schnell klein werden gegen den am langsamsten variierenden. Dazu sind einige Erläuterungen notwendig. Einerseits betrachten wir hier den *Logarithmus* der Wahrscheinlichkeitsfunktion, d.h. effektiv "klein" wird ein Beitrag sehr schnell: $\exp(z)$ ist schon für nur *mäßig* kleine Werte von z kaum noch von 1 zu unterscheiden. Andererseits müssen wir uns ansehen, wie sich Terme verhalten, in denen μ enthalten ist, welches ja gemäß unserer Randbedingung $\gg 1$ sein soll. Dazu führen wir uns vor Augen, dass wir uns im Grunde nur für solche Werte von x interessieren, die in einem Bereich liegen, der sich nur wenige Standardabweichungen nach links und rechts von μ aus erstreckt. Das heißt, die "Kleinheit" von ξ bedeutet, dass wir uns auf Werte der Größenordnung σ/μ beschränken. Wegen $\sigma = \sqrt{\mu}$, ist ξ dort von der Größenordnung $1/\sqrt{\mu}$. Oder umgekehrt, μ ist von der Größenordnung $1/\xi^2$.

Damit wird nun offensichtlich, welche Terme wir in obiger Gleichung vernachlässigen können. Es sind dies die beiden in ξ reinen Terme sowie den Term mit $\mu\xi^3$, die alle in mindestens erster Ordnung in ξ klein gegen 1 sind. Der einzige Term, der neben dem ersten (konstanten) Term einen signifikanten Beitrag liefert, ist der Term $-\frac{1}{2}\mu\xi^2$, den wir daher nicht vernachlässigen können. Es bleibt daher näherungsweise

$$\ln P_\mu(x) = -\frac{1}{2}\ln(2\pi\mu) - \frac{1}{2}\mu\xi^2$$

Kehren wir jetzt zurück zur Ursprungsfunktion, so wird

$$P_\mu(x) = \frac{1}{\sqrt{2\pi\mu}}\mathrm{e}^{-\frac{1}{2}\mu\xi^2}$$

Mit der anfangs eingeführten Definition

$$\xi = \frac{x-\mu}{\mu}$$

und der Tatsache, dass

$$\mu = \sigma^2$$

wird

$$\boxed{P_\mu(x) = \frac{1}{\sqrt{2\pi}\sigma} e^{-\frac{(x-\mu)^2}{2\sigma^2}} \quad \text{mit der Randbedingung} \quad \mu = \sigma^2} \tag{6.27}$$

Bei näherem Hinsehen sollte dem Leser dieser Ausdruck irgendwie bekannt vorkommen. Wenn man zurückblättert zur ersten vorgestellten Wahrscheinlichkeitsverteilung, so erkennt nan unschwer, dass der soeben abgeleitete Ausdruck identisch ist mit der **Gaußverteilung**! Das ist womöglich gar nicht so verwunderlich. Wir hatten ja schon in Abb. 6.7 gesehen, dass die Poissonverteilung umso symmetrischer wird, je weiter man den Erwartungswert anwachsen lässt. Wir hatten bei der Diskussion der Poissonverteilung auch gesehen, dass sowohl Schiefe als auch Kurtosis dieser Funktion mit wachsendem μ gegen 0 konvergieren und damit zu *den* Werten tendieren, die wir von der Gaußfunktion her kennen. Genau diese Tendenz wurde auch in Abb. 6.8 suggeriert. (Es handelt sich übrigens in allen dort dargestellten Fällen um eine Poissonverteilung.) Wir haben also gezeigt, dass man unter gewissen Randbedingungen, speziell solchen, mit denen wir bestimmte, irrelevante Randbereiche ausgrenzen können, unweigerlich wieder zur Gauß- oder Normalverteilung zurückkommt.

Aber: Trotz des analytischen Ausdrucks, den diese Funktion und die früher eingeführte Normalverteilung gemeinsam haben, gibt es zwei **entscheidende Unterschiede**!

- Da wir von einem Zählexperiment ausgegangen sind, bei dem nur nicht-negative ganze Zahlen als Ergebnisse zugelassen waren, muss dies auch in diesem Fall gelten. Der *Wertebereich* umfasst daher nur die *nicht-negativen ganzen Zahlen 0,1,2,...,∞*. Die Wahrscheinlichkeitsfunktion ist *diskret*, sie liefert direkt die Wahrscheinlichkeiten für die jeweiligen Messergebnisse.
  Die früher eingeführte Gaußfunktion war eine Wahrscheinlichkeits*dichte*, d.h. eine *kontinuierliche* Funktion, der Wertebereich umfasste alle *reellen Zahlen.* Nur die Integration über endlich breite Intervalle ergab endliche Wahrscheinlichkeiten.
- Diese Wahrscheinlichkeitsfunktion besitzt (wie schon die Poissonverteilung) nur *einen einzigen Parameter*, nämlich $\mu \equiv \sigma^2$. Die Streuung der Ergebnisse ist *streng gekoppelt* an den Erwartungswert der Ergebnisse.
  Bei der früher vorgestellten Normalverteilung war die Streuung, d.h. die Messgenauigkeit eines Messverfahrens von der gewählten Messmethode, den verwendeten Geräten, sogar der messenden Person, etc. abhängig und damit prinzipiell *unabhängig* vom erwarteten Messwert! Die Funktion war daher durch *zwei* unabhängige Parameter, μ und σ, charakterisiert.

Man kann übrigens auch ohne den Umweg über die Poissonverteilung zeigen, dass die Binomialverteilung in die Gaußverteilung übergeht, wenn man die Näherungen $1 \ll \mu \ll n$ und $n \to \infty$ macht. Aber die Possionverteilung selbst ist für die Physik sehr wichtig, daher sind wir diesen Weg gegangen.

Und wieder ein Beispiel

Um eine Anwendung dieses Falls zu illustrieren, wollen wir auch hierfür ein häufig anzutreffendes Beispiel anführen. Wir kommen wieder einmal zurück auf den radioaktiven Zerfall. Die wichtigsten Randbedingungen, die schon die Voraussetzung für die Anwendbarkeit der Poissonverteilung bilden, sind:

- Wir haben eine sehr große Anzahl n radioaktiver Kerne, und
- es gibt eine feste, sehr kleine Wahrscheinlichkeit p dafür, dass ein einzelner Kern innerhalb einer vorgegebenen Messzeit t zerfällt.

Zusätzlich müssen wir jetzt aber auch fordern, dass die mittlere Anzahl der registrierten Ereignisse ausreichend groß ist. Quantitativ betrachten wir also z.B. den folgenden Fall:

$$\begin{aligned}
\text{Nuklid} &: \; {}^{226}\text{Ra} \\
t &= 1\text{ min} \\
m &= 1\mu g, \qquad \text{daraus ergibt sich} \\
n &= \frac{6\cdot 10^{23}}{226\cdot 10^{6}} \approx 3\cdot 10^{15} \gg 1 \\
T_{1/2} &= 1600\text{ a} = 1600\cdot 365\cdot 24\cdot 60\text{ min} = 0,841\cdot 10^{9}\text{ min} \\
p &= \lambda\cdot t = \ln 2\cdot\frac{t}{T_{1/2}} = \frac{0,693}{0,841\cdot 10^{9}} = 0,83\cdot 10^{-9} \ll 1
\end{aligned}$$

Damit sind zunächst die wichtigsten Voraussetzungen gegeben. Jetzt können wir berechnen

$$\mu = \langle x\rangle = n\cdot p = 3\cdot 10^{15}\cdot 0,83\cdot 10^{-9} = 2,5\cdot 10^{6} \gg 1$$

d.h. die mittlere Zählrate beträgt

$$\frac{\langle x\rangle}{t} = 2,5\cdot 10^{6}\text{ min}^{-1} \approx 40\,000\text{ s}^{-1}$$

Die während $t = 1$ min gezählte Anzahl von Zerfällen muss demnach eine Streuung von

$$\sigma = \sqrt{\langle x\rangle} = 1,6\cdot 10^{3}$$

aufweisen.
Die relative Unsicherheit beträgt somit

$$\frac{\sigma}{\langle x\rangle} = \frac{1,6\cdot 10^{3}}{2,5\cdot 10^{6}} = 0,64\cdot 10^{-3} \approx 0,06\,\%$$

Würde man nur 1 s lang zählen, so hätte man

$$\frac{\sigma_{1\text{s}}}{\langle x\rangle_{1\text{s}}} = \frac{\sqrt{40\,000}}{40\,000} = 0,5\cdot 10^{-2} = 0,5\,\%$$

Selbstverständlich wird auch dieser Fall durch die Poissonverteilung korrekt beschrieben, aber für die relativ großen Werte von x und μ ist die Auswertung des entsprechenden Ausdrucks beliebig schwierig, weil man das Produkt sehr großer und sehr kleiner Faktoren berechnen muss und an beiden, was die numerische Darstellung in Rechnern aller Art betrifft, sehr schnell scheitert. Gleiches gilt, wie schon besprochen, für den Ausdruck $x!$. Somit ist die Gaußverteilung die Funktion der Wahl.

Die Gaußfunktion erweist sich sogar schon bei relativ kleinen Werten von μ als eine außerordentlich gute Näherung. Der Leser möge sich hierzu z.B. einmal die Wahrscheinlichkeiten für $x = 15, 16, ..., 45$ mit $\mu = 30$ einerseits mit einer Poisson- und andererseits mit einer Gaußverteilung ausrechnen und in die gleiche Grafik eintragen. (In Abb. 6.8 (unten) ist die Poissonverteilung für $n = 30$ dargestellt; wenn man das nicht wüsste, könnte man sie glatt für eine Gaußverteilung halten.) Zusätzlich ist zu bedenken, dass wir als Experimentalisten unsere Information über μ meist nur als Schätzwert $\overline{x}$ aus experimentellen Daten beziehen, der selbst eine mehr oder weniger große Unsicherheit besitzt. Ebenso ist zu bedenken, dass auch die experimentellen Häufigkeiten, die wir vielleicht mit den Daten einer Wahrscheinlichkeitsverteilung vergleichen wollen, Unsicherheiten besitzen (die sich wiederum durch eine Poissonverteilung beschreiben lassen). Kurz und gut, es ist (jedenfalls für Versuche des Physikalischen Anfängerpraktikums) völlig belanglos, ob die Wahrscheinlichkeitsverteilung, die wir benutzen, um unsere Daten zu beschreiben, vielleicht nur auf wenige Prozent richtige Werte liefert. Es macht daher überhaupt keinen Sinn, allzu pingelig zu sein, was die genaue Kurvenform anbelangt. Ja, selbst für $\mu \approx 10$ ist die Gaußverteilung oft noch als brauchbare Näherung anzusehen, wie man anhand von Abb. 6.8 ($\mu = 12,5$) leicht ermessen kann. Es kommt im Einzelfall auf die Anforderungen an. Für eine grobe Abschätzung reicht selbst für noch kleinere Erwartungswerte allemal die Gaußverteilung. Bevor man seine Ergebnisse veröffentlicht, wird man in wirklich kritischen Fällen dann noch einmal etwas genauer rechnen.

Ein Wort noch zur **Vorsicht**: Die Wahrscheinlichkeitsverteilungen von Zählexperimenten betreffen als Messwerte immer *reine Zahlen*! Das sind i.d.R. die Anzahlen von Ereignissen, die in bestimmten Zeitintervallen registriert wurden. Sie alleine stellen jedoch meist noch keine für den untersuchten Prozess physikalisch sinnvollen Größen dar. Man rechnet daher meist auf Zählraten um, indem man durch die Messzeit dividiert. Die Unsicherheiten ergeben sich jedoch ausschließlich aus den reinen Zahlen der Messung. *Zählraten* sind Werte, die bereits unter Berücksichtigung der Zeitintervalle aus diesen Zahlen errechnet wurden, sie sind Größen der Dimension *1/Zeit*. Natürlich kann man *daraus* nicht mehr *direkt* durch Berechnung der Wurzel die Standardabweichung berechnen! Was wäre physikalisch anschaulich denn auch die Wurzel aus s^{-1}? Man muss mit Hilfe der Messzeit erst wieder zurückrechnen auf die Gesamtzahl der Ereignisse, ehe man eine Angabe über die Genauigkeit ableiten kann. Das mag als ein weiteres Beispiel dafür dienen, dass die saubere Angabe von Einheiten einen vor so manchem Fehler bewahren kann.

6.6 Schlussbemerkung

Die in diesem Kapitel dargelegten theoretischen Grundlagen haben ausschließlich den Zweck, die Anwendung statistischer Verfahren und Interpretationen bei der Analyse zufälliger Fehler in naturwissenschaftlichen Experimenten zu motivieren und plausibel zu machen. Viele der benutzten Argumente und Sachverhalte wären in einer vollständigeren Darstellung als formale Theoreme zu kennzeichnen und zu beweisen. Da es sich aber durchweg um intuitiv plausible Sachverhalte handelt, wurde auf eine formale Behandlung hier weitgehend verzichtet — nicht zuletzt im Interesse einer eher pragmatisch nachvollziehbaren Darlegung der wesentlichen Punkte. Für tiefergehende Details, eine systematischere Behandlung und insbesondere mathematisch umfassendere Definitionen und Beweise muss auf die Fachliteratur der Wahrscheinlichkeitstheorie verwiesen werden. Dies kann und soll nicht Inhalt dieses Textes sein.

7 Die Chi-Quadrat-Verteilung und Verwandte

7.1 Die Chi-Quadrat-Verteilung und die Genauigkeit einer Standardabweichung [★]

Für die routinemäßige Behandlung der Auswerteaufgaben in einem Anfängerpraktikum sollten die bisher beschriebenen Einzelheiten genügen. Da aber der Vergleich zwischen tatsächlicher Streuung von Messwerten und evtl. unabhängig davon vorhandenen Genauigkeitsangaben, wie wir betont haben, von großer zusätzlicher Bedeutung für die Charakterisierung der Qualität der Ergebnisse ist, haben wir bereits überall, wo sich dies anbot, auf diesen Vergleich hingewiesen und die dafür hilfreiche Variable χ^2 versucht vorzustellen. Da diese eng mit der im Experiment beobachteten Streuung (Standardabweichung s) verbunden ist, macht es Sinn, sich ein wenig mit den quantitativen Eigenschaften dieser Variablen auseinanderzusetzen, insbesondere mit ihrer Wahrscheinlichkeitsverteilung und daraus ableitbaren Erkenntnissen. Dieses Kapitel beschreibt dazu einige wichtige Eigenschaften dieser Variablen sowie eine ganz wichtige Anwendung. Im weiteren Verlauf werden einige Testkriterien vorgestellt, die sich mit Hilfe dieser Verteilungsfunktion etablieren lassen und einige tiefere Einblicke in die im Experiment beobachteten Häufigkeitsverteilungen und die daraus ableitbaren Schlüsse zulassen.

A. Fragestellung

Bisher haben wir uns davor gedrückt, eine wichtige Frage zur Standardabweichung zu beantworten. Im Verlauf der elementaren Fehlerrechnung hatten wir gesehen, dass das arithmetische Mittel, das wir aus den (zufälligen) Daten einer Stichprobe berechnen, selbst eine Unsicherheit hat und haben muss. Es ist nicht besonders verwunderlich, dass diese Aussage auf alle aus einer Stichprobe berechneten Parameter oder Schätzwerte zutreffen muss. Schließlich variiert die konkrete Häufigkeitsverteilung unserer Messwerte von Messreihe zu Messreihe. So besitzt denn auch die Varianz, die wir aus einer Stichprobe berechnen, eine endliche Unsicherheit.

Ziel dieses Abschnitts ist es, so viel über die statistischen Eigenschaften der Varianz zu lernen, dass wir u.a. quantitative Aussagen über deren Unsicherheit machen können. Wir wollen hier kurz wiederholen, was wir in Kapitel 3 aufgeschrieben und später im Zusammenhang mit der Erwartungstreue von Schätzwerten verstanden haben. Setzen wir für den Moment $\varepsilon_i = x_i - \bar{x}$ und $\xi_i = x_i - \mu$, so gilt, dass die Varianz einer Stichprobe

$$s'^2 = \overline{\varepsilon^2} = \frac{1}{n}\sum \varepsilon_i^2 = \frac{1}{n}\sum (x_i - \bar{x})^2$$

die Streuung um das arithmetische Mittel herum liefert, während

$$\overline{\xi^2} = \frac{1}{n}\sum \xi_i^2 = \frac{1}{n}\sum (x_i - \mu)^2$$

definitionsgemäß die Streuung in Bezug auf den wahren Wert, d.h. den Populations-Erwartungswert $\mu = \langle x \rangle$ darstellt. Wir hatten (zunächst nur empirisch) dargelegt, dass man einen optimalen, erwartungstreuen Schätzwert für diese Varianz erhält, wenn man (in Unkenntnis des wahren Werts μ) die Varianz gemäß

$$s^2 = \frac{1}{n-1}\sum \varepsilon_i^2 = \frac{1}{n-1}\sum (x_i - \bar{x})^2$$

berechnet. Um eine Aussage über die Genauigkeit dieser Größe machen zu können, müssen wir ihre Standardabweichung in Erfahrung bringen.

Im weiteren Verlauf diese Kapitels werden wir diese Information dann auch nutzen, um zu entschieden, ob die Vorstellung, die wir von dem erwarteten Ergebnis des Experiments haben und die sich in einem bestimmten mathematischen Modell äußert, gerechtfertigt ist oder nicht. Denn wenn die beobachtete Streuung z.B. sehr viel größer als erwartet ist, dann, so haben wir schon öfter dargelegt, spricht vieles dafür, dass es andere Ursachen als die rein statistischen Fehler für diese Abweichungen gibt.

B. Verteilung von Summen von Quadraten

Wir beginnen mit einer eher relativ allgemein erscheinenden Fragestellung:

Die Variablen ξ_i seien ν unabhängige Zufallsvariablen mit dem Erwartungswert $\mu_\xi = \langle\xi\rangle = 0$ und der Varianz $\sigma_\xi^2 = 1$, von denen jede durch eine Gaußverteilung ("Einheits-Gaußverteilung") beschrieben sei:

$$f(\xi_i) = \frac{1}{\sqrt{2\pi}} e^{-\frac{1}{2}\xi_i^2} \tag{7.1}$$

Wir suchen die Wahrscheinlichkeitsverteilungsfunktion, die die Verteilung der Größe $\chi^2 = \xi_1^2 + \xi_2^2 + ... + \xi_\nu^2$ beschreibt.

Ein Beispiel

Für $\nu = 2$, d.h. $\chi^2 = \xi_1^2 + \xi_2^2$ erhalten wir

$$P(\chi^2 \leq \chi_0^2, 2) = \int_0^{\xi_1^2+\xi_2^2 \leq \chi_0^2} \mathrm{d}\xi_1 \mathrm{d}\xi_2 \frac{1}{2\pi}\, e^{-\frac{1}{2}(\xi_1^2+\xi_2^2)}$$

Wir integrieren dabei über eine Kreisfläche mit dem Radius χ_0 mit den kartesischen Koordinaten ξ_1 und ξ_2:

$$\begin{aligned} P(\chi^2 \leq \chi_0^2, 2) &= \int_0^{\chi_0} \chi e^{-\frac{1}{2}\chi^2} \mathrm{d}\chi \qquad \text{da } d\xi_1 d\xi_2 = \chi \mathrm{d}\chi \mathrm{d}\varphi \quad \text{und} \quad \int_0^{2\pi} \mathrm{d}\varphi = 2\pi \\ &= \frac{1}{2}\int_0^{\chi_0^2} e^{-\frac{1}{2}\chi^2} \mathrm{d}\chi^2 = \int_0^{\chi_0^2} f(\chi^2, 2)\, \mathrm{d}\chi^2 \qquad \text{da } \mathrm{d}\chi^2 = 2\chi \mathrm{d}\chi \end{aligned}$$

Die Wahrscheinlichkeitsdichteverteilung ist demnach

$$f(\chi^2, 2) = \frac{1}{2} e^{-\frac{1}{2}\chi^2} \tag{7.2}$$

Wir haben also einen Spezialfall der sog. χ^2-Verteilung, nämlich für $\nu = 2$ (das zweite Argument in der Klammer symbolisiert ν) berechnet.

Noch ein Beispiel

Gesucht sei die Verteilung für $\nu = 3$. Das ist das Äquivalent zur Berechnung einer Maxwellschen Geschwindigkeits- bzw. Energieverteilung für ein Teilchen in drei Dimensionen und sollte uns vom Ergebnis her daher ebenfalls bekannt vorkommen. Wir erhalten

$$\begin{aligned} P(\chi^2 \leq \chi_0^2, 3) &= \int_0^{\xi_1^2+\xi_2^2+\xi_3^2 \leq \chi_0^2} \mathrm{d}\xi_1 \mathrm{d}\xi_2 \mathrm{d}\xi_3 \frac{1}{(2\pi)^{3/2}}\, e^{-\frac{1}{2}(\xi_1^2+\xi_2^2+\xi_3^2)} \\ &= \frac{1}{\sqrt{\pi/2}} \int_0^{\chi_0} \chi^2 e^{-\frac{1}{2}\chi^2} \mathrm{d}\chi \qquad \text{da } \mathrm{d}\xi_1 \mathrm{d}\xi_2 \mathrm{d}\xi_3 = \chi^2 \mathrm{d}\chi \sin\vartheta \mathrm{d}\vartheta \mathrm{d}\varphi \\ &= \frac{1}{\sqrt{2\pi}} \int_0^{\chi_0^2} \left(\chi^2\right)^{1/2} e^{-\frac{1}{2}\chi^2} \mathrm{d}\chi^2 = \int_0^{\chi_0^2} f(\chi^2, 3)\, \mathrm{d}\chi^2 \end{aligned}$$

Wir integrieren hier über eine Kugel mit dem Radius χ_0 im dreidimensionalen Raum. Die Integration über die beiden Winkel liefert 4π. Somit ist

$$f(\chi^2, 3) = \frac{1}{\sqrt{2\pi}} \left(\chi^2\right)^{1/2} e^{-\frac{1}{2}\chi^2} \tag{7.3}$$

Dies ist die χ^2-Verteilung für $\nu = 3$.

Allgemeiner Fall

Es sei $\chi^2 = \xi_1^2 + \xi_2^2 + ... + \xi_\nu^2$ wie eingangs definiert. Dann erhalten wir

$$\begin{aligned} P(\chi^2 \leq \chi_0^2, \nu) &= \int_0^{\chi^2 \leq \chi_0^2} \mathrm{d}\xi_1 ... \mathrm{d}\xi_\nu \frac{1}{(2\pi)^{\nu/2}} e^{-\frac{1}{2}\sum_{i=1}^{\nu} \xi_i^2} \\ &= \frac{2}{2^{\nu/2}\Gamma\left(\frac{\nu}{2}\right)} \int_0^{\chi_0} \chi^{\nu-1} e^{-\frac{1}{2}\chi^2} \mathrm{d}\chi \\ &= \frac{1}{2^{\nu/2}\Gamma\left(\frac{\nu}{2}\right)} \int_0^{\chi_0^2} \left(\chi^2\right)^{\nu/2-1} e^{-\frac{1}{2}\chi^2} \mathrm{d}\chi^2 = \int_0^{\chi_0^2} f(\chi^2, \nu)\, \mathrm{d}\chi^2 \end{aligned}$$

Die Integration erfolgt analog zu den vorherigen Sonderfällen über eine Hypersphäre mit dem Radius χ_0. Und völlig analog ist die Wahrscheinlichkeitsdichteverteilung in diesem allgemeinen Fall gegeben durch

$$\boxed{f(\chi^2, \nu) = \frac{1}{2^{\nu/2}\Gamma\left(\frac{\nu}{2}\right)} \left(\chi^2\right)^{\nu/2-1} e^{-\frac{1}{2}\chi^2}} \tag{7.4}$$

Dies ist die allgemeine Form der χ^2-Verteilung für ν Freiheitsgrade. Es handelt sich um eine Wahrscheinlichkeitsdichtefunktion, aus der man interessierende Wahrscheinlicheiten durch Integration über die entsprechenden Wertebereiche berechnet.

Wir haben in dieser Gleichung auf die Gamma-Funktion $\Gamma(x)$ zurückgegriffen. Diese Funktion stellt eine Erweiterung der Fakultätsfunktion $n!$ auf nicht-ganzzahlige (ganz allgemein reelle und komplexe) Argumente dar. Dabei ist für ganzzahlige Argumente $x! = \Gamma(x+1)$. Mit Hilfe der in ähnlicher Form schon für $x!$ bekannten Rekursionsformel $x\,\Gamma(x) = \Gamma(x+1)$ und den charakteristischen Werten $\Gamma(1) = 1$ und $\Gamma(1/2) = \sqrt{\pi}$ lassen sich die Funktionswerte für die oben benötigten halbzahligen Argumente leicht verifizieren. Eine allgemeine Definition ist

$$\Gamma(x) = \int_0^\infty t^{n-1} e^{-t} \mathrm{d}t$$

(s. z.B. [AbS, Hay], dort finden sich auch weitere Eigenschaften zusammengefasst sowie Wertetabellen).

Abb. 7.1 zeigt den Funktionsverlauf für diese Verteilung für verschiedene Anzahlen von Freiheitsgraden. Für $\nu = 1$ divergiert die Funktion bei 0, für $\nu = 2$ ist sie dort endlich und hat den Wert $1/2$ und für größere ν beginnt sie beim Wert 0, durchläuft ein Maximum und nähert sich wieder asymptotisch der Nulllinie. Das Maximum liegt beim Abszissenwert $\chi_m^2 = \nu - 2$ (für $\nu \geq 2$), sonst bei 0.

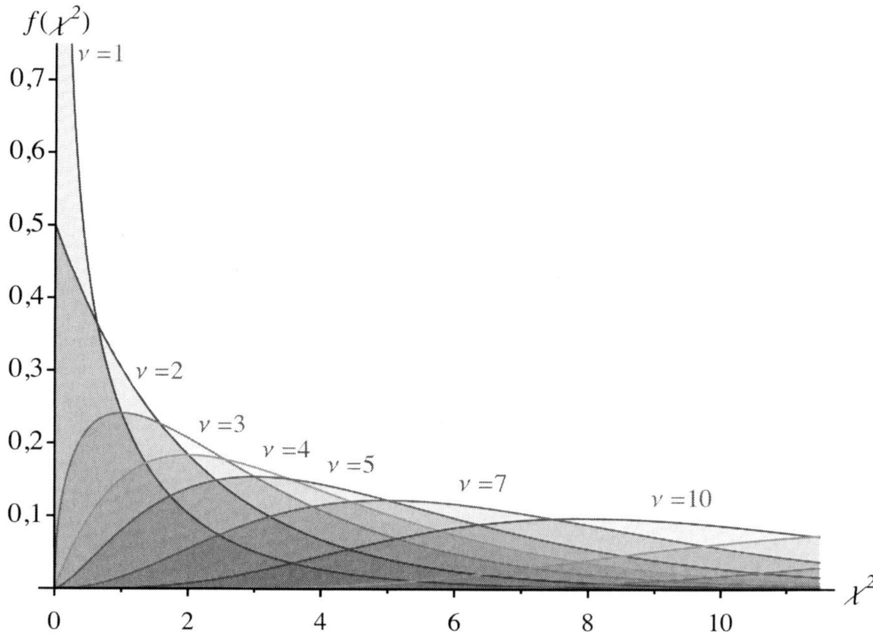

Abbildung 7.1: Beispiele von χ^2-Verteilungen für einige niedrige Freiheitsgrad-Zahlen ν

Eigenschaften

Bei jeder Wahrscheinlichkeitsdichtefunktion interessieren wir uns zunächst einmal für die wichtigsten Erwartungswerte. Es ist

$$\begin{aligned} \langle \chi^2 \rangle &= \nu \\ \text{und} \quad \sigma_{\chi^2}^2 &= \left\langle \left(\chi^2 - \langle \chi^2 \rangle\right)^2 \right\rangle = 2\nu \end{aligned}$$

χ^2 hatten wir eingeführt als Summe über ν Gauß-verteilte Zufallsvariablen-Quadrate ξ_i^2. Der Erwartungswert des Betragsquadrats dieser Summe ist demnach ν, die Standardabweichung $\sqrt{2\nu}$.

Normierte Funktion

Da die Funktion sich mit wachsendem ν zu immer größeren Werten von χ^2 erstreckt, macht es Sinn, sich einmal die auf die Lage des Maximums bezogene Funktion anzusehen. Wir berechnen die Funktion daher für die Variable χ^2/χ_m^2. Das erfordert, zur Beibehaltung der Normierung der Funktion (das Integral von 0 bis ∞ muss ja 1 ergeben) eine Anpassung des Vorfaktors, so dass sich

$$f(\chi^2/\chi_m^2, \nu) = \frac{\chi_m^2}{2^{\nu/2}\Gamma\left(\frac{\nu}{2}\right)} \left(\chi^2\right)^{\nu/2-1} e^{-\frac{1}{2}\chi^2} \tag{7.5}$$

ergibt. Diese Funktionen sind in Abb.7.2 dargestellt. Verständlicherweise ist diese Funktion nur für $\nu > 2$ definiert.

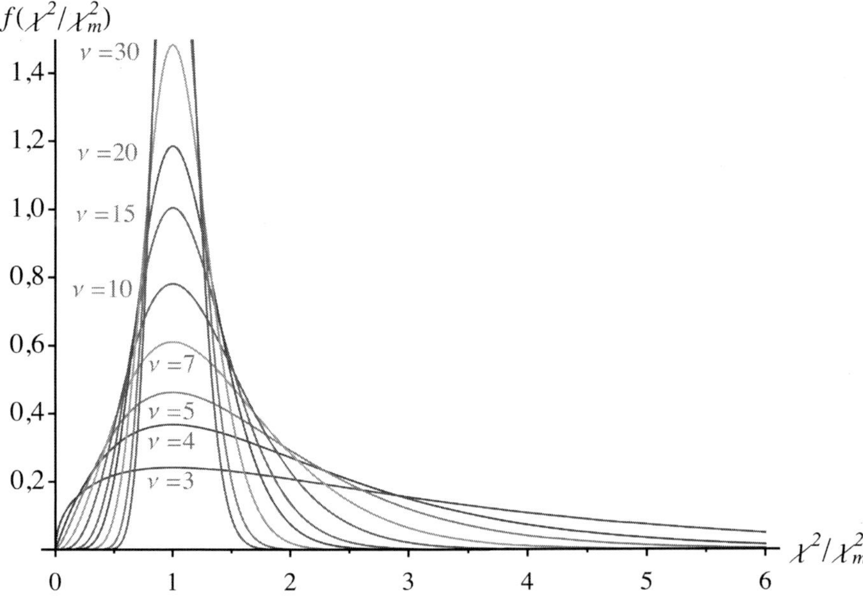

Abbildung 7.2: Einige χ^2-Verteilungen, Abszisse normiert auf Lage des Maximums

Der Erwartungswert ist, wie man leicht einsieht,

$$\langle \chi^2/\chi_m^2 \rangle = \frac{\nu}{\nu - 2} \qquad \text{für } \nu > 2$$

Dieser Wert konvergiert mit wachsendem ν gegen 1. Das heißt, die Funktion bleibt — bis auf eine leichte anfängliche Verschiebung für kleine ν — im Wesentlichen in der Umgebung von 1 lokalisiert, das Maximum liegt ohnehin immer bei 1.

Die Breite der Funktion lässt sich ebenfalls berechnen. Aus der Standardabweichung der χ^2-Verteilung erhalten wir sofort

$$\sigma_{\chi^2/\chi^2_m,\nu} = \frac{\sqrt{2\nu}}{\nu - 2} \qquad \text{für } \nu > 2$$

Dieser Ausdruck konvergiert gegen Null. Da das Integral erhalten bleibt, bedeutet das, dass die Wahrscheinlichkeit für das Auftreten von χ^2-Werten um $\nu - 2$ herum steil anwächst, für größere und kleinere Werte dagegen schnell verschwindet. Man kann auf diese Weise auch sehr gut verstehen, warum die kinetische Energie eines Gases ($\nu \sim 10^{23}$) trotz sehr breiter Geschwindigkeitsverteilung für jedes einzelne Teilchen einen wahnsinnig scharfen Wert besitzt.

Reduziertes χ^2

Weil es bei der Kurvenanpassung an Datensätze oftmals anstelle des "normalen" χ^2 verwendet wird, berechnen wir noch das sog. reduzierte Chi-Quadrat χ^2_{red}. Man dividiert χ^2 einfach durch die Anzahl der Freiheitsgrade ν:

$$\boxed{\chi^2_{\text{red}} = \frac{\chi^2}{\nu}} \tag{7.6}$$

Damit erhält man für den Erwartungswert $\langle\chi^2_{\text{red}}\rangle = 1$ und für die Varianz $\sigma^2_{\chi^2_{\text{red}}} = \sqrt{2/\nu}$. Verschiedene Funktionsverläufe für χ^2_{red} sind in Abb. 7.3 dargestellt.

Diese Funktionen sehen ähnlich aus wie die auf die Lage des Maximums bezogenen Funktionen (vgl. Gl. 7.5 und Abb. 7.2), hier findet die Normierung der Abzisse lediglich auf einen im Prinzip etwas anderen Bezugswert statt, was dazu führt, dass sich die Kurvenmaxima für kleine ν-Werte leicht verschieben. Das reduzierte Chi-Quadrat ist allerdings auch für $\nu = 1$ und 2 definiert. Wir kommen auf diese Funktionen gleich noch einmal zurück.

C. Verteilungsfunktion für s^2

Aus einem Satz von Messwerten x_i hatten wir als "Bestwert" (d.h. optimalen Schätzwert) für die Varianz in Bezug auf den (unbekannten) wahren Wert

$$s^2 = \frac{2}{n-1}\sum_i (x_i - \bar{x})^2$$

berechnet. Um die Frage nach der Varianz dieser Varianz beantworten zu können, benötigen wir die dazugehörige Verteilungsfunktion. Wir halten zunächst fest: Die Messgrößen x_i sind Gauß-verteilt mit Standardabweichung σ um ihren Erwartungswert $\mu = \langle x\rangle$. Demnach sind die Größen

$$\xi_i = \frac{x_i - \langle x\rangle}{\sigma} = \frac{x_i - \mu}{\sigma} \tag{7.7}$$

ebenfalls Gauß-verteilt, jedoch mit Standardabweichung 1 und Erwartungswert 0. Damit hätten wir die Voraussetzung für die Verwendung der χ^2-Verteilung für die $\sum_i \xi_i^2$ geschaffen. Da wir jedoch $\mu = \langle x\rangle$ nicht kennen, müssen wir noch einen kleinen Umweg einschlagen.

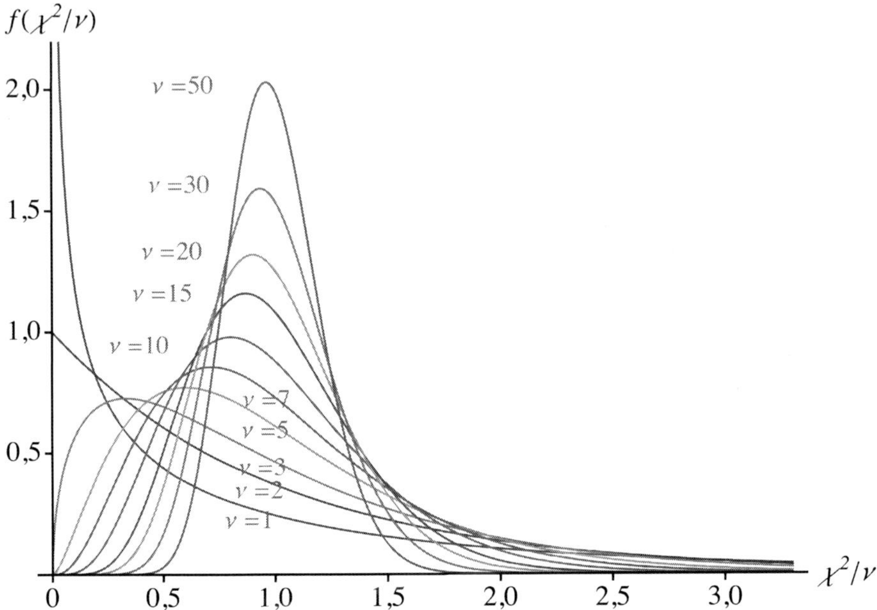

Abbildung 7.3: Verteilungsfunktion für das reduzierte Chi-Quadrat für verschiedene Anzahlen von Freiheitsgraden

Wir definieren zunächst eine andere, aber aus dem Experiment zugängliche Größe als

$$\chi^2 = \frac{1}{\sigma^2} \sum_i (x_i - \bar{x})^2 = (n-1)\frac{s^2}{\sigma^2} \tag{7.8}$$

(vgl. Gln. 3.32 und 3.33 in Abschnitt 3.8) und untersuchen, ob dieser Ausdruck den Voraussetzungen für die Verwendung einer χ^2-Verteilung genügt. Wenn dem so ist und wir die Verteilung für *dieses* χ^2 kennen, dann können wir später jederzeit leicht auch Verteilung die für Größe s^2 hinschreiben.

Durch Umformung lässt sich leicht zeigen, dass

$$\chi^2 = \sum_i \xi_i^2 - \frac{1}{n}\left(\sum_i \xi_i\right)^2$$

Mit $\delta = \bar{x} - \mu$ lässt sich die Summe in Gl. 7.8 schreiben als

$$\begin{aligned}
\sum_i (x_i - \bar{x})^2 &= \sum_i (x_i - \mu - \delta)^2 = \sum_i (x_i - \mu)^2 - 2\sum_i (x_i - \mu)\,\delta + \sum_i \delta^2 \\
&= \sum_i (x_i - \mu)^2 - 2\,n\,\delta\,\delta + n\delta^2 = \sum_i (x_i - \mu)^2 - n\,\delta^2 = \sum_i (x_i - \mu)^2 - n\,(\bar{x} - \mu)^2 \\
&= \sum_i (x_i - \mu)^2 - n\left(\frac{1}{n}\sum_i (x_i - \mu)\right)^2
\end{aligned}$$

Nun definieren wir neue Variablen ζ_i mit

$$\begin{aligned}\zeta_i &= \xi_i \quad \text{für } i = 1, ..., n-1 \quad \text{sowie} \\ \zeta_n &= \frac{1}{\sqrt{n}} \sum_{j=1}^{n} \xi_j = \frac{1}{\sqrt{n}} \frac{\bar{x} - \langle x \rangle}{\sigma}\end{aligned}$$

Letzteres ist eine einfache lineare Transformation aus den ξ_i, wobei dieses ζ_n wiederum (einheits-)Gauß-verteilt ist mit

$$\langle \zeta_n \rangle = \frac{1}{\sqrt{n}} \sum_{j=1}^{n} \langle \xi_j \rangle = 0 \qquad \text{und} \qquad \sigma_{\zeta_n}^2 = \frac{1}{n} \sum \sigma^2 = 1$$

Auch für die übrigen ζ_i hätten wir im Prinzip beliebige Linearkombinationen verwenden können. Damit sind alle ζ_i wieder Gauß-verteilt mit Standardabweichung 1 und Erwartungswert 0.

Mit den neuen Variablen lässt sich die Summe der Quadrate jedoch einfacher darstellen:

$$\chi^2 = \sum_{i=1}^{n} \zeta_i^2 - \frac{1}{n} n \zeta_n^2 = \sum_{i=1}^{n-1} \zeta_i^2 \tag{7.9}$$

Jetzt können wir die entscheidende Schlussfolgerung ziehen: Unser so definiertes χ^2 lässt sich explizit als Summe von Quadraten unabhängiger einheits-Gaußverteilter Größen darstellen und ist damit wieder χ^2-verteilt, allerdings nur mit $\nu = n - 1$ Freiheitsgraden.

Dieses Ergebnis können wir sofort für die uns interessierende Größe s^2 nutzen. Gemäß Gl. 7.8 gilt ja

$$\boxed{s^2 = \frac{1}{n-1} \sum_i (x_i - \bar{x})^2 = \frac{\sigma^2}{n-1} \chi^2 = \sigma^2 \frac{\chi^2}{\nu}} \tag{7.10}$$

Damit ist s^2 ebenfalls eine χ^2-verteilte Größe mit $\nu = n - 1$ Freiheitsgraden.

D. Varianz und Standardabweichung von s^2

Mit dieser Erkenntnis können wir die für die χ^2-Verteilung inzwischen bekannten Beziehungen

$$\begin{aligned}\langle \chi^2 \rangle &= \nu = n - 1 \\ \sigma_{\chi^2}^2 &= \left\langle \left(\chi^2 - \langle \chi^2 \rangle \right)^2 \right\rangle = 2\nu = 2n - 2 \\ \sigma_{\chi^2} &= \sqrt{\sigma_{\chi^2}^2} = \sqrt{2\nu} = \sqrt{2n-2} \\ \chi_m^2 &= \nu - 2 = n - 3 \qquad \text{(Lage des Maximums)}\end{aligned}$$

auf unsere Messreihe mit n Messungen anwenden. Man erhält für s^2, d.h. für die Varianz einer Stichprobe von Messdaten, bzw. die Standardabweichung s, folgende Ergebnisse

$$\langle s^2 \rangle = \frac{\sigma^2}{n-1} \langle \chi^2 \rangle = (n-1)\frac{\sigma^2}{n-1} = \sigma^2 \tag{7.11}$$

$$\sigma^2_{s^2} = \left(\frac{\sigma^2}{n-1}\right)^2 \sigma^2_{\chi^2} = 2(n-1)\frac{\sigma^4}{(n-1)^2} = \frac{2}{n-1}\sigma^4 \tag{7.12}$$

$$\sigma_{s^2} = \frac{\sigma^2}{n-1}\sigma_{\chi^2} = \sqrt{2(n-1)}\frac{\sigma^2}{n-1} = \sqrt{\frac{2}{n-1}}\sigma^2 \tag{7.13}$$

$$\sigma_s = \frac{\sigma_{s^2}}{2\sqrt{\langle s^2 \rangle}} = \frac{1}{\sqrt{2(n-1)}}\sigma \tag{7.14}$$

Aus den letzten beiden Ausdrücken kann man leicht die relativen Standardabweichungen ausrechnen:

$$\boxed{\sigma_{s^2}/\langle s^2 \rangle = \sigma_{s^2}/\sigma^2 = \sqrt{\frac{2}{n-1}} \quad \text{bzw.} \quad \sigma_s/\sqrt{\langle s^2 \rangle} = \sigma_s/\sigma = \frac{1}{\sqrt{2(n-1)}}} \tag{7.15}$$

Um dieses Ergebnis etwas zu veranschaulichen, ist die Abhängigkeit der relativen Unsicherheit des als optimalen, aus der Stichprobe berechneten Schätzwerts s für die Standardabweichung σ in Abb.7.4 grafisch dargestellt.

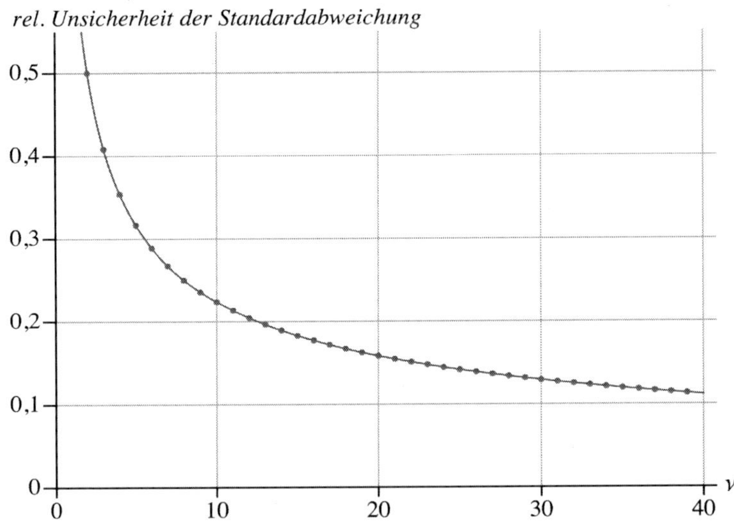

Abbildung 7.4: Relative Standardabweichung (bezogen auf ihren Erwartungswert) der Standardabweichung für eine einzelne Messgröße in Abhängigkeit von der Zahl ν der Freiheitgrade ($\nu = n - 1$)

Man sieht jetzt leicht, dass solche aus dem Experiment berechneten Standardabweichungen bei gängigen Umfängen n einer Stichprobe (Anzahl von Einzelmessngen) doch eine nicht ganz zu verachtende Unsicherheit besitzen. Im physikalischen Praktikum haben wir es häufig mit Versuchen zu tun, in denen die Anzahl der Messwerte in der Größenordnung von 3 bis 10 liegt. Hier liegt die relative statische Unsicherheit für s in der Größenordnung von 40 % bis 20 %. 10 % erreicht man gar erst bei rund 50 Einzelmessungen. Jetzt wird endlich auch quantitativ verständlich, warum es bei solchen Experimenten wenig Sinn macht, für die relative Genauigkeit von Fehlerangaben erheblich mehr als die früher schon nahegelegten 20 − 30% zuzugestehen.

E. Reduziertes Chi-Quadrat

Wir kommen noch einmal auf das reduzierte Chi-Quadrat zurück. Dieses hatten wir mit Gl. 7.6 einfach dadurch eingeführt, dass wir χ^2 durch $\nu = n - 1$ dividiert hatten. Gemäß Gl. 7.10 gilt dann

$$\chi^2_{\text{red}} = \frac{s^2}{\sigma^2}$$

Der Quotient der Varianz s^2, die wir aus der Stichprobe als Schätzwert für die erwartete Varianz berechnen, und der (aufgrund unabhängiger Information) erwarteten Varianz σ^2 wird genau durch dieses reduzierte Chi-Quadrat wiedergegeben. Streuen unsere Messwerte (vielleicht wegen zusätzlicher systematischer Fehler) stärker, dann wird $\chi^2_{\text{red}} \gtrsim 1$ oder gar $\chi^2_{\text{red}} \gg 1$. Wird die Streuung dagegen nur durch die inhärenten Unsicherheiten der Einzelmessungen verursacht, so wird sich $\chi^2_{\text{red}} \approx 1$ ergeben. Wie scharf diese ungefähre Gleichheit allerdings in einer bestimmten Messreihe erfüllt sein sollte, das hängt entscheidend von der Anzahl der Freiheitsgrade (und damit von der Anzahl der Einzelmessungen) ab. Bei typischen Versuchen in einem Praktikum müssen wir angesichts Abb.7.4 relativ großzügig sein.

Im Übrigen ist festzuhalten, dass die Frage, wie nahe χ^2_{red} bei 1 oder wie nahe χ^2 bei ν liegt, letztlich nur unterschiedliche Formulierungsweisen des gleichen Sachverhalts sind. Das reduzierte Chi-Quadrat birgt aus Sicht des Autors ein wenig mehr Anschaulichkeit, als es den quantitativen Vergleich der im Experiment beobachteten Streuung mit der aus unabhängigen Erkenntnissen erwarteten Streuung ohne weitere Umrechnung direkt widerspiegelt, einen Vergleich, auf dessen Aussagekraft wir zuletzt im Rahmen der analytischen Ausgleichsgeraden-Anpassung hingewiesen hatten.

7.2 Der Chi-Quadrat-Test [★]

Da wir jetzt die Verteilungsfunktion der Varianz kennen und damit auch Erwartungswerte berechnen können, haben wir eine einigermaßen konkrete Vorstellung davon, was wir in einem Experiment von der Streuung unserer Messdaten erwarten sollten.

Haben wir gar keine Information über die inhärente Genauigkeit unserer einzelnen Messwerte, dann bleibt uns nur, die beobachtete (mittlere) Streuung als Maß für die (mittlere) Genauigkeit der Messwerte zu benutzen, wie wir es im Kapitel 3 zunächst getan haben, und "visuell" zu entscheiden, ob das erwartete Modell (z.B. die Annahme, dass der wahre Wert konstant ist oder ob ein linearer Zusammenhang zwischen x und y besteht) durch unsere Messdaten in etwa dargestellt wird.

Haben wir aber zusätzliche Informationen über die Genauigkeit der Messwerte, so können wir χ^2 berechnen und mit Hilfe der χ^2-Verteilungsfunktion eine sehr viel quantitativere Aussage treffen, ob das Modell passt und ob Abweichungen der Messdaten davon vielleicht andere Ursachen als reine statistische Fluktuationen haben. Dabei gehen wir davon aus, dass wir von unserem Modell erwarten, dass es unseren Datensatz in *dem* Sinne korrekt beschreibt, dass es eine optimale Schätzung liefert für den "wahren" Zusammenhang unserer Messgrößen. Das hatten wir zuletzt ausführlich für einen linearen Zusammenhang $y = a + bx$ besprochen, das gilt aber genauso gut auch für das noch einfachere Modell $y = a$, das wir in den Abschnitten 3.1 bis 3.6 im Grunde diskutiert haben, sowie für viel kompliziertere Zusammenhänge $y = f(x)$.

Wir hatten gesehen, dass wir, wenn das Modell vernünftig ist (z.B. unser Datensatz, den wir mit einer Gerade anzupassen versuchen, tatsächlich — bis auf die Streuung der Messwerte — so "aussieht" wie ein linearer Verlauf), erwarten, dass χ^2 von der Größenordnung ν bzw. χ^2_{red} von der Größenordnung 1 sein sollte. Massive Abweichungen davon legen nahe, dass etwas nicht stimmt. Das kann an einem ungeeigneten Modell liegen, an systematischen Fehlern oder Einflüssen im Experiment, die wir nicht berücksichtigt haben, oder auch an einer trivialen Fehleinschätzung der zugrundegelegten Unsicherheiten unserer Messwerte. Da wir bei der Herleitung der χ^2-Verteilung eine Gauß-Verteilung der einzelnen Messwerte vorausgesetzt haben, ist aber auch denkbar, dass wir evtl. mit dieser Annahme daneben liegen. Ein Beispiel für den letztgenannten Fall begegnet einem z.B. bei Experimenten, in denen Ereignisse gezählt werden und die einzelnen Anzahlen sehr klein sind in dem Sinne, dass die Gauß-Verteilung eine relativ schlechte Näherung an die eigentlich zugrunde zu legende Poisson-Verteilung darstellt. Das ist regelmäßig der Fall, wenn die Zählwerte deutlich unter etwa 5 liegen. Die Grenze ist natürlich fließend, je nachdem, was wir als schlechte Näherung und was wir als massive Abweichungen bei χ^2 ansehen.

Hypothesen

In diesem Abschnitt wollen wir die Frage, ob "etwas nicht stimmt", versuchen zu quantifizieren. Für den Experimentator stellt sich die Frage, ob das benutzte Modell den Datensatz korrekt beschreibt. Das bedeutet die Frage danach, ob die Abweichungen $y_i - f(x_i)$ der einzelnen Messergebnisse des Datensatzes vom Modell $f(x_i)$ durch eine Wahrscheinlichkeitsverteilung $p(y; x)$ hervorgerufen werden, deren Abhängigkeit ihrer Erwarungswerte y von einer Abszisse x sich durch die angenommene Modellfunktion $y = f(x)$ hinreichend gut beschreiben lässt und deren Abweichungen an den Messpunkten mit den zugrunde gelegten Unsicherheiten $\sigma(x)$ hinreichend gut vereinbar sind.

Dies ist ein Besipiel für die Frage nach der Gültigkeit einer Hypothese. Tests von Hypothesen sind ein weites — und extrem wichtiges — Feld der Statistik, auf das wir hier aber nicht näher eingehen wollen. Wir wollen vielmehr nur eine der wichtigen Anwendungen, den Chi-Quadrat-Test, herausgreifen, weil er für die Beurteilung einer Kurvenanpassung in der Physik von herausragender Bedetung ist.

Unsere Hypothese in diesem Zusammenhang könnte also lauten "Die angegebene Funktion passt zu unserem Datensatz", wobei wir die oben beschriebenen genaueren Spezifikationen, was wir damit meinen, hier nicht wiederholen. Wir können das auch so formulieren, dass wir behaupten, "alle Abweichungen von der Modellfunktion seien durch rein statistische Fluktuationen bedingt". Man spricht von einer sog. Null-Hypothese, weil man annimmt, dass es keinen wirklich signifikanten Grund für die beobachteten Abweichungen gibt.

Ist die Wahrscheinlichkeit dafür akzeptabel, dass die beobachteten Abweichungen durch rein statistische Streuung verursacht wurden, dann wird man mit der Beschreibung der Daten durch das Modell zufrieden sein. Ist diese Wahrscheinlichkeit aber eher relativ niedrig, dann wird man die Null-Hypothese verwerfen und schlussfolgern, dass eine signifikante Diskrepanz zwischen den Daten und der Modellfunktion vorliegt und die Abweichungen doch eine "echte" Ursache haben.

Testkriterien

χ^2 bietet uns eine hervorragende quantitative Möglichkeit, diese Entscheidung zu treffen. Nach den Gln. 7.8 bzw. 3.32 oder in der allgemeineren Form Gl. 3.33 ist

$$\begin{aligned} \chi^2 &= \frac{1}{\sigma^2}\sum_i (x_i - \bar{x})^2 = (n-1)\frac{s^2}{\sigma^2} \quad \text{oder allgemeiner} \\ \chi^2 &= \sum_i \frac{1}{\sigma_i^2}(x_i - \bar{x})^2 = (n-1)\frac{s^2}{\sigma^2} \quad \text{mit} \quad \frac{n}{\sigma^2} = \sum_i \frac{1}{\sigma_i^2} \end{aligned} \tag{7.16}$$

für ein simples Modell der Form $x = a$. Für einen linearen Verlauf $y = a + bx$ hatten wir bereits mit Gl. 4.18

$$\chi^2 = \sum_i \frac{1}{\sigma_i^2}(y_i - bx_i - a)^2 = (n-2)\frac{s^2}{\sigma^2} \quad \text{mit} \quad \frac{n}{\sigma^2} = \sum_i \frac{1}{\sigma_i^2} \tag{7.17}$$

eine äquivalente Darstellung abgeleitet. Generell müssen wir schreiben

$$\chi^2 = \sum_i \frac{1}{\sigma_i^2}(y_i - f(x_i))^2 = \nu\frac{s^2}{\sigma^2} \quad \text{mit} \quad \frac{n}{\sigma^2} = \sum_i \frac{1}{\sigma_i^2} \tag{7.18}$$

Wie schon mehrfach besprochen, erwarten wir im Fall einer guten "Übereinstimmung" zwischen Daten und Modellfunktion, dass χ^2 in der Nähe von ν liegt. In den beiden o.g. Fällen ist $\nu = n - 1$ bzw. $n - 2$. (Im allgemeinen Fall einer Anpassung mit m Parametern ist $\nu = n - m$.) Ist die Anpassung des Datensatzes durch das Modell dagegen schlecht, d.h. sind die beobachteten Abweichungen $|y_i - f(x_i)|$ im Mittel deutlich größer als die σ_i, χ^2 wird dann entsprechend größer.

Da wir die Wahrscheinlichkeitsverteilung für χ^2 kennen, können wir danach fragen, wie groß die Wahrscheinlichkeit dafür ist, dass χ^2 größer als oder gleich unserem aus den Daten berechneten Wert ist, um zu entscheiden, ob wir das noch akzeptieren wollen oder nicht. Ein paar Beispiele für diese Wahrscheinlichkeiten sind in Tab. 7.1 angegeben.

Zweckmäßiger ist es, sich auf bestimmte Wahrscheinlichkeiten festzulegen, die man als Grenzwerte akzeptiert, um eine Anpassung als gut oder schlecht zu qualifizieren. Es ist üblich, eine Wahrscheinlichkeit von 5% als Grenzwert zu verwenden, aber — je nach Fall — kommen auch andere Werte wie 1, 2, oder 10% in Betracht. Für diese Wahrscheinlichkeiten kann man dann (abhängig von der Zahl der Freiheitsgrade) die dazugehörigen Grenzwerte von χ^2 berechnen. Hierfür sind einige Beispiele in Tab. 7.2 angegeben.

Um nach der 5%-Regel z.B. eine Anpassung zu verwerfen, müssten wir bei 1 Freiheitsgrad demnach ein χ^2 größer als 3,84 erhalten haben, also fast das Vierfache des erwarteten Werts. Bei 10 Freiheitsgraden liegt die Toleranzschwelle mit 18,31 im Vergleich zu $\nu = 10$

Tabelle 7.1: Wahrscheinlichkeiten für das Auftreten von χ^2-Werten, die größer sind als die in der ersten Spalte angegebenen (für einige Werte ν für die Anzahl der Freiheitsgrade)

P	für $\nu =$	1	2	3	5	7	10	15
	$\chi^2 \geq 2$	15,7 %						
	$\chi^2 \geq 3$	8,3 %	22,3 %					
	$\chi^2 \geq 5$	2,5 %	8,2 %	17,2 %				
	$\chi^2 \geq 7$	0,8 %	3,0 %	7,2 %	22,1 %			
	$\chi^2 \geq 10$	0,2 %	0,7 %	1,9 %	7,5 %	18,9 %		
	$\chi^2 \geq 15$		0,1 %	0,2 %	1,0 %	3,6 %	13,2 %	
	$\chi^2 \geq 20$				0,1 %	0,6 %	2,9 %	17,2 %
	$\chi^2 \geq 30$						0,1 %	1,2 %

Tabelle 7.2: Grenzwerte von χ^2, so dass die Wahrscheinlichkeit für das Auftreten eines χ^2-Wertes, der größer oder gleich diesem Grenzwert ist, gerade die angegebene Wahrscheinlichkeit besitzt (für einige Werte ν für die Anzahl der Freiheitsgrade)

χ^2_{grenz}	für $\nu =$	1	2	3	5	7	10	15	20	30	50
	$P = 1\%$	6,63	9,21	11,34	15,09	18,48	23,21	30,58	37,57	50,89	76,15
	$P = 2\%$	5,41	7,82	9,84	13,39	16,62	21,16	28,26	35,02	47,96	72,81
	$P = 5\%$	3,84	5,99	7,81	11,07	14,07	18,31	25,00	31,41	43,77	67,50
	$P = 10\%$	2,71	4,61	6,25	9,24	12,02	15,99	22,31	28,41	40,26	63,17

deutlich niedriger. Ausführlichere Tabellen finden sich in Tabellensammlungen wie z.B. [AbS, Hay].

Dieser Test wird in Abb. 7.5 veranschaulicht. Hier ist die χ^2-Verteilung für das Beispiel $\nu = 4$ dargestellt. Wenn wir einen 95%-Vertrauensbereich verwenden wollen, dann ist als oberer Grenzwert für χ^2 derjenige Wert zu wählen, ab dem die Fläche α unter der Kurve (d.h. das Integral $\int_{\chi^2}^{\infty} \chi^{2\prime} \mathrm{d}\chi^{2\prime}$) gerade noch 5% beträgt. Diese Fläche ist in Abb. 7.5 schattiert dargestellt, der Grenzwert selbst durch eine gestrichelte Linie markiert. Ebenso markiert ist die Lage des Erwartungswerts ($= \nu$).

Je größer die Zahl der Freiheitsgrade, desto größer wird zwar auch dieser Grenzwert, aber, da die relative Breite der Verteilung immer geringer wird, nimmt auch der relative Unterschied zwischen diesem Grenzwert und dem Erwartungswert immer weiter ab. Das lässt sich auch an den in Tab. 7.2 angegebenen Beispielen ablesen.

Da χ^2 mit der Zahl der Freiheitsgrade skaliert, ist es oft instruktiver, eine äquivalente Tabelle (Tab. 7.3) für das reduzierte Chi-Quadrat anzulegen.

Tabelle 7.3: Grenzwerte von χ^2_{red}, so dass die Wahrscheinlichkeit für das Auftreten eines χ^2_{red}-Wertes, der größer oder gleich diesem Grenzwert ist, gerade die angegebene Wahrscheinlichkeit besitzt (für einige Werte ν für die Anzahl der Freiheitsgrade)

$\chi^2_{\text{red,grenz}}$	für $\nu =$	1	2	3	5	7	10	15	20	30	50
	$P = 1\%$	6,63	4,61	3,78	3,02	2,64	2,32	2,04	1,88	1,70	1,52
	$P = 2\%$	5,41	3,91	3,28	2,68	2,37	2,12	1,88	1,75	1,60	1,45
	$P = 5\%$	3,84	3,00	2,60	2,21	2,01	1,83	1,67	1,57	1,46	1,35
	$P = 10\%$	2,71	2,30	2,08	1,85	1,72	1,60	1,49	1,42	1,34	1,26

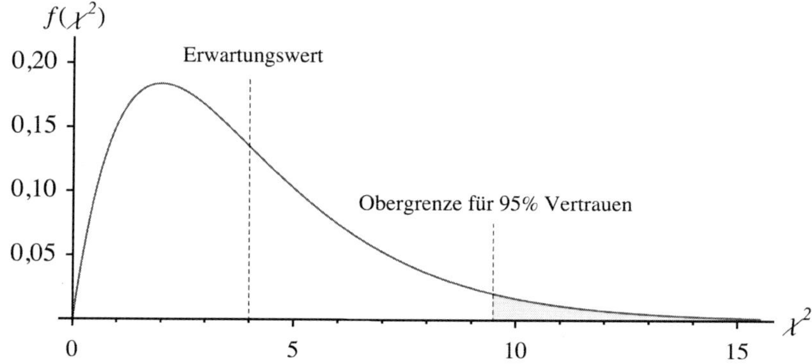

Abbildung 7.5: Beispiel für den χ^2-Grenzwert bei einem Vertrauensbereich von 95% für den Spezialfall $\nu = 4$. Die schattierte Fläche gibt die Wahrscheinlichkeit $\alpha = P(\chi^2 > \chi^2_{\mathsf{grenz}}; \nu) = \int_{\chi^2_{\mathsf{grenz}}}^{\infty} \chi^2 \mathsf{d}\chi^2$ wieder.

Hier sieht man noch viel klarer, dass der relative Toleranzbereich mit wachsendem ν immer schmaler wird. Für die gleichen beiden Fälle ($\nu = 1$ und 10), die wir oben angegeben haben, erhält man Grenzwerte für das reduzierte Chi-Quadrat von 3,84 bzw. 1,83. Mit wachsendem ν nähert sich der maximal vertretbare Wert von χ^2_{red} also immer mehr an 1 an.

In Abb. 7.6 sind die gleichen Verteilungsfunktionen für das reduzierte Chi-Quadrat dargestellt wie in Abb. 7.3, jedoch sind zusätzlich die in Tab. 7.3 angegebenen Grenzwerte, ab denen man eine Kurvenanpassung nach der 5%-Schwelle als nicht mehr akzeptabel ansehen würde, durch kurze gestrichelte vertikale Linien markiert. Während bei kleinem ν noch relativ große Ablagen toleriert werden könnnen, rutscht diese Grenze mit wachsender Zahl der Freiheitsgrade immer näher an den Wert 1 heran. Eine Anpassung einer Ausgleichsgeraden an 31 Messpunkte, die ein reduziertes Chi-Quadrat von 1,5 liefert, würde man also ernsthaft in Frage stellen und nach potentiellen Fehlerquellen suchen. Dagegen gäbe ein Wert von 1,5 bei nur 11 Messpunkten (nach der 5%-Regel) noch keinen Anlass zu Besorgnis.

7.3 Spezielle Verteilungsfunktionen für verschiedene Fragestellungen [★]

Wir wollen im Folgenden noch zwei weitere Wahrscheinlichkeitsverteilungen vorstellen, die im Zusammenhang mit häufigen Fragen auch bereits in Anfängerpraktika gelegentlich hilfreich sein können. Nicht dass wir im Rahmen eines solchen Praktikums eine konsequente und quantitative Anwendung zur Charakterisierung von Messdaten erwarten — das würde den zur Verfügung stehenden Zeitrahmen meist sprengen. Es macht aber durchaus Sinn, einige der hier dargestellten Sachverhalte zu verstehen, damit man das eine oder andere, vielleicht unerwartete Ergebnis im Versuch etwas differenzierter und realistischer beurteilen kann.

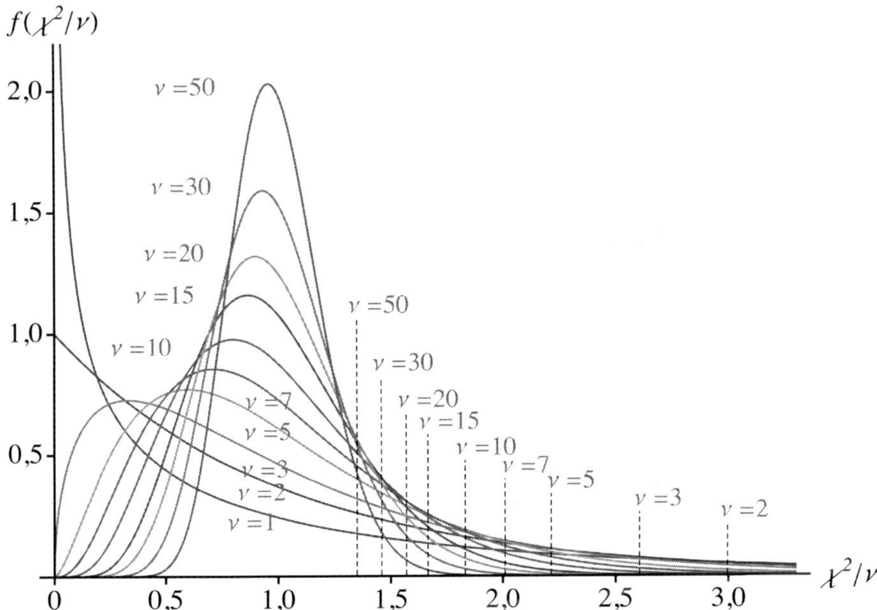

Abbildung 7.6: Verteilungsfunktionen für das reduzierte Chi-Quadrat für verschiedene Anzahlen von Freiheitsgraden, wie in Abb. 7.3. Zusätzlich sind die Grenzwerte markiert, für die $\int_{\chi^2_{\mathrm{red,grenz}}}^{\infty} \chi^2_{\mathrm{red}} \mathrm{d}\chi^2 = 0,05$ gilt.

Auf eine Herleitung dieser Verteilungsfunktionen wird verzichtet, weil dies für ihre Bedeutung im physikalischen Praktikum ohne Belang ist. Im Grunde sind alle diese Verteilungen mit der χ^2-Verteilung verwandt und können unter ihrer Verwendung berechnet werden.

A. Empirische Verteilung um den Erwartungswert, die t-Verteilung

Fragestellung

Betrachten wir wieder den simplen Fall, dass wir eine Messreihe durchführen, deren n Messergebnisse x_i einer Normalverteilung um den wahren Wert herum folgen mit dem Erwartungswert $\mu = \langle x \rangle$ und der Varianz σ^2. Wir hatten bei der Diskussion der Normalverteilung die gängigen Vertrauensbereiche von $\mu \pm h\sigma$ mit $h = 1$, 2 und 3 diskutiert, aber auch umgekehrt bei Vorgabe einer Wahrscheinlichkeit gesehen, dass z.B. 95% aller Messwerte innerhalb eines Bereichs von $\mu \pm 1,96\,\sigma$ erwartet werden. Dieser Vertrauensbereich korreliert mit der 5%-Grenze für die Abweichungen und wird nicht selten als Entscheidungskriterium verwendet. Auch bei der χ^2-Verteilung hat sie sich eingebürgert, wie wir im vorausgegangenen Abschnitt diskutiert haben. Sinnvoll gewählte Vertrauensbereiche sind letztlich die entscheidenden Hilfmittel, die eine relevante Aussage über die Verlässlichkeit eines aus einer Stichprobe gewonnenen Schätzwerts machen können.

Die hier angesprochene Fragestellung basiert klar auf der Kenntnis der Standardabweichung. Nun haben wir aber meist nur einen Schätzwert für selbige — und nicht selten einen relativ ungenauen. Demzufolge kommt die Frage von selbst auf, wie verlässlich denn ein aus einer Stichprobe berechnetes arithmetisches Mittel in seiner Bedeutung als Schätzwert für den "wahren" Wert einer Messgröße tatsächlich ist, wenn wir die Standardabweichung gar nicht so gnau kennen. Wir hatten gezeigt, dass ein vernüftiger Schätzwert für die Standardabweichung von $\bar{x}$ gleich $s/\sqrt{n}$ ist, wenn wir eine Gaußverteilung zugrunde legen. Damit können wir mit den obigen Vertrauensbereichen adäquate Aussagen treffen. Ist das aber gut genug?

Mit den obigen Definitionen ist, wie schon zuvor erkannt, die relative Variable

$$\xi = \frac{x - \mu}{\sigma}$$

normalverteilt, und zwar mit dem Erwartungswert 0 und der Varianz 1. Ganz analog gibt es auch für das arithmetische Mittel eine entsprechende relative Variable,

$$\xi' = \frac{\bar{x} - \mu}{\sigma/\sqrt{n}}$$

Die wahre Standardabweichnung σ ist aber leider nicht bekannt, wir müssen also mit einem Schätzwert s vorlieb nehmen. Unangenehm dabei ist, dass dieses s keine Konstante ist, sondern selbst einer Wahrscheinlichkeitsverteilung unterliegt, es variiert nämlich s^2 (und ebenso s^2/n), wie wir gesehen hatten, gemäß einer χ^2-Verteilung.

Statt nach der Verteilung für die o.g. ξ-Werte müssen wir daher nach der Verteilungsfunktion der aus dem experimentellen Schätzwert für die Standardabweichung berechneten relativen Größe

$$t = \frac{x - \mu}{s} \quad \text{oder} \tag{7.19}$$

$$t' = \frac{\bar{x} - \mu}{s/\sqrt{n}} \tag{7.20}$$

fragen.

Studentsche t-Verteilung

Wir wollen hier nicht auf die Details der Berechnung der Verteilungsfunktion eingehen, sondern uns auf die Diskussion des Ergebnisses und die Schlussfolgerungen daraus beschränken. Der britische Mathematiker William Gosset hat die Verteilungsfunktion hierfür berechnet und sie 1908 unter dem Pseuudonym "Student" veröffentlicht, daher wird sie meist als "Student's t-distribution" bezeichnet. Sie beschreibt ganz allgemein die Wahrscheinlichkeitsdichteverteilung einer Größe, die sich als Quotient einer normalverteilten und der Wurzel einer χ^2-verteilten Variablen darstellen lässt.

Man erhält für die o.g. Größe t wieder eine ganze Familie von Verteilungsfunktionen, die — wie die χ^2-Verteilung — von der Anzahl ν der Freiheitsgrade abhängt:

$$f(t,\nu) = \frac{\Gamma\left(\frac{\nu+1}{2}\right)}{\sqrt{\pi\nu}\,\Gamma\left(\frac{\nu}{2}\right)\left(1 + \frac{t^2}{\nu}\right)^{\frac{\nu+1}{2}}} \tag{7.21}$$

(s. z.B. [AbS, Bar]). Diese Wahrscheinlichkeitsdichtefunktion beschreibt die Wahrscheinlichkeit für das Auftreten von relativen Abweichungen t vom Erwartungswert μ. Der Funktionsverlauf hängt — und das ist anders als bei einer normalverteilten Größe wie ξ — ab von der Zahl ν der Freiheitsgrade. Bei einer Messreihe von n unabhängigen Einzelmessungen ist $\nu = n - 1$.

Verteilungsfunktionen wie diese findet man in mathematischen Tabellenwerken (z.B. in [AbS, Hay]) tabelliert oder, meist hilfreicher, in Programmsammlungen (s. z.B. [Math]) eingearbeitet, so dass man sich weder solche Formeln merken noch sie gar "zu Fuß" ausrechnen muss.

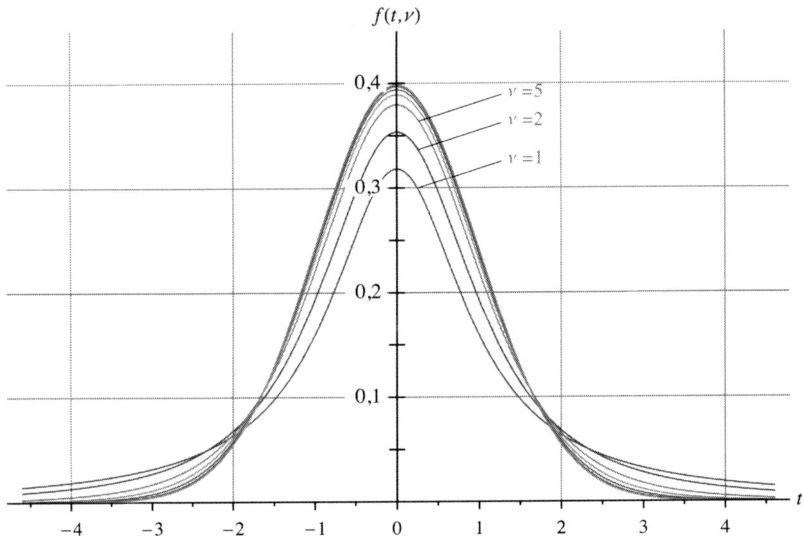

Abbildung 7.7: t-Verteilung für verschiedene Anzahlen von Freiheitsgraden (ν = 1, 2, 5, 10, 20, 50, 100, 200)

Der Funktionsverlauf ist für verschiedene Werte von ν in Abb. 7.7 dargestellt. Für große ν konvergiert die Funktion wieder gegen eine Einheits-Normalverteilung. Die uns im Experiment jedoch interessierenden Fälle sind solche mit eher relativ niedrigen ν. Hier zeigt sich, dass die Verteilung niedriger und vor allem in den Ausläufern deutlich breiter als eine Normalverteilung mit Erwartungswert 0 und Varianz 1 ist. In der Grafik kann man gut erkennen, dass die Verteilungsfunktion für kleine ν selbst bei Ablagen von 3 Standardabweichungen noch ziemlich weit weg von Null verläuft und somit größere Ablagen gar nicht so unwahrscheinlich sind.

Vertrauensbereiche

Fragen wir jetzt wieder nach Vertrauensbereichen, so müssen wir die t-Verteilung über den jeweiligen Bereich integrieren, um die integrale Wahrscheinlichkeit (d.h. das "Vertrauen") zu berechnen. Die folgende Tabelle listet einige Beispiele auf.

Tabelle 7.4: Wahrscheinlichkeiten gemäß einer t-Verteilung für das Auftreten von weit ab liegenden Messwerten für einige Werte ν für die Anzahl der Freiheitsgrade. Zum Vergleich sind in der letzten Spalte die Wahscheinlichkeiten gemäß einer Gauß-Verteilung angegeben.

P	für $\nu =$	1	2	5	10	20	50	Gauß
	$\|t\| > 3$	20,5%	9,5%	3,0%	1,33%	0,7%	0,4%	0,3%
	$\|t\| > 4$	15,6%	5,7%	1,0%	0,25%	0,07%	0,02%	0,006%
	$\|t\| > 5$	12,6%	3,8%	0,41%	0,054%	0,007%	0,00074%	0,00006%
	$\|t\| > 6$	10,5%	2,7%	0,18%	0,013%	0,0007%	0,00002%	0,0000002%

Hier (und bei der nachfolgenden Tabelle) ist zu beachten, dass — wie bei der Gaußverteilung — der Vertrauensbereich symmetrisch gewählt wird, d.h. sich die oben angegebenen "Rest"-Wahrscheinlichkeiten je zur Hälfte auf die beiden Flanken der Funktion aufteilen.

Während bei einer Gauß-Verteilung bereits Ablagen von mehr als 3 Standardabweichungen nur noch eine Wahscheinlichkeit von 0,3% besitzen und darüber sehr schnell weiter abnehmen, würden wir bei sechs Messpunkten ($\nu = 5$) aufgrund der t-Verteilung erwarten, dass zehnmal mehr "Ausreißer" vorkommen, wenn wir den experimentellen Schätzwert s für die Standardabweichung benutzen (müssen). Bei drei Messpunkten, um einen anderen Tabelleneintrag aufzugreifen, erwarten wir sogar, noch knapp 3% aller Messwerte bei Abweichungen vom Mittelwert von sechs und mehr Standardabweichungen zu finden.

Umgekehrt kann man auch hier wieder gängige Vertrauenswerte vorgeben und berechnen, wie große Abweichnungen von Messwerten bzw. dem aus der Messreihe berechneten arithmetischen Mittel damit verbunden sein können. Einige Beispiele sind in der folgenden Tabelle aufgeführt. Dabei wird ein um μ symmetrischer Vertrauensbereich zugunde gelegt.

Tabelle 7.5: Breite von Vertrauensbereichen für gegebene Grenzwahrscheinlichkeiten für das Auftreten von weit ab liegenden Messwerten für einige Werte ν für die Anzahl der Freiheitsgrade. Zum Vergleich sind in der letzten Spalte die Grenzen gemäß einer Gauß-Verteilung angegeben.

$\|t_{\text{grenz}}\|$	für $\nu =$	1	2	5	10	20	50	Gauß
	$P = 1\%$	63,7	9,93	4,03	3,17	2,85	2,68	2,58
	$P = 2\%$	31,8	6,97	3,36	2,77	2,53	2,40	2,33
	$P = 5\%$	12,7	4,30	2,57	2,23	2,09	2,01	1,96
	$P = 10\%$	6,31	2,92	2,02	1,81	1,72	1,68	1,65

Um wieder ein Beispiel herauszugreifen, betrachten wir den 95%-Vertrauensbereich (5%-Grenze; die 5% teilen sich je zur Hälfte auf die beiden äußeren Flanken auf). Für eine Gaußverteilung als Basis würden wir, wie schon früher gesehen, einen Vertrauensbereich von $\mu \pm 1{,}96\,s$ angeben. Bei kleinen Stichproben vergrößert sich das Limit jedoch auf $2{,}57\,s$ (bei $\nu = 5$) bzw. sogar auf $4{,}3\,s$ (bei $\nu = 2$, d.h. einer Messreihe mit nur drei Messwerten).

Es ist leicht einzusehen, dass die bei wenigen Freiheitsgraden steil anwachsende Breite der Vertrauensbereiche mit der in diesen Fällen sehr hohen Unsicherheit der abgeschätzen Standardabweichung s zusammenhängt.

Ausgefallene Messwerte

Man kann diese Verteilung, ohne dass man Genaueres über die erwartete Streuung der Messwerte weiß, auch als Testverfahren verwenden, um zu entscheiden, ob es legitim erscheint, Messwerte, die sehr weit vom Mittelwert abweichen, mit zu berücksichtigen, d.h. die Vermutung zugrundezulegen, dass die große Abweichung mit ausreichend hoher Wahrscheinlichkeit *allein* statistischer Fluktuation zugeschrieben werden kann. Wenn dies sehr unwahrscheinlich erscheint, dann spricht vieles dafür, dass andere Fehlerquellen für die beobachtete große Ablage verantwortlich sind — und ein Einbeziehen in die statistische Ausgleichsrechnung scheint dann wenig gerechtfertigt. Man würde solche Messwerte verwerfen. Für geringe Anzahlen von Freiheitsgraden (i.e. kleine Stichproben) steigt die Schwelle für ein Verwerfen eines Messwerts, wie man an den Tabellen sieht, allerdings dramatisch an.

Wenn man Abweichungen der Messwerte vom arithmetischen Mittel betrachtet, muss man anstelle der auf den Erwartungswert bezogenen Varianz die auf den Mittelwert bezogene verwenden, die um den Faktor $(n-1)/n$ kleiner ist.

Auch hier basiert die Entscheidung zwischen Mitnehmen und Verwerfen wieder auf einer willkürlich festgelegten Grenze für die Wahrscheinlichkeit. Möchte man Messwerte verwerfen, für deren Ablage die Wahrscheinlichkeit unter 10% sinkt, so muss man bei nur einem Freiheitsgrad noch Ablagen bis über sechs Standardabweichungen zulassen, bei $\nu = 2$ nur noch knapp 3 Standardabweichungen. In der Regel verwendet man jedoch die konservative 5%-Grenze.

B. Vergleich zweier Mittelwerte

Betrachten wir den Fall, dass wir zwei unabhängige Messreihen durchgeführt haben, in der es aber um die Bestimmung des gleichen physikalischen Werts ging. Die beiden Messreihen haben die Mittelwerte $\bar{x}_1$ und $\bar{x}_2$ geliefert sowie die Standardabweichungen s_1 und s_2.

Ganz analog zur vorigen Fragestellung vergleichen wir jetzt die Abweichung zwischen diesen beiden Mittelwerten mit der Standardabweichung dieser Differenz, d.h.

$$t = \frac{\bar{x}_1 - \bar{x}_2}{s_{\bar{x}_1 - \bar{x}_2}} \tag{7.22}$$

Die Standardabweichung der Differenz ist, wie wir aus dem Kapitel über das Gaußsche Fehlerfortpflanzung wissen, einfach $s_{\bar{x}_1-\bar{x}_2} = \sqrt{s_{\bar{x}_1}^2 + s_{\bar{x}_2}^2}$. Auch dieses t ist wieder t-verteilt und zwar mit $\nu = n_1 - 1 + n_2 - 1 = n_1 + n_2 - 2$ Freiheitsgraden. Der Erwartungswert von $\bar{x}_1 - \bar{x}_2$ liegt bei 0, wenn die Messreihen zur gleichen Ursprungsverteilung gehören. Die beiden Mittelwerte werden uns diesen Gefallen natürlich nicht tun, sie dürften stets leicht unterschiedlich ausfallen. Wenn ihre Differenz im Vergleich zur Standardabweichung jedoch zu groß wird, dann wird dies eher unwahrscheinlich sein und die Annahme, dass der gleiche wahre Wert zugrunde liegt, ist vermutlich nicht gerechtfertigt.

Wir gehen hier genau so vor wie oben. Man benutzt die t-Verteilung, um die tatsächliche Differenz der Mittelwerte anhand der gewählten Vertrauensgrenze zu bewerten.

Wir hatten diesen Punkt qualitativ schon früher bei der Diskussion des gewichteten Mittels angesprochen, als wir gesagt hatten, dass eine Mittelung von Messergebnissen nur dann Sinn macht, wenn ihre Unsicherheitsbereiche nicht zu weit auseinanderliegen. Jetzt können wir dieses Kriterium quantifizieren, indem wir die t-Verteilung zu Hilfe nehmen. Auch hier legt man im Grunde die Entscheidungsschwelle willkürlich fest. Verbreitet ist wiederum die 5%-Grenze.

C. Vergleich zweier Varianzen, die F-Verteilung

Fragestellung

Wieder betrachten wir zwei unabhängige Messreihen mit den Mittelwerten $\bar{x}_1$ und $\bar{x}_2$ und den Standardabweichungen s_1 und s_2. Jetzt gehen wir der Frage nach, ob die beiden Varianzen "gleich" sind, d.h. ob die Messwerte-Häufigkeitsverteilungen Resultat von Wahrscheinlichkeitsverteilungen mit der gleichen Varianz sind. Die Mittelwerte spielen dabei keine Rolle. Diese Situation haben wir z.B., wenn wir die Genauigkeit eines Messverfahrens bei verschiedenen Messwerten testen wollen, um zu sehen, ob sie davon unabhängig ist.

Diese Frage lässt sich quantitativ so formulieren, dass wir den Quotienten

$$f = \frac{s_1^2}{s_2^2} \tag{7.23}$$

untersuchen. Wenn unsere Vermutung richtig ist, wird f in der Nähe von 1 liegen.

Die F-Verteilung

Wie wir aus Abschnitt 7.1 (Gl. 7.10) wissen, ist s^2 für eine Messreihe wie χ^2/ν verteilt (der im Zähler und Nenner gleiche konstante Faktor σ^2) spielt dabei keine Rolle). Somit ist der Quotient wie $(\chi^2/\nu_1)/(\chi^2/\nu_2)$ verteilt. Diese Verteilung lässt sich berechnen, es handelt sich um die Fischersche F-Verteilung. Ihre Dichtefunktion lautet, ohne dass wir das hier herleiten wollen,

$$p(f;\nu_1,\nu_2) = \frac{\Gamma\left(\dfrac{\nu_1+\nu_2}{2}\right)}{\Gamma\left(\dfrac{\nu_1}{2}\right)\Gamma\left(\dfrac{\nu_2}{2}\right)} \left(\frac{\nu_1}{\nu_2}\right)^{\nu_1/2} \frac{f^{1/2(\nu_1-2)}}{\left(1+f\dfrac{\nu_1}{\nu_2}\right)^{1/2(\nu_1+\nu_2)}} \tag{7.24}$$

(s. z.B. [AbS, Bar]), wobei ν_1 und ν_2 die jeweiligen Anzahlen der Freiheitsgrade darstellen. Einige ausgewählte Beispiele sind in Abb. 7.8 dargestellt. Wir haben uns hier auf Fälle mit gleicher Anzahl von Freiheitsgraden in den beiden Messreihen beschränkt.

Auf die Diskussion der charakteristischen Parameter der Verteilungsfunktion verzichten wir hier, weil es für unsere Fragestellung nicht von Bedeutung ist. Es sei lediglich erwähnt, dass für den Erwartungswert dieser Verteilungen gilt

$$\langle f\rangle = \frac{\nu_2}{\nu_2-2} \qquad \text{für } \nu_2 > 2$$

Dieser Wert konvergiert für große ν-Werte gegen 1. Weitere Parameter findet man in [AbS].

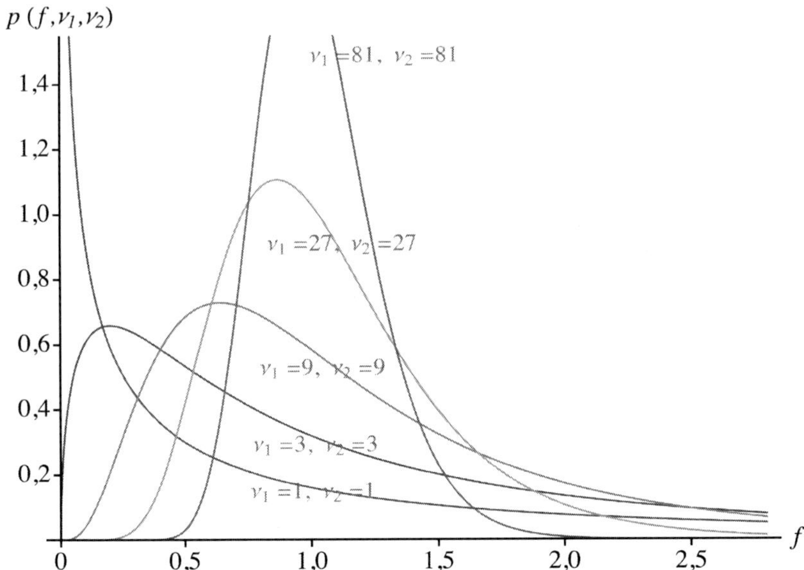

Abbildung 7.8: Einige Beispiele für F-Verteilungen. Diese Verteilungen sind durch zwei Parameter charakterisiert, die die jeweiligen Freiheitsgrad-Anzahlen angeben.

Vertrauensbereiche

Ähnlich wie im vorausgegangenen Abschnitt fragen wir danach, wie groß die Wahrscheinlichkeit dafür ist, dass ein bestimmter, aus den Daten berechneter Wert F dieses Quotienten ggf. ungewöhnlich groß ausfällt, um zu entscheiden, ob dieser Fall mit der Annahme der gleichen Ursprungsvarianz verträglich ist. Wir haben dann zu berechnen

$$P(F;\nu_1,\nu_2) = \int_F^\infty p(f;\nu_1,\nu_2)\,\mathrm{d}f = \alpha$$

Das ist äquivalent zur Berechnung der kumulativen Wahrscheinlichkeit für den Vertrauensberich $0 \ldots F$:

$$P_c\,(F;\nu_1,\nu_2) = \int_0^F p(f;\nu_1,\nu_2)\,\mathrm{d}f = 1-\alpha$$

Wenn wir ein Vertrauen von 95% sicherstellen wollen, dann ist $\alpha = 5\%$ zu wählen. In Abb. 7.9 wird diese *obere* Rest-Wahrscheinlichkeit α anschaulich durch die schattierte Fläche unter der dargestellten Dichtefunktion wiedergegeben. Die Vorgehensweise ist die gleiche wie wir sie im Abschnitt 7.2 für den χ^2-Test veranschaulicht haben (s. Abb. 7.5).

Die Festlegung, was man als Grenzwahrscheinlichkeit zulässt, ist auch hier wieder willkürlich zu treffen. Üblich ist wie zuvor, einen Grenzwert von 5% zu verwenden, unterhalb dessen man den Wert F des Quotienten als relativ sicher verschieden von 1 ansehen wird.

Um auch hier anhand einiger Zahlenbeispiele die Auswirkungen etwas anschaulicher werden zu lassen, ist wieder — ähnlich wie bei der t-Verteilung — eine Tabelle angegeben,

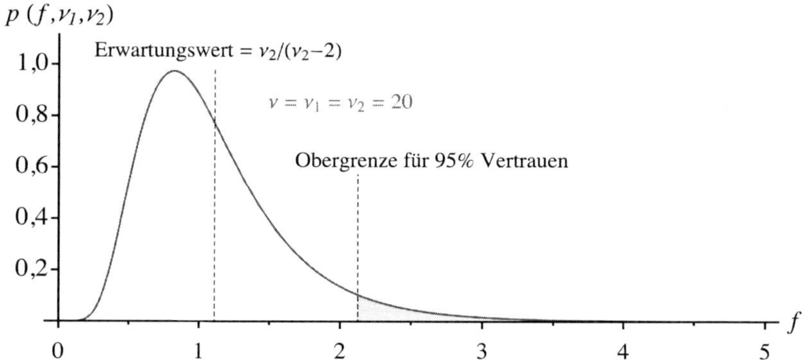

Abbildung 7.9: Beispiel für die Grenzwertlage F bei einer Wahrscheinlichkeit von 5% für größere F-Werte für $\nu_1 = \nu_2 = 20$. Die schattierte Fläche gibt diese Wahrscheinlichkeit $\alpha = P(F; \nu_1, \nu_2)$ wieder.

aus der die Obergrenzen für F-Werte bei den gängigen Wahrscheinlichkeitsangaben für eine Reihe von ν-Werten zu entnehmen sind. Auch hier sind wieder nur Einträge mit $\nu = \nu_1 = \nu_2$ aufgeführt.

Tabelle 7.6: Obergrenzen für F-Werte für gegebene Grenzwahrscheinlichkeiten für einige Werte ν für die Anzahl der Freiheitsgrade

$F_{\max}$	für $\nu_1 = \nu_2 =$	1	2	5	10	20	50
	$P = 1\%$	4051	99	$11,0$	$4,85$	$2,94$	$1,95$
	$P = 2\%$	1012	49	$8,0$	$3,98$	$2,58$	$1,80$
	$P = 5\%$	161	19	$5,1$	$2,98$	$2,12$	$1,60$
	$P = 10\%$	40	9	$3,5$	$2,32$	$1,79$	$1,44$

Benutzen wir wieder die 5%-Einträge, so erkennen wir, dass bei nur einem Freiheitsgrad (jeweils zwei Messwerte in jeder Messreihe) die Varianzen sich durchaus um einen Faktor 161 (die Standardabweichungen entsprechend um einen Faktor 12,7) unterscheiden können, ehe die Wahrscheinlichkeit für diese Diskrepanz unter 5% sinkt. Bei 6 Messwerten ($\nu_1 = \nu_2 = 5$) in jeder Messreihe ist nur noch ein Faktor von 5,1 vertretbar und wenn wir gar 51 Messwerte hätten, dann läge die Obergrenze nur noch bei 1,60, d.h. bei rund 25% Unterschied in den Standardabweichungen. Ausführlichere Tabellen finden sich auch hierzu wieder in Tabellenwerken wie [AbS, Hay].

Symmetrie

Es ist Konvention, dass man die größere Varianz in den Zähler schreibt, so dass der Quotient F immer größer als 1 ist. Mit Hilfe von Symmetriebetrachtungen kann man leicht den umgekehrten Fall analysieren, jedoch bringt das keine neuen Erkenntnisse. Bezeichnen wir einen bestimmten Wert des Quotienten nach Gl. 7.23 mit F_{12}, dann ist der Kehrwert $F_{21} = 1/F_{12}$. Man kann zeigen, dass wenn $P(F_{12}; \nu_1, \nu_2) = \alpha$ ist, $P(F_{21}; \nu_2, \nu_1) = 1 - \alpha$ ist. Das heißt, wenn die *obere* Restwahrscheinlichkeit für einen bestimmten Quotienten F_{12}

gerade gleich α ist, wir für den Kehrwert F_{21} des Quotienten (und damit einhergehendem Vertauschen der Freiheitsgrade, denn der zuerst genannte ist immer der des Zählers, der zweite der des Nenners) genau den gleichen Wert α für die *untere* Restwahrscheinlichkeit erhalten:

$$\begin{aligned} P(F_{12};\nu_1,\nu_2) &= \alpha = 1 - P(F_{21};\nu_2,\nu_1) \quad \text{bzw.} \\ P(F_{21};\nu_2,\nu_1) &= 1-\alpha \qquad \text{oder} \\ P_c\,(F_{21};\nu_2,\nu_1) &= \alpha \end{aligned} \tag{7.25}$$

Oder, anders formuliert, ist die Wahrscheinlichkeit gerade noch 10%, dass ein Wert F größer als F_{12} vorkommt, dann ist das äquivalent zu der Aussage, dass die Wahrscheinlichkeit ebenfalls 10% ist, dass der Kehrwert $1/F$ kleinere Werte als $F_{21} = 1/F_{12}$ annimmt.

Umgekehrt gilt, dass, wenn die beiden F-Werte die obigen Beziehungen erfüllen, für diese F-Werte auch gelten muss

$$F_{12}(\alpha;\nu_1,\nu_2) = \frac{1}{F_{21}(1-\alpha;\nu_2,\nu_1)} \tag{7.26}$$

Anhand ausführlicher Tabellen oder guter Computerprogramme lässt sich das exemplarisch leicht überprüfen. Ein Auszug sei in Tab. 7.7 als Beispiel für die 5%-Grenze gegeben.

Tabelle 7.7: Ober- und Untergrenzen für F-Werte für eine Grenzwahrscheinlichkeit von 5% für einige Werte-Kombinationen von ν_1 und ν_2

	$F_{12};\nu_1,\nu_2$ (obere Grenze)					$F_{21};\nu_2,\nu_1$ (untere Grenze)				
ν_2	2	3	5	7	10	2	3	5	7	10
ν_1										
2	19,00	9,552	5,786	4,737	4,103	0,05263	0,1047	0,1728	0,2111	0,2437
3	19,16	9,277	5,409	4,347	3,708	0,05218	0,1078	0,1849	0,2306	0,2697
5	19,30	9,013	5,050	3,972	3,326	0,05182	0,1109	0,1980	0,2518	0,3007
7	19,35	8,887	4,876	3,787	3,135	0,05167	0,1125	0,2051	0,2641	0,3189
10	19,40	8,786	4,735	3,637	2,978	0,05156	0,1138	0,2112	0,2750	0,3358

Die Einträge in der rechten Tabellenhälfte sind jeweils die Kehrwerte der in der linken Hälfte. Somit haben wir ein einfaches Verfahren, auch eine untere Grenze für den Quotienten F zu spezifizieren.

D. Andere Fragestellungen

Es gibt eine Vielzahl ähnlicher Fragestellungen, insbesondere auch Kombinationen der oben beschriebenen. Viele davon involvieren die χ^2-Verteilung und die Gauß-Verteilung. Es würde den Rahmen und die Absicht dieses Textes weit überschreiten, diese — womöglich nur einer gewissen Vollständigkeit halber — hier darzustellen. Für Messreihen, die, wie in einem physikalischen Anfängerpraktikum üblich, eher einen geringen Umfang haben und damit eine verhältnismäßig geringe Anzahl von Freiheitsgraden aufweisen, liefern die oben dargestellten Verteilungsfunktionen in jedem Fall quantitative Anhaltspunkte, die es ermöglichen, vielleicht auf den ersten, idealisierten Blick merkwürdig erscheinende Daten oder zunächst ungewöhnlich groß erscheinende Diskrepanzen sicherer zu bewerten. Eine flächendeckende Behandlung solcher Fragestellungen ist hier aber nicht beabsichtigt.

Anhang

A Ausgleichsgeraden durch den Ursprung

In diesem Anhang wird kurz der Formalismus abgeleitet, mit dem man eine Ausgleichsgerade durch den Koordinatenursprung (d.h. ohne Achsenabschnitt) bestimmt. Dies ist eine Vereinfachung der allgemeinen Ausgleichsgeradenberechnung, die im Text ausführlich dargelegt wurde.

Ein Wort zur **Warnung** jedoch gleich zu Beginn: Generell lässt man in einer Anpassung mit einem Polynom (und eine Gerade ist eines in erster Ordnung) alle niedrigeren Potenzen ebenfalls zu. Physikalisch ist das auch meist schon deswegen notwendig, weil man es häufig mit Nebeneffekten zu tun hat, die z.B. die Nullpunkte von Messgrößen systematisch verschieben oder z.B. einen konstanten Untergrund verursachen. Daher lässt man in praktisch allen Fällen zumindest eine additive Konstante offen, egal welche Funktion man anpassen möchte. Die übrigen Anpassungsparameter (z.B. die Steigung einer Geraden) können durch solcherlei systematische Fehler dann nicht verfälscht werden. Man sollte auch bedenken, dass sich gelegentlich ein theoretischer Ansatz als nicht ausreichend genau oder gar falsch erweist. Das kann man aber am besten dann feststellen, wenn man bei der Anpassung die Benutzung dieses speziellen Ansatzes nicht unbedingt erzwingt. Umso befriedigender ist es dann am Ende, wenn man zeigen kann, dass der gefundene Achsenabschnitt tatsächlich innerhalb der Unsicherheitsgrenzen zu Null herauskommt. Aber selbst, wenn das nicht der Fall ist, so kann man in seine übrigen Parameter dennoch i.d.R. ein größeres Vertrauen setzen, weil man sicher sein kann, dass der Optimierungsvorgang, der die Varianz minimiert, nicht aufgrund eines von Null signifikant verschiedenen Achsenabschnitts versucht hat, die übrigen Parameter so "hinzubiegen", dass die Funktion dennoch so halbwegs passt. Grundsätzlich sollte man also ein solches Verfahren nur dann anwenden, wenn man ganz sicher sein kann, dass es keinen Achsenabschnitt geben darf. Erhält man eine Ausgleichsfunktion, die "schlecht" zu passen scheint, so sollte man auf jeden Fall intensiv nach systematischen Fehlern oder einem besseren Modell suchen.

In diesem Sinne gehen wir hier von dem Ansatz

$$\boxed{y = b \cdot x} \tag{A.1}$$

aus. Die Summe der Fehlerquadrate ist

$$S = \sum_i (y_i - bx_i)^2 \,. \tag{A.2}$$

Um diesen Ausdruck zu minimieren (vgl. Vorgehensweise im Abschnitt über Ausgleichsgeraden, Prinzip der kleinsten Fehlerquadrate), muss mindestens die partielle Ableitung nach dem entscheidenden Parameter, der Steigung b, Null werden:

$$\begin{aligned} \frac{\partial S}{\partial b} = -2\sum_i (y_i - bx_i)\, x_i &= 0 \\ \sum_i (y_i - bx_i)\, x_i &= 0 \\ \sum_i y_i x_i - b\sum_i x_i^2 &= 0 \end{aligned}$$

Für die Steigung ergibt sich daraus sofort

$$\boxed{b = \frac{\sum_i y_i x_i}{\sum_i x_i^2}} \tag{A.3}$$

Die mittleren Fehler der einzelnen Messpunkte sind wieder durch die Standardabweichung s der Einzelmessung gegeben. Sie berechnet sich völlig analog zu den im Text diskutierten Fällen:

$$\boxed{s^2 = \frac{1}{n-1} S = \frac{1}{n-1} \sum_i (y_i - b x_i)^2} \tag{A.4}$$

Da wir hier nur *einen* Parameter optimieren, erscheint im Nenner nur $\underline{n-1}$, im Gegensatz zur allgemeineren Ausgleichsgeradenberechnung, wo wir *zwei* Parameter und damit den Nenner $\underline{n-2}$ hatten. Eine Gleichung zur Berechnung der Standardabweichung der Steigung kann man wieder ganz leicht mit Hilfe des Gaußschen Fehlerfortpflanzungsgesetzes herleiten:

$$\begin{aligned} s_b^2 &= \sum_i \left(\frac{\partial b}{\partial y_i}\right)^2 s^2 \\ \frac{\partial b}{\partial y_i} &= \frac{x_i}{\sum_i x_i^2} \\ s_b^2 &= s^2 \frac{\sum_i x_i^2}{(\sum_i x_i^2)^2} \\ \Aboxed{s_b^2 &= s^2 \frac{1}{\sum_i x_i^2}} \end{aligned} \tag{A.5}$$

Die Standardabweichung s_b dient dann wieder als Maß für die Unsicherheit der aus dieser Ausgleichsgeraden berechneten Steigung b.

Auch in diesem Fall sollte man nach Möglichkeit wieder die aus der Streuung der Punkte berechnete Standardabweichung s der Einzelmessung vergleichen mit anderweitig gewonnenen Daten über die Messgenauigkeit. Fällt die Streuung deutlich größer aus als aufgrund der Unsicherheiten erwartet, so hat man wieder ein Indiz dafür, dass entweder erhebliche systematische Fehler vorliegen oder dass das verwendete Modell, hier also der angenommene lineare Verlauf, vielleicht nicht korrekt sein könnte.

B Elementare Fehlerrechnung *(Zusammenfassung und Ergänzungen)*

B.1 Bestimmung eines Wertes aus einer Messreihe ($x = \text{const}$)

Messreihe: $x_i, i = 1, ..., n$

Gesucht: Bestwert a (theoretischer Ansatz: $x = a$), Standardabweichung s_a

1. Mittelwert

- Mittelwert der Messwerte:

$$\bar{x} = \frac{1}{n} \sum_i x_i$$

Die Streuung (Standardabweichung, Varianz, s.u.) der Messwerte ist minimal bezüglich dieses Wertes. Es macht daher Sinn, diesen Wert als Bestwert a für den wahren Wert zu benutzen.

2. Streuung, Unsicherheit der Messwerte

- Standardabweichung einer Einzelmessung, aus der Streuung der Messwerte um den Mittelwert abgeleitet:

$$s_x = \sqrt{\frac{1}{n-1} \sum_i (x_i - \bar{x})^2}$$

Dieser Wert beschreibt die Unsicherheit *einer einzelnen Messung* (unter der Voraussetzung, daß alle Messwerte Messergebnisse einer Größe darstellen, die tatsächlich konstant ist).

- Varianz (für die einzelnen Messwerte der Messreihe bezüglich des Mittelwerts): s_x^2

3. Unsicherheit des Mittelwerts

- Standardabweichung des Mittelwerts:

$$s_{\bar{x}} = \frac{s_x}{\sqrt{n}}$$

Dieser Wert beschreibt die Unsicherheit *des Mittelwerts* (d.h. die Unsicherheit s_a des Bestwerts a).

B.2 Bestimmung eines funktionalen Zusammenhangs, hier: linear (Ausgleichsgerade), ohne Wichtung

Messreihe: $x_i, y_i, i = 1, ..., n$

Gesucht: Bestwerte a und b (theoretischer Ansatz: $y = a + bx$), Standardabweichungen s_a und s_b

1. Funktionsparameter

- Steigung:

$$b = \frac{n \sum x_i y_i - \sum x_i \sum y_i}{n \sum x_i^2 - (\sum x_i)^2} = \frac{\sum x_i y_i - n\bar{x}\bar{y}}{\sum x_i^2 - n\bar{x}^2} = \frac{\sum (x_i - \bar{x})\, y_i}{\sum (x_i - \bar{x})^2}$$

- Achsenabschnitt:

$$a = \frac{\sum x_i^2 \sum y_i - \sum x_i \sum x_i y_i}{n \sum x_i^2 - (\sum x_i)^2} = \frac{\bar{y} \sum x_i^2 - \bar{x} \sum x_i y_i}{\sum x_i^2 - n\bar{x}^2} = \bar{y} - b \cdot \bar{x}$$

Die Streuung (Standardabweichung, Varianz, s.u.) der Meßwerte ist minimal bezüglich der durch diese Werte beschriebenen linearen Funktion. Es macht daher Sinn, diese Werte als Bestwerte für die wahren Werte von Steigung und Achsenabschnitt zu benutzen.

2. Streuung, Unsicherheit der Messwerte

- Standardabweichung einer Einzelmessung, aus der Streuung der Meßwerte um die Ausgleichsfunktion abgeleitet:

$$s_y = \sqrt{\frac{1}{n-2} \sum_i (y_i - bx_i - a)^2}$$

  Dieser Wert beschreibt die Unsicherheit *einer einzelnen Messung* (unter der Voraussetzung, daß alle Messwerte Messergebnisse einer Größe y darstellen, die einem linearen Zusammenhang $y = a + bx$ gehorcht).

- Varianz (für die einzelnen Messwerte der Messreihe bezüglich der Ausgleichsgeraden): s_y^2

3. Unsicherheit der Funktionsparameter

- Standardabweichung der Steigung:

$$s_b = s_y \sqrt{\frac{n}{n \sum x_i^2 - (\sum x_i)^2}} = s_y \sqrt{\frac{1}{\sum x_i^2 - n\bar{x}^2}} = s_y \sqrt{\frac{1}{\sum (x_i - \bar{x})^2}}$$

  Dieser Wert beschreibt die Unsicherheit *der Steigung*.

- Standardabweichung des Achsenabschnitts:

$$s_a = s_y \sqrt{\frac{\sum x_i^2}{n \sum x_i^2 - (\sum x_i)^2}} = s_y \sqrt{\frac{1}{n} + \frac{\bar{x}^2}{\sum x_i^2 - n\bar{x}^2}} = s_y \sqrt{\frac{1}{n} + \frac{\bar{x}^2}{\sum (x_i - \bar{x})^2}}$$

  Dieser Wert beschreibt die Unsicherheit *des Achsenabschnitts*.

B.3 Bestimmung eines funktionalen Zusammenhangs, weitere einfache Spezialfälle

- Ausgleichsgerade *ohne* konstanten Term (Achsenabschnitt)
  Dies ist in einem separaten Abschnitt des Anhangs dargestellt und wird hier nicht wiederholt. Wichtig ist zu beachten, daß nur *ein* Parameter zu bestimmen ist, also $n-1$ statt $n-2$ im Nenner der Gleichung für die Varianz auftreten muss.

B.4 Bestimmung eines funktionalen Zusammenhangs, allgemeinere Funktionen

- In den Parametern (*nicht* in x) lineare Funktionen: Auch das ist im Prinzip leicht herzuleiten; es sind jetzt eben so viele Bestimmungsgleichungen notwendig wie man Parameter hat. Wegen der Linearität in den Parametern lässt sich das Gleichungssystem analytisch lösen, sofern die Parameter linear unabhängig voneinander sind. Bei der Definition der Varianz mit Hilfe der Summe der Fehlerquadrate ist durch $\nu = n - m$ (Anzahl der Freiheitsgrade) zu dividieren, wobei m die Anzahl der Parameter angibt.
- In den Parametern nichtlineare Funktionen:
  - Näherung: Linearisierung der Gleichungen
  - Iterative numerische Verfahren, dabei Kombination von Gittersuche, Gradientensuche und Interpolationsverfahren (Allgemeine theoretische Grundlagen von Fitverfahren, siehe z.B.[Bev])
- Benutzung von χ^2, um Aussagen über die Qualität des Fits zu machen, dabei wird gleich der allgemeinere Fall einer Wichtung der Messpunkte eingeschlossen (s. Abschnitt 7.2 sowie Fachliteratur, z.B. [BeR], [Bar])

B.5 Gewichtetes Mittel

Messergebnisse z_j, Unsicherheiten s_j, $j = 1, ..., n$

Gesucht: Bestwert aus allen Ergebnissen unter Berücksichtigung ihrer jeweiligen Unsicherheiten (d.h. je genauer der Wert, desto stärker soll er im Gesamtergebnis eingehen.)

1. Gewichte

$$g_j = \frac{1/s_j^2}{\sum_j 1/s_j^2}$$

2. Mittelwert (gewichtetes Mittel)

$$\bar{z} = \sum_j g_j z_j = \frac{\sum_j \left(z_j/s_j^2\right)}{\sum_j \left(1/s_j^2\right)}$$

3. "Mittlere" Standardabweichung eines Messwerts, Chi-Quadrat

- s berechnet aus den vorgegebenen Unsicherheiten s_j der einzelnen Messwerte (meist von untergeordneter Bedeutung, aber hier in Analogie zur gewichteten Geradenanpassung aufgeschrieben)

$$\frac{n}{s^2} = \sum_j \frac{1}{s_j^2} \quad \text{bzw.} \quad s = \sqrt{\frac{n}{\sum_j \frac{1}{s_j^2}}}$$

- Die tatsächliche "mittlere" Unsicherheit in Bezug auf das gewichtete Mittel wird davon abweichen, sie wird z.B. häufig größer sein. Dies wird durch die Größe χ^2 charakterisiert, die über die mit $1/s_j^2$ gewichtete Streuung bestimmt wird. Aus der Streuung der Messwerte um das gewichteteMittel berechnet man:

$$\begin{aligned} \chi^2 &= \sum_j \frac{1}{s_j^2} (z_j - \bar{z})^2 \\ &= \frac{n}{s^2} \frac{\sum_j \frac{1}{s_j^2} (z_j - \bar{z})^2}{\sum_j \frac{1}{s_j^2}} \end{aligned}$$

  χ^2 hat hier (d.h. Anpassung des Parameters a durch $\bar{z}$) den Erwartungswert $n-1$. Die tatsächliche Standardabweichung (mittlere Streuung) einer Einzelmessung kann damit leicht mit der (bekannten) Unsicherheit der jeweiligen Einzelmessung verglichen werden.

3. Standardabweichung des gewichteten Mittels

$$s_{\bar{z}} = 1/\sqrt{\sum_j \frac{1}{s_j^2}} \qquad \text{oder} \qquad \frac{1}{s_{\bar{z}}^2} = \sum_j \frac{1}{s_j^2}$$

4. Unsicherheit des gewichteten Mittel bei größerer Streuung

Streuen die gewichtet zu mittelnden Messwerte erheblich mehr, als es aufgrund der Fehlerangaben s_j zu erwarten wäre, dann äußert sich das in einem gegenüber dem Erwartungswert $n-1$ deutlich erhöhten Wert von χ^2. Ist dieser noch akzeptabel (s. χ^2-Test, Abschnitt 7.2), ist dem Rechnung zu tragen durch entsprechende Vergrößerung der oben berechneten Standardabweichung $s_{\bar{x}}$. Diese ist dann mit dem Faktor $\sqrt{\chi^2_{\text{red}}} = \sqrt{\chi^2/\nu}$ (für das gewichtete Mittel ist $\nu = n-1$) zu multiplizieren.

B.6 Bestimmung eines funktionalen Zusammenhangs, hier: linear (Ausgleichsgerade), mit Wichtung

Messreihe: $x_i, y_i, i = 1, ..., n$ mit den jeweiligen individuellen Unsicherheiten $s_i, i = 1, ..., n$

Gesucht: Bestwerte a und b (theoretischer Ansatz: $y = a + bx$),
Standardabweichungen s_a und s_b

Die Wichtung bei Ausgleichsgeraden erfolgt ganz analog zur Verfahrensweise beim gewichteten Mittel: Wichtung eines jeden Messwerts $\propto 1/s_i^2$). Behandelt in Abschnitt 4.3

1. Funktionsparameter

- Steigung:

$$b = \frac{\sum \frac{1}{s_i^2} \sum \frac{1}{s_i^2} x_i y_i - \sum \frac{1}{s_i^2} x_i \sum \frac{1}{s_i^2} y_i}{\sum \frac{1}{s_i^2} \sum \frac{1}{s_i^2} x_i^2 - \left(\sum \frac{1}{s_i^2} x_i \right)^2}$$

- Achsenabschnitt:

$$a = \frac{\sum \frac{1}{s_i^2} x_i^2 \sum \frac{1}{s_i^2} y_i - \sum \frac{1}{s_i^2} x_i \sum \frac{1}{s_i^2} x_i y_i}{\sum \frac{1}{s_i^2} \sum \frac{1}{s_i^2} x_i^2 - \left(\sum \frac{1}{s_i^2} x_i \right)^2}$$

Die Streuung (Standardabweichung, Varianz, s.u.) der Meßwerte ist minimal bezüglich der durch diese Werte beschriebenen linearen Funktion. Es macht daher Sinn, diese Werte als Bestwerte für die wahren Werte von Steigung und Achsenabschnitt zu benutzen.

2. Streuung, Unsicherheit der Messwerte, Chi-Quadrat

- Die Größe s ist hier die "mitttlere" Unsicherheit eines Messwerts, die sich unter *ausschließlicher* Berücksichtigung der individuellen, unabhängig von der Geradenanpassung bekannten Unsicherheiten s_i ergibt.

$$\frac{n}{s^2} = \sum_i \frac{1}{s_i^2} \quad \text{bzw.} \quad s = \sqrt{\frac{n}{\sum_i \frac{1}{s_i^2}}}$$

- Die tatsächliche "mittlere" Unsicherheit in Bezug auf die Ausgleichsgerade wird davon abweichen, sie wird z.B. häufig größer sein. Dies wird durch die Größe χ^2 charakterisiert, die über die "gewichtete" Streuung bestimmt wird. Aus der Streuung der Messwerte um die Ausgleichsfunktion berechnet man:

$$\chi^2 = \sum_i \frac{1}{s_i^2} (y_i - bx_i - a)^2 = \frac{n}{s^2} \frac{\sum_i \frac{1}{s_i^2} (y_i - bx_i - a)^2}{\sum_i \frac{1}{s_i^2}}$$

χ^2 hat für eine Ausgleichsgerade (mit Anpassung der Paramter a und b) den Erwartungswert $n - 2$. Die tatsächliche Standardabweichung (mittlere Streuung) einer Einzelmessung kann damit leicht mit der (bekannten) Unsicherheit der jeweiligen Einzelmessung verglichen werden.

3. Unsicherheit der Funktionsparameter

Diese Werte basieren auf den unabhängig vorgegebenen Unsicherheitsangaben s_i der einzelnen Punkte.

- Standardabweichung der Steigung:

$$s_b = \sqrt{\frac{\sum \frac{1}{s_i^2}}{\sum \frac{1}{s_i^2} \sum \frac{1}{s_i^2} x_i^2 - \left(\sum \frac{1}{s_i^2} x_i \right)^2}}$$

Dieser Wert beschreibt die Unsicherheit *der Steigung.*

- Standardabweichung des Achsenabschnitts:

$$s_a = \sqrt{\frac{\sum \frac{1}{s_i^2} x_i^2}{\sum \frac{1}{s_i^2} \sum \frac{1}{s_i^2} x_i^2 - \left(\sum \frac{1}{s_i^2} x_i\right)^2}}$$

Dieser Wert beschreibt die Unsicherheit *des Achsenabschnitts*

4. Unsicherheit der Funktionsparameter bei größerer Streuung

Streuen die Messwerte erheblich mehr um die Ausgleichsgerade, als es aufgrund der Fehlerangaben s_i zu erwarten wäre, dann äußert sich das in einem gegenüber dem Erwartungswert $n-2$ deutlich erhöhten Wert von χ^2. Ist dieser noch akzeptabel (s. χ^2-Test, Abschnitt 7.2), ist dem Rechnung zu tragen durch entsprechende Vergrößerung der oben berechneten Standardabweichungen s_a und s_b. Diese sind dann mit dem Faktor $\sqrt{\chi^2_{\text{red}}} = \sqrt{\chi^2/\nu}$ (für eine Geradenanpassung ist $\nu = n-2$) zu multiplizieren.

Erweiterungen, Verallgemeinerungen:

- Wichtung in allgemeinen Fitverfahren (wieder: Wichtung eines jeden Messwerts $\propto 1/s_j^2$). Der Fall einer linearen Funktion ist im Text behandelt und oben noch einmal zusammengefasst.
- Wichtige Verallgemeinerung: Wichtung bei Ausgleichsgeraden mit Fehlern in beiden Variablen:
  Berücksichtigung der Fehler in x mittels $s_i^2 = s_{y_i}^2 + b^2 s_{x_i}^2$. Da b anfangs nicht bekannt, iteratives numerisches Verfahren notwendig, Start mit Schätzwert für b. Behandelt in Abschnitt 4.5

B.7 Gaußsches Fehlerfortpflanzungsgesetz

Wie gehen Fehler der Messgrößen in das Ergebnis ein, wenn das Ergebnis aus den Messgrößen berechnet wird?

Unabhängige Variablen

Unter der Voraussetzung *unabhängiger* Variablen:

$$\begin{aligned} \text{Für} \quad z &= f(x, y, ...) \\ \text{gilt} \quad s_z &= \sqrt{\left(\frac{\partial z}{\partial x}\right)^2 s_x^2 + \left(\frac{\partial z}{\partial y}\right)^2 s_y^2 + ...} \end{aligned}$$

- Spezialfall: Produkte und Quotienten:

$$\text{Für} \quad z = \prod_i x_i^{a_i} \quad \text{gilt} \quad \frac{s_z}{|z|} = \sqrt{\sum_i a_i^2 \left(\frac{s_{x_i}}{x_i}\right)^2}$$

- speziell:

$$\text{Für} \quad z = x \cdot y, \quad \text{oder} \quad \frac{x}{y} \qquad \text{gilt} \quad \frac{s_z}{|z|} = \sqrt{\left(\frac{s_x}{x}\right)^2 + \left(\frac{s_y}{y}\right)^2}$$

$$\text{Für} \quad z = x^a \qquad \text{gilt} \quad \frac{s_z}{|z|} = |a| \frac{s_x}{|x|}$$

- Spezialfall: Summen und Differenzen:

$$\text{Für} \quad z = \sum_i a_i x_i \qquad \text{gilt} \quad s_z = \sqrt{\sum_i a_i^2 s_{x_i}^2}$$

- speziell:

$$\text{Für} \quad z = x + y \quad \text{oder} \quad x - y \qquad \text{gilt} \quad s_z = \sqrt{s_x^2 + s_y^2}$$

$$\text{Für} \quad z = ax \qquad \text{gilt} \quad s_z = |a|\, s_x$$

- Spezialfall: Potenzen und Logarithmen (im Text nicht behandelt):

$$\text{Für} \quad z = a\mathrm{e}^{bx} \qquad \text{gilt} \quad \frac{s_z}{|z|} = |b| \cdot s_x$$

$$\text{Für} \quad z = a \ln bx \qquad \text{gilt} \quad s_z = |a| \frac{s_x}{|x|}$$

Abhängige Variablen

Gibt es *Abhängigkeiten* zwischen einzelnen Variablen, so muss für die entsprechenden Paarungen die *Kovarianz* berechnet werden. Im allgemeinen Fall ist dann zu schreiben:

$$\text{Für} \quad z = f(x, y, ...)$$

$$\text{gilt} \quad s_z^2 = \left(\frac{\partial f(x)}{\partial x}, \frac{\partial f(y)}{\partial y}, ...\right) \begin{pmatrix} s_x^2 & \mathrm{cov}(y,x) & ... \\ \mathrm{cov}(x,y) & s_y^2 & ... \\ ... & ... & ... \end{pmatrix} \begin{pmatrix} \frac{\partial f(x)}{\partial x} \\ \frac{\partial f(y)}{\partial y} \\ ... \end{pmatrix}$$

$$\text{mit} \quad \mathrm{cov}(x,y) = \frac{1}{n-1} \sum_{i=1}^{n} (x_i - \bar{x})(y_i - \bar{y})$$

C Ausgleichsgeraden-Programm für Taschenrechner HP-42S (mit umgekehrter Polnischer Notation)

Das hier abgedruckte Programm berechnet die Parameter einer ungewichteten Ausgleichsgeraden für einen vorher eingegebenen Datensatz. Es ist auf einem HP-42S lauffähig, ist aber leicht auf andere HP Taschenrechner übertragbar, da diese meist die gleiche Operationslogik und ganz ähnliche Bezeichnungen für die einzelnen Befehle verwenden. I.d.R. ist man allerdings nicht so frei in der Vergabe von Variablennamen. Für andere Arten von Taschenrechnern muss dieses Programm natürlich etwas sorgfältiger angepasst werden, insbesondere ist dort die Verwendung von Klammern unbedingt notwendig. In jedem Fall muss man sich darüber im Klaren sein, wo der Taschenrechner die jeweiligen Summen, die zur Berechnung benötigt werden, abspeichert. Beim HP-42S sind das die Register 11 – 16. Das Programm ist übrigens in keiner Weise optimiert (man kann durch geschicktere Ausnutzung des Rechnerstacks die Anzahl der Operationen weiter verringern). In der hier angegebenen Form ist der Rechenablauf jedoch durchsichtiger.

Der Aufruf des Programms setzt voraus, dass vorab die Wertepaare (mindestens drei), für die die Ausgleichsgerade berechnet werden soll, in der dem jeweiligen Taschenrechner entsprechenden Konvention eingegeben wurden. Beim HP-42S wie auch bei vielen anderen HP-Modellen erfolgt die Eingabe eines jeden Wertepaares (x, y) durch die Schritte

y
`ENTER`
x
$\Sigma+$

Danach erscheint im x-Register (Anzeige) die Anzahl der bisher eingegebenen Werte. Korrekturen können durch nochmaliges Eingeben der falschen Werte mit abschließendem $\Sigma-$ durchgeführt werden. Vor Beginn der Eingabe eines Datensatzes müssen die relevanten Register gelöscht werden, dies geschieht durch Eingabe von

`CLEAR CLΣ`.

Das Programm macht sich die eingebauten Statistik-Funktionen zunutze, mit denen Achsenabschnitt und Steigung einer Ausgleichsgeraden berechnet werden. Diese Funktionen sind heutzutage auf praktisch jedem technisch-naturwissenschaftlichen Taschenrechner zu finden. Zudem werden die Zwischensummen aus dieser Berechnung, die in den folgenden Registern gespeichert sind, benutzt:

Register	Inhalt
r11	$\sum x$
r12	$\sum x^2$
r13	$\sum y$
r14	$\sum y^2$
r15	$\sum xy$
r16	n

Die Ergebnisse werden in den folgenden Variablen gespeichert, die leicht mit Hilfe der

RCL-Funktion angezeigt werden können:

a	Achsenabschnitt
b	Steigung
s	Standardabweichung der einzelnen Messung
sa	Standardabweichung des Achsenabschnitts
sb	Standardabweichung der Steigung

Noch ein Hinweis zu der hier benutzten Operationslogik: Rechenoperationen werden im x-Register, bei zwei Variablen mit den Inhalten des y- und des x–Registers ausgeführt. Der Befehl ENTER kopiert den Stack (Register x, y, z, t) "nach oben", d.h. t geht verloren, z wird nach t kopiert, y nach z, x nach y. Bei einer Eingabe oder bei RCL wird der Stack zuvor ebenfalls nach oben kopiert (außer direkt nach ENTER).

Hier nun das kommentierte Programm:

	Befehl	Erläuterung	Inhalt des x-Registers
1	lbl "slin"	Programmname	
2	yint	berechne Achsenabschnitt	Achsenabschnitt a
3	sto "a"	speichere in "a"	
4	slope	berechne Steigung	Steigung b
5	sto "b"	speichere in "b"	
6	rcl "a"	kopiere ⟨a⟩ nach ⟨x⟩	a
7	×	multipliziere	$a \cdot b$
8	rcl 11	kopiere ⟨r11⟩ nach ⟨x⟩	$\sum x$
9	×	multipliziere	$a \cdot b \cdot \sum x$
10	rcl "a"	kopiere ⟨a⟩ nach ⟨x⟩	a
11	rcl 13	kopiere ⟨r13⟩ nach ⟨x⟩	$\sum y$
12	×	multipliziere	$a \cdot \sum y$
13	−	abziehen	Zwischensumme$-a \sum y$
14	rcl "b"	kopiere ⟨b⟩ nach ⟨x⟩	b
15	rcl 15	kopiere ⟨r15⟩ nach ⟨x⟩	$\sum xy$
16	×	multipliziere	$b \cdot \sum xy$
17	−	abziehen	Zwischensumme$-b \sum xy$
18	2	2	2
19	×	multipliziere	Summe der gemischten Terme
20	rcl "a"	kopiere ⟨a⟩ nach ⟨x⟩	a
21	x^2	quadriere	a^2
22	rcl 16	kopiere ⟨r16⟩ nach ⟨x⟩	n
23	×	multipliziere	$n \cdot a^2$
24	+	addiere	Zwischensumme$+na^2$
25	rcl 14	kopiere ⟨r14⟩ nach ⟨x⟩	$\sum y^2$
26	+	addiere	Zwischensumme$+ \sum y^2$

	Befehl	Erläuterung	Inhalt des x-Registers
27	rcl 12	kopiere ⟨r12⟩ nach ⟨x⟩	$\sum x^2$
28	rcl "b"	kopiere ⟨b⟩ nach ⟨x⟩	b
29	x^2	quadriere	b^2
30	×	multipliziere	$b^2 \cdot \sum x^2$
31	+	addiere	Zwischensumme$+b^2 \sum x^2$
	Das ist die **Summe der quadratischen Abweichungen** $\sum v^2$		
32	rcl 16	kopiere ⟨r16⟩ nach ⟨x⟩	n
33	2	2	2
34	−	abziehen	$n-2$
35	÷	dividiere	$\sum v^2/(n-2) = s^2$
	Das ist die **Varianz der Messwerte**		
36	$\sqrt{x}$	ziehe Quadratwurzel	s
	Das ist die **Standardabweichung der Messwerte**		
37	sto "s"	speichere in "s"	
38	rcl 16	kopiere ⟨r16⟩ nach ⟨x⟩	n
39	enter	kopiere ⟨x⟩ nach ⟨y⟩	n
40	enter	kopiere ⟨y⟩ nach ⟨z⟩	n
41	rcl 12	kopiere ⟨r12⟩ nach ⟨x⟩	$\sum x^2$
42	×	multipliziere	$n \cdot \sum x^2$
43	rcl 11	kopiere ⟨r11⟩ nach ⟨x⟩	$\sum x$
44	x^2	quadriere	$(\sum x)^2$
45	−	abziehen	$n \cdot \sum x^2 - (\sum x)^2 = \Delta$
46	sto "delta"	speichere in "delta"	
47	÷	dividiere	n/Δ
48	$\sqrt{x}$	ziehe Quadratwurzel	$\sqrt{n/\Delta}$
49	rcl "s"	kopiere ⟨s⟩ nach ⟨x⟩	s
50	×	multipliziere	$s\sqrt{n/\Delta} = s_b$
	Das ist die **Standardabweichung der Steigung**		
51	sto "sb"	speichere in "sb"	
52	rcl 12	kopiere ⟨r12⟩ nach ⟨x⟩	$\sum x^2$
53	rcl "delta"	kopiere ⟨delta⟩ nach ⟨x⟩	Δ
54	÷	dividiere	$\sum x^2/\Delta$
55	$\sqrt{x}$	ziehe Quadratwurzel	$\sqrt{\sum x^2/\Delta}$
56	rcl "s"	kopiere ⟨s⟩ nach ⟨x⟩	s
57	×	multipliziere	$s\sqrt{\sum x^2/\Delta} = s_a$
	Das ist die **Standardabweichung des Achsenabschnitts**		
58	sto "sa"	speichere in "sa"	
59	end		

Nach der Erfahrung des Autors dauert die Berechnung (einschließlich des Eintippens von 6 Wertepaaren, Tippfehler allerdings nicht mitgerechnet) maximal 2 Minuten. Damit schlägt man jedes andere Verfahren um Längen. Es lohnt sich also, seinen Taschenrechner näher kennenzulernen bzw. einen neuen zu investieren. Das gilt auch im Zeitalter der PCs und Notebooks.

D Ein paar Reihenentwicklungen

Im Folgenden sind ein paar nützliche Reihenentwicklungen angegeben, die häufig im Rahmen von Abschätzungen und Näherungen zur Anwendung gelangen. In fast allen Fällen begnügt man sich mit den beiden ersten Termen der jeweiligen Reihe, außer es kürzen sich beim Einsatz mehrerer solcher Näherungen z.B. die Terme zweiter Ordnung exakt heraus. Dann muss man den nächsten Term und ggf. weitere Terme ebenfalls mitnehmen.

generell:

$$f(a+x) = f(a) + \frac{f'(a)}{1!}x + \frac{f''(a)}{2!}x^2 + \ldots \text{ (\textit{Taylor}-Reihe)}$$

Winkelfunktionen:

$$\begin{aligned}
\sin x &= \tfrac{x}{1!} - \tfrac{x^3}{3!} + \tfrac{x^5}{5!} - + \ldots \\
\cos x &= 1 - \tfrac{x^2}{2!} + \tfrac{x^4}{4!} - + \ldots \\
\tan x &= x + \tfrac{x^3}{3} + \tfrac{2x^5}{15} + \tfrac{17x^7}{315} + \ldots \\
\arctan x &= x - \tfrac{x^3}{3} + \tfrac{x^5}{5} - \tfrac{x^7}{7} + - \ldots
\end{aligned}$$

Exponential- und Logarithmusfunktionen:

$$\begin{aligned}
e^x &= 1 + \tfrac{x}{1!} + \tfrac{x^2}{2!} + \tfrac{x^3}{3!} + \ldots \\
\sinh x &= x + \tfrac{x^3}{3!} + \tfrac{x^5}{5!} + \ldots \\
\cosh x &= 1 + \tfrac{x^2}{2!} + \tfrac{x^4}{4!} + \ldots \\
\tanh x &= x - \tfrac{x^3}{3} + \tfrac{2x^5}{15} - \tfrac{17x^7}{315} + - \ldots \\
\ln(1+x) &= x - \tfrac{x^2}{2} + \tfrac{x^3}{3} - \tfrac{x^4}{4} + - \ldots
\end{aligned}$$

Potenzfunktionen:

$$(1+x)^n = 1 + \tbinom{n}{1}\, x + \tbinom{n}{2}\, x^2 + \ldots$$

speziell:

$$\begin{aligned}
\sqrt{1+x} &= 1 + \tfrac{1}{2}x - \tfrac{1}{2\cdot 4}x^2 + \tfrac{1\cdot 3}{2\cdot 4\cdot 6}x^3 - + \ldots \\
1/\sqrt{1+x} &= 1 - \tfrac{1}{2}x + \tfrac{1\cdot 3}{2\cdot 4}x^2 - \tfrac{1\cdot 3\cdot 5}{2\cdot 4\cdot 6}x^3 + - \ldots \\
1/(1-x) &= 1 + x + x^2 + x^3 + \ldots
\end{aligned}$$

Man sieht leicht, dass nicht alle Reihen für beliebige x-Werte konvergieren. In einschlägigen Mathematik-Lehrbüchern und Formelsammlungen findet man Details, unter welchen Bedingungen die Konvergenzkriterien erfüllt sind. Da wir im Rahmen der aktuellen Betrachtungen den Schwerpunkt der Anwendung auf die Näherung für kleine x-Werte legen, ist die Konvergenz i.d.R. sichergestellt und wir können diese Reihen als hinreichend allgemein ansehen.

E Griechisches Alphabet

In mathematischen Formeln begegnen uns häufig griechische Buchstaben, weil das lateinische Alphabet oft nicht ausreicht, um Sachverhalte in einer klaren und einsichtigen Symbolik darzustellen. Für viele physikalische Größen selbst werden häufig griechische Buchstaben verwendet. Leider sind sie dem Studenten der Naturwissenschaften in vielen Fällen immer noch nicht geläufig, so dass als Referenz hier eine vollständige Tabelle des griechischen Alphabets angegeben ist. Beachten Sie, dass verständlicherweise i.d.R. nur die Buchstaben zum Einsatz kommen, die sich in der Schreibweise vom lateinischen Alphabet unterscheiden, also nur relativ wenige der Großbuchstaben.

A	α	Alpha
B	β	Beta
Γ	γ	Gamma
Δ	δ	Delta
E	ε	Epsilon
Z	ζ	Zeta
H	η	Eta
Θ	ϑ	Theta
I	ι	Jota
K	κ	Kappa
Λ	λ	Lambda
M	μ	My
N	ν	Ny
Ξ	ξ	Xi
O	o	Omikron
Π	π	Pi
P	ρ	Rho
Σ	σ	Sigma
T	τ	Tau
Y	υ	Ypsilon
Φ	φ	Phi
X	χ	Chi
Ψ	ψ	Psi
Ω	ω	Omega

Literatur

Bücher mit ausführlicheren Abschnitten oder Anhängen über Fehleranalyse:

[Har] U. C. Harten, *Physik für Mediziner*, Springer, Berlin, Heidelberg, 11. Auflage, 2006

[KaK] D. Kamke, K. Krämer, *Physikalische Grundlagen der Maßeinheiten*, B.G.Teubner, Stuttgart, 1977

[KaW] D. Kamke, W. Walcher, *Physik für Mediziner*, B.G.Teubner, Stuttgart, 2. Auflage, 1994

[Wal] W. Walcher, *Praktikum der Physik*, B.G.Teubner, Stuttgart, 9. Auflage, 2006

[Wes] W. H. Westphal, *Physikalisches Praktikum*, Vieweg & Sohn, Braunschweig, 14. Auflage, 1983

[Ger] D. Geschke, *Physikalisches Praktikum*, B.G:Teubner, Stuttgart, 12. Auflage, 2001; frühere Auflagen auch z.B. unter: W. Ilberg, *Physikalisches Praktikum für Anfänger*, B.G.Teubner, Leipzig, 8. Auflage, 1988

Einführungen:

[Tay] John R. Taylor: *Fehleranalyse — Eine Einführung in die Untersuchung von Unsicherheiten in physikalischen Messungen*, VCH Verlagsgesellschaft, Weinheim, 1988

Sehr gute Einführung, leidet etwas unter den vielen Druckfehlern in der deutschen Fassung

[Squ] G. L. Squires: *Meßergebnisse und ihre Auswertung — Eine Anleitung zum praktischen naturwissenschaftlichen Arbeiten*, Walter de Gruyter, Berlin, New York, 1971

Enthält sehr vielseitige Hinweise zum Experimentieren, Auswerten und Darstellen von Ergebnissen, keineswegs veraltet, sehr gut zu lesen

[You] Hugh D. Young: *Statistical Treatment of Experimental Data — An Introduction to Statistical Methods*, McGraww-Hill, Inc., 1962, reprinted by Waveland Press, Inc., Prospect Heights, Illinois, 1996

Sehr kurz gehalten, nicht immer ganz sauber und präzise

Weitergehende Literatur:

[Bar] R. J. Barlow: *Statistics — A guide to the Use of Statistical Methods in the Physical Sciences*, John Wiley & Sons, Chichester, 1989-2002

Tiefergehende theoretische Darstellung für die Analyse von Messfehlern, ausführliche Grundlagen

[BeR] Philip R. Bevington, D. Keith Robinson: *Data Reduction and Error Analysis for the Physical Sciences*, McGraw-Hill, Inc., New York, 3. Auflage, 2002

Anwendungen, Verfahren, ideal für Routineauswertung von gößeren Datenmengen, wenn man seine eigenen Programme benutzen will, um genau zu wissen, was man tut

Tabellenwerke:

[AbS] M. Abramowitz, I. A. Stegun (Herausgeber):
Handbook of Mathematical Functions, Dover Publications Inc., New York, 9th printing, 1972

Sehr umfangreiche Daten- und Formelsammlung für die Mathematik, Standardwerk für mathematische Formeln und Tabellen

[Hay] W. M. Hayes (Herausgeber): *Handbook of Chemistry snd Physics*, CRC Press, Boca Raton, FL, 94th edition, 2013

Sehr umfangreiche Daten- und Formelsammlung für Mathematik, Physik und Chemie, daher für Naturwissenschaftler sehr hilfreiches Nachschlagewerk

Umfangreiche Programmpakete für die Datenauswertung:

[Math] Mathematica 9, Wolfram Research Inc., Champaign, IL, 61820-7237, USA

Ab Juli 2014 ist die Version 10 erhältlich.

[Orig] Origin 9.1, OriginLab Corporation, Northampton, MA 01060, USA

Beide Programmpakete sind in Deutschland derzeit z.B. bei Additive, Soft- und Hardware für Technik und Wissenschaft GmbH (Max-Planck-Str. 22b, 61381 Friedrichsdorf) beziehbar und sind an Universitäten für die naturwissenschaftlichen Fächer häufig in Form von Campus-Lizenzen verfügbar.